DEV Engineer's Books

SE SHOEISHA

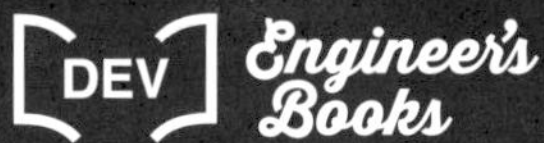

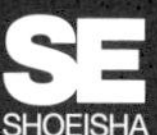

はじめての ブロックチェーン アプリケーション

Ethereumによるスマートコントラクト開発入門

渡辺篤・松本雄太・西村祥一・清水俊也 著

Download

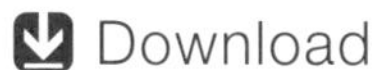

はじめに

はじめて「スマートコントラクト」というキーワードを聞いたときは、本当にサービスとして成り立つのか、システムとして使えるのか懐疑的な印象を持っていました。しかし、実際に自分でEthereumをインストールし、スマートコントラクトのプログラムを書いてみて、その可能性に強い衝撃を受けたことを今でも覚えています。

スマートコントラクトは、チューリング完全、つまり条件文（if文）や繰り返し文（for文）など、JavaやCといった一般的なプログラミング言語と同等の言語で作成したロジックとデータを、現実的に改ざん不可能と言われるブロックチェーン上で動作させる仕組みです。プログラムや実行結果に不正が無いこと、所定のロジックが実行されたことは、ネットワークに参加するノードの相互監視によって担保されます。地球規模で広がるブロックチェーン上でプログラムが動作しますので、「地球規模のコンピュータ」と言われたりしています。そのビットコインと同等の仕組みを持つブロックチェーンの上で、誰でも、自分だけのプログラムを動かすことができるのです。

この本では、ブロックチェーン技術がどのようなものであって、どのような背景で生まれてきたのか、ビジネス的にどのような可能性があるのか、といったことにはあまり深入りしません。それよりも、これからブロックチェーンを使って何か新しいアプリを考えたい、新しいモノを作りたい、サービスを提供したい、そういったエンジニアの人々に向けたブロックチェーンの入門書です。

まだ産まれたばかりの技術であるブロックチェーンは変化のスピードが速く、さまざまな情報が錯綜していますが、この本が、ひとりでも多くのスマートコントラクト開発に興味のあるエンジニアの助けになってくれたら、これ以上の喜びはありません。

2017年7月

執筆者一同

対象読者

本書は、Ethereum 上におけるスマートコントラクト開発に携わる（将来的に、も含みます）すべてのエンジニアの方を対象としています。スマートコントラクトをこれから開発するエンジニアはもちろん、ブロックチェーンについて調査するコンサルタント、何かやれと言われて途方にくれている情報システム部門の方も、本書を読み進めていくことでブロックチェーンの基礎からスマートコントラクトの概要、実践的なコードと具体的な開発方法まで幅広く学ぶことができます。

本書の構成

本書は主に、ブロックチェーンの解説（第 1 章)、ブロックチェーン環境の構築と基本的な操作とスマートコントラクトの基礎（第 2 章～第 3 章)、スマートコントラクトの開発（第 4 章～第 6 章）から構成されています。

第 1 章では、ブロックチェーン登場の背景と要素技術、期待されていること、そしてブロックチェーン上におけるアプリケーション開発について解説していきます。これらを理解することで、なぜブロックチェーンが注目されているのかが理解できるでしょう。

第 2 章では、スマートコントラクト基盤として Ethereum をインストールして開発環境を構築すると共に、アカウントの作成や Ether の送金といった Ethereum の基本的な操作を行います。また、本書でインストールする Ethereum のバージョンは 1.5.5 です。第 3 章以降で使用する GUI のスマートコントラクト開発環境（Browser-Solidity）との動作実績からこのバージョンとしました。執筆時点では 1.6 系がリリースされています。1.6 系では、起動用ファイルや、スマートコントラクトのコンパイル方法が 1.5 系から変更されています。1.6 系の起動用ファイルは Appendix、コンパイル方法については第 5 章を参考にしてください。スマートコントラクト自体の文法や動作については 1.5.5 でも変わりませんので、まずは 1.5.5 で環境を作ることをお勧めします。

第 3 章では、スマートコントラクト入門としてスマートコントラクトの概要、開発環境の紹介とインストール、スマートコントラクト専用のプログラミング言語である Solidity を解説します。第 4 章以降でスマートコントラクトを開発する上での基礎となりますので、しっかりと目を通してください。

第 4 章からは実践編として、実際のスマートコントラクトを実装していきます。まず第 4 章では、仮想通貨コントラクトを取り上げます。最低限の機能を持つ仮想通貨をベースとして、機能を付加していき、クラウドセールやエスクローで Ether と交換するところまでを解説します。

第 5 章は存在証明コントラクトです。ブロックチェーンの改ざんできないという特徴を活用したスマートコントラクトの作り方を解説します。

第 6 章は乱数生成コントラクトです。ゲーム的な要素のあるアプリには乱数がかかせませんが、ブロックチェーンでは実行結果を他のノードが検証する必要があるため、乱数の取扱いには工夫が必要となります。さらに応用編として、外部情報を参照する方法について解説します。

本書を読むことで、ブロックチェーンの概念から、環境の構築、スマートコントラクトを作るためにエンジニアが具体的に何をしたら良いのか、どうやって開発するのかを、効率的に身につけることができます。

本書の読み方・使い方

基本的に本書は、第1章から読み進めることを想定していますが、次のような読み方をしていただいてもかまいません。

- すぐにでもコードを書きたい方：第2章でEthereumをインストールして、第4章以降の興味のある章からスタート。
- すでに環境構築済みの方：第3章のスマートコントラクト入門を読み、第4章以降の興味のある章へ。
- 暗号技術に興味のある方：第6章の乱数生成コントラクトをどうぞ。

本書を読む前に

本書は、書籍という都合上、広い読者の方にわかりやすく学んでいただくため、効率よく動作確認ができるBrowser-Solidityを可能な限り利用して解説します。しかし、Browser-Solidityの動作は完全なものではなく、動作環境によってエラーが出る場合もあります。本書では、その場合はコンソールを使って解説します。さらに、5章の存在証明コントラクトについてはBrowser-Solidityをエディタとして用いて、実行はコンソールから行う方法で解説します。なお、Ethereum（Geth）のバージョンは執筆時点（2017年6月）では1.6.6が最新ですが、Browser-Solidityは1.6系に対応していないため、動作が比較的安定している1.5.5を使用して解説します。あらかじめ、ご注意ください。

サンプルファイルについて

本書のサンプルファイルは、弊社のダウンロードサイトの下記のURLからダウンロードできます。本書を理解する上での参考にお使いください。

http://www.shoeisha.co.jp/book/download/9784798151342/

目　次

Part-1：基礎編

Part-2：実践編

PART 1

基礎編

1 ブロックチェーンとは

1.1.1 ブロックチェーン技術とは

ブロックチェーンと聞いたら何を思い浮かべるでしょうか。ビットコインを思い浮かべる人も、はたまた既にブロックチェーン技術に詳しくて、P2P 技術だとかハッシュ関数だとかを思い浮かべる人もいるかもしれません。ブロックチェーン技術は、簡単に言うと「情報を、改ざんが難しい形で共有するシステム」のことです。それだけではよくわからないと思うので、具体的に理解していただくために、ビットコインをベースにしてブロックチェーン技術について説明していくことにします。

ビットコインに学ぶブロックチェーン

ビットコインは仮想通貨アプリケーションのひとつですが、既存の通貨との大きな違いとして、ビットコインの参加者（ノードと呼ぶ）を管理する中央機関は存在せず、全てのノードが P2P ネットワークを用いてつながっていることが挙げられます。したがって、ビットコインネットワークを完全に停止するには、ビットコインに参加している全てのノードを破壊するしかありません。さらに、このノードたちが共有している情報は、今誰がいくらもっているのか、という情報ではありません。過去から現在に至るまでの、全ての取引の情報を共有しているのです（勿論、この取引情報は非常に大量にありますから、中には一部の情報しか持たないノードもいます）。ここで、共有と述べているのは、どこか中央にあるデータをコピーして共有しているのではなく、P2P ネットワークを用いて、各ノードで情報のコピーを持ち合い合い、同期し続けているのです。全ての取引情報を保有していますから、全てのノー

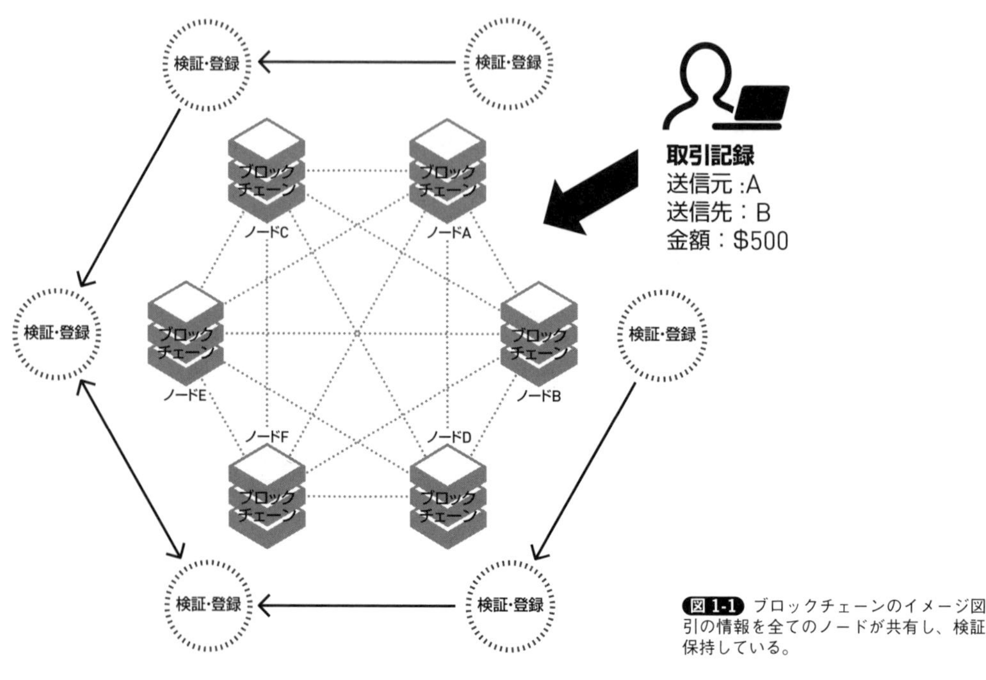

図 1-1 ブロックチェーンのイメージ図。取引の情報を全てのノードが共有し、検証して保持している。

ドは、それを見ることで今誰がいくら持っているかということをすぐに確かめることができます。図1-1はビットコインブロックチェーンのイメージ図です。検証・登録については次に述べます。

さらに、この取引の記録（トランザクションと呼びます）は、単に情報の山として記録されているわけではありません。ハッシュ関数と呼ばれる暗号技術を用いて、時系列に沿って、いくつかのトランザクションが塊（ブロックと呼びます）を作りながら、鎖のように連なって保持されています。図1-2はそのイメージ図です。過去のトランザクションが少しでも変わると、それ以降の取引内容の整合性に異常を見出すことができるようなデータ構造を作りつつ保持しているのです（これについては1.1.2節で詳しく述べることにします）。

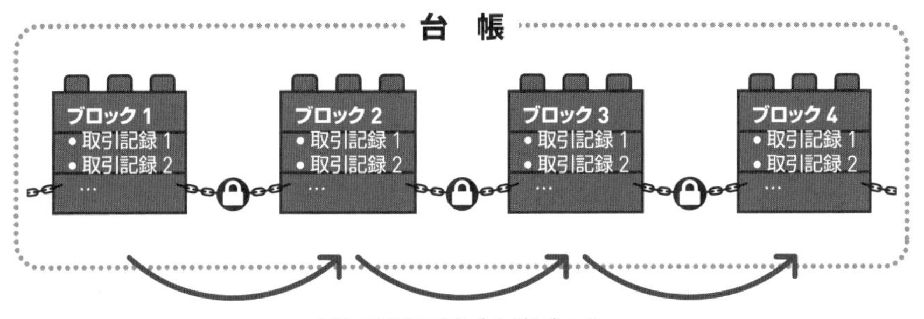

図1-2 ビットコインにおける各ノードの保持しているデータのイメージ図。取引記録が塊となってブロックをなし、それが鎖状に連なっている。

これに加えて大切なことがもうひとつあります。先ほどまで述べていた、取引の情報が、誰によってブロックとなって発信され、どのように正しいと検証されているのか、という部分です。これは、ビットコインでは、一言で言ってしまえば、マイニングと呼ばれる計算競争に勝ったノードがブロックを作る権利を得て発信し、各ノードは正しいと思ったら承認する、これだけです（計算競争とはなんなのか、またこれで正しい記録が共有されているのかについては、再び1.1.2節で触れることにします）。

署名などの詳しい技術的な仕組みは除いておくとして、流れを要約すれば、仮想通貨を取引したい人がそれに相当するトランザクションを生成し、全てのノードにそれを送信し、そのトランザクションはマイニングに勝利したノードのブロックに取り込まれ、それが再び全ノードに送信され、各ノードは淡々とそのブロックを自分の記憶領域に蓄える。このシステムは、中央管理機関をなんら介さず、P2Pネットワークを通して各ノードが自律的に動くことにより実現されるシステムなのです。

進化するブロックチェーン　ー仮想通貨を超えてー

ビットコインについて説明しましたが、ブロックチェーンとは、このビットコインにおける共有情報から、仮想通貨の概念を取り除いた枠組みになります。つまり、P2Pを通して、各ノードが情報を送信し合い、その情報をブロックとして改ざんできない形で積み上げ保存しておく、このシステムをブロックチェーンと呼ぶのです。

図1-3を見てください。ビットコインにおいては、ブロックチェーンという基盤上にビットコインと呼ばれる仮想通貨アプリケーションをのせたような形になっているのです。

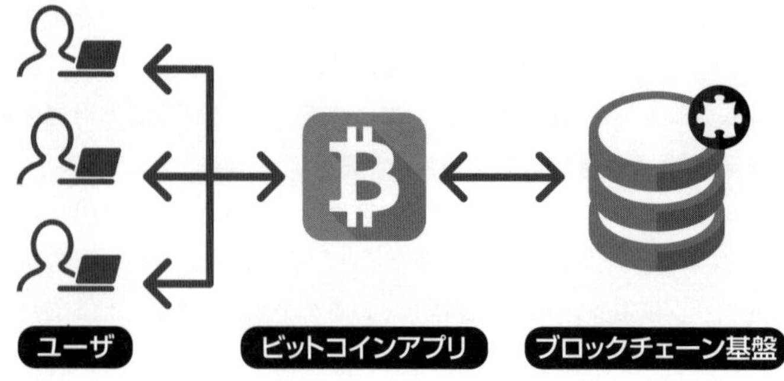

図1-3 ビットコインのシステム概要図。データ共有基盤としてのブロックチェーンを括りだすと、その上にビットコインアプリが実装されている形。

ブロックチェーンとはなんであるか、その直接的な答えにはなりませんが、なんとなくどういったものかは掴めていただけたと思います。ブロックチェーンは正しい情報を共有する仕組みであって、ビットコインは情報として通貨取引のトランザクションをのせた､ひとつのアプリケーションに過ぎません。ビットコインが正常に稼動し続けているのは、このような技術をつなぎ合わせたサトシナカモト（ビットコインの創始者）の慧眼によるものです。

しかしながら、ブロックチェーン技術は、仮想通貨の範疇を飛び越えて、はるかに進化し続けていることも事実です。情報を共有するだけでなく、もっと高度なものを、確かな形で、改ざん不可能なままネットワークに残し続ける、そんな基盤としてブロックチェーン技術が注目され、研究され続けています。この本は、ブロックチェーンの上に仮想通貨だけではなく、自分で好きなアプリケーションを作って実行する、そんなことを実現する具体的な手法を一から解説していきます。

1.1.2 ブロックチェーンを支える技術

ここから述べる技術は、本来そのひとつひとつで一冊ずつの本ができるくらい重要な技術です。ここでは、これらの技術について、ブロックチェーンを理解するのに必要な範囲にとどめて説明します。

P2P 技術

P2P とは Peer-to-Peer の略記であり、つまり対等な者同士が互いにつながるネットワークという意味を持ちます。P2P 型のネットワークモデルでは、ネットワークを構成するコンピュータ（これをノードと呼ぶこともあります）が相互につながりながら､サービスを提供し､同時に享受しているのです（図1-4 参照）。これと対応したネットワークモデルとして、クライアントサーバ型があります。クライアントサーバ型では、ネットワークを構成するコンピュータに役割を明確に分担させています。つまり、サーバと呼ばれる特定の (高負荷な) 処理を行いサービスを提供する端末と、クライアントと呼ばれる、サーバにサービスを要求しそれを享受する端末が存在していて、サーバを中心としたネットワーク構成になっています（図 1-5 参照）。

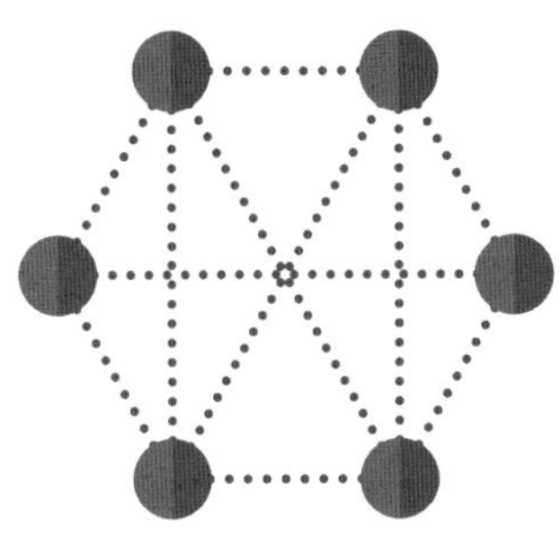

図1-4 P2P型のネットワーク構成図

図1-5 クライアントサーバ型のネットワーク構成図

ふたつの型が抱えているメリット・デメリットについて簡単に見てみましょう。まず、クライアントサーバ型のモデルでは、サーバが中心に位置しているため、サーバの障害がシステム全体の障害へと直結してしまいます。一方、P2P型のモデルでは、全てのノードが対等に振る舞うケースが多いため、このような障害問題は生じません。また、スケーラビリティの面でも同じことが言えます。サーバクライアント型ではサーバに負荷が集中しやすい一方、P2P型では、特定のノードに処理が集中し難く、高いスケーラビリティを確保することができます。

一方、P2P型が劣っている面も勿論あります。例えば、P2Pでは、その特性上、各ノードは、他の多数のノードと通信経路を確保する必要があります。全てのノードをつなぐ回線の品質が保証されていれば、経路によらず、高品質な通信を享受できますが、現実的な問題として厳しいところがあります。すなわち、ノードを結ぶ経路で遅い回線があれば、それがネットワーク全体の品質を低下させる恐れがあるため、P2Pのネットワーク構成それ自体に相応の工夫が必要になってきます。また、クライアントサーバ型では、通信相手は常にサーバと特定できている一方、P2P型では通信相手の確認を常に行う必要があります。

ハッシュ関数とブロックチェーン

1.1.1項で、ビットコインでは取引記録がブロックをなしながら鎖のように連なっているという表現をしました。この「鎖のようにつながっている」部分の技術について、暗号技術のひとつであるハッシュ関数を用いて解説します。ハッシュ関数とは、データのダイジェストを得る関数のことです。データサイズが大きい場合に、データの比較・検索に用いるための、データの特徴を示す印を得ることです。その印のことをデータのハッシュ値と呼びます。ハッシュ値は、それを計算することが簡単な上に、なるべく出力が一様に分布することが望まれます。さらに、ブロックチェーンでは、暗号学的ハッシュ関数と呼ばれる関数が用いられており、それは次の大きな特徴を持ちます。

- 特定のハッシュ値を持つデータを探索することが非常に困難である。

この特性を実現するために、データが少しでも異なるとハッシュ値が著しく異なるというような特徴も兼ね備えています。図1-6には実際に文字列に対して、SHA256と呼ばれるハッシュ関数を用いてハッシュ値を出力した例が示してあります。文字列を少し変えるだけで、全く異なる出力が得られることが見て取れると思います。

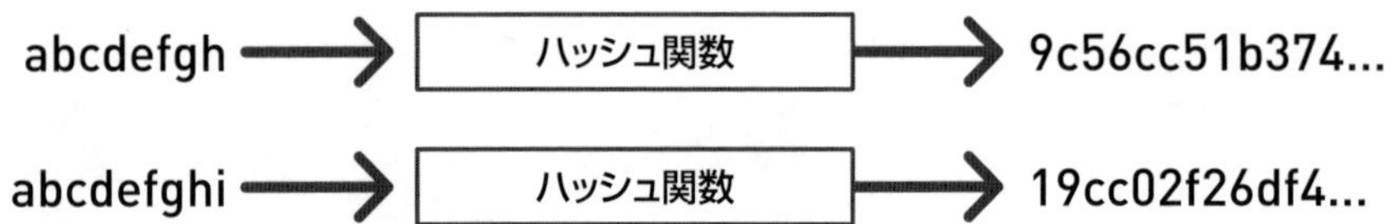

図 1-6 ハッシュ関数はデータを受け取って、そのダイジェストを返す*1。

ブロックチェーンでは、新たなブロックを作る際、必ず前に作られたブロックのハッシュ値が記載されています。これにより、過去のどこかのブロックが改ざんされると、そのブロックのハッシュ値と次のブロックに書かれた本来のハッシュ値を比べることにより、容易に改ざんを検出することができるのです。ハッシュ値を変更しないようにデータを改ざんすることの難しさは暗号学的ハッシュ関数が支えているのです。

マイニング

これは、ブロックチェーン一般の話というよりも、むしろビットコインやその他のパブリックなブロックチェーンの多くが持つ特徴です。しかし、本書の中心である Ethereum（イーサリアム）と呼ばれるブロックチェーンでもこの仕組みを用いているので、簡単に説明しておくことにします。

これまでブロックチェーンのデータ構造はブロックの連なりだ、と述べてきました。では、いったい誰がこのブロックを作る権利を持っているのでしょうか。ある少数のノードがその権利を持っていては、それは中央集権となんら変わりありませんし、全てのノードが等しく有していれば、ブロックが大量に発生してしまい、どれを信頼してよいかわからなくなていしまいます。それを解決する仕組みがこのマイニングと呼ばれるものです。

マイニングとは、計算競争です。ある数学的な計算競争（ある特定のハッシュ値を掘る競争）に勝った人のみがブロックを作る権利を有しており、一方その計算競争には全てのノードが参加することができます。付随して、この計算競争に勝ちブロックを作成することができた人には報酬が付与されることになっており、これが、資源を消費しながらも計算競争に参加するインセンティブを与えているのです。全てのノードがなんらかの形でブロックを作る権利を有しており、全てのノードが全体のシステムを支えている、そんな構造がマイニングによって実現されています。

電子署名

この節の最後に電子署名と呼ばれる技術を紹介します。これは、電子的な本人確認システムです。例えば、ビットコインにおいては、A さんが B さんにお金をいくらか送金したトランザクションが過去にあったとしましょう。B さんはそのトランザクションを使って、もらったお金を使用するトランザクションを発行することができます。ここで、B さんが、確かにこのトランザクションを発行したと証明する仕組みが電子署名です。ビットコイン等の多くのブロックチェーンでは、ユーザはアカウントを作る際に、公開鍵と秘密鍵と呼ばれるペアをまず生成します。公開鍵は、検証用の鍵、秘密鍵は署名用の鍵です。秘密鍵は、名前の通り、他者に知られないように守っておく必要があります。一方、公開鍵は、電子的なユーザドレスを生成するのに用いられます。トランザクションは、人から人への通貨の移動というものを、電子的には、アドレスからアドレスという形で実現しているのです。この状態で、あるア

＊1　異なるデータのハッシュ値が偶然衝突してしまう確率は、例えば SHA256 においては、2^{256}~10^{70} に一度の確率であり、非常に小さい。

ドレスがトランザクションを発行するときは、そのトランザクションに、自身の秘密鍵を用いて署名を行います。トランザクションを検証する場合は、トランザクションに付された電子署名を、トランザクションの発行アドレスに結びつく公開鍵で検証することにより行われます。詳しい署名・検証の流れを図 1-7 に示します。

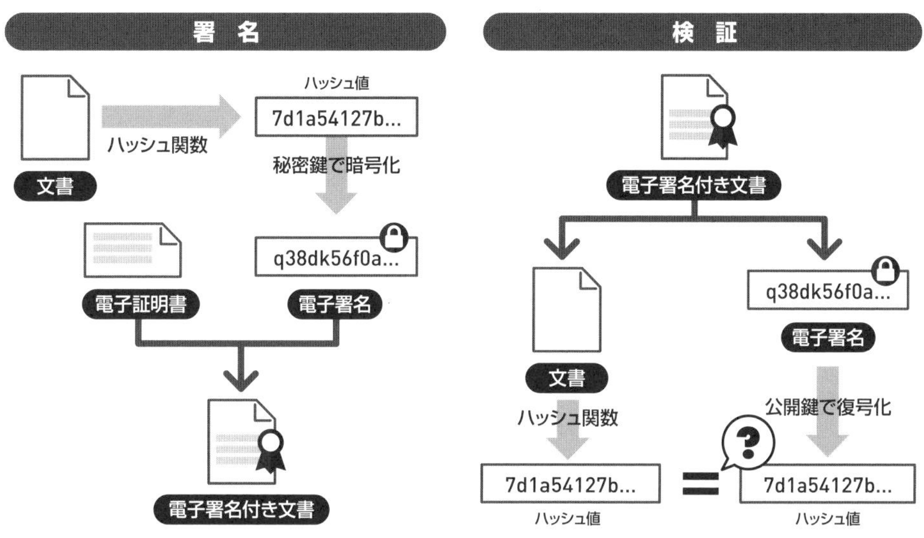

図 1-7 署名及び検証の流れ。署名では、データのハッシュ値を秘密鍵で暗号化してデータに付与する。検証は、データに付与された暗号化されたハッシュ値を公開鍵で復号し、データのハッシュ値と比較することにより行う。

秘密鍵は、絶対に失ってはいけないものです。ブロックチェーンの上で、アドレス、ひいては資産の保有権を主張するにはこの秘密鍵に頼るしかないからです。

1.1.3 スマートコントラクトとブロックチェーン

1.1.1 項の最後に、ブロックチェーン上でのアプリケーションという言葉に触れました。これまでは、ビットコインを中心にブロックチェーンについて述べてきましたが、ここからいよいよ、Ethereum を初めとした、仮想通貨アプリケーション以外を兼ね備えた最近のブロックチェーンについて触れていくことにしましょう。

それにはまず、スマートコントラクトと呼ばれるものの説明をしなければなりません。スマートコントラクトとは、科学者でもあり法学者でもある、Nick Szabo により提唱された概念です。スマートコントラクトの明確な定義は難しいのですが、ひとつの解釈では、「予め定められた任意のルールに基づき、自動的にデジタルアセットを移動するシステム」のことです。ビットコインの取引ももちろんそうですし、例えば、ある時期になったら自動的にお金が引き落とされるシステムみたいな少し複雑な契約もその範疇にあります。

さて、ブロックチェーンでは、情報を確かな形で、改ざんされないように保持することができます。そんなブロックチェーンを使ってスマートコントラクトを実現しようというのが、先ほど述べたブロックチェーン上のアプリケーションです。実現したいスマートコントラクトを、コードという形で記述し、ブロックチェーン上に保存する。そして、全てのノードで監視し合いながら、確実にそのコードを実行し、履歴も保存される。そんな夢のような基盤としてブロックチェーンがあるのです。図 1-8 にはその概念図を示します。アプリは読者自身の手で自由に書かれるものです。ビットコインに倣った仮想通貨はもちろんのこと、その他に自由にアプリケーションを作成して、ブロックチェーン上で共有させることができます。

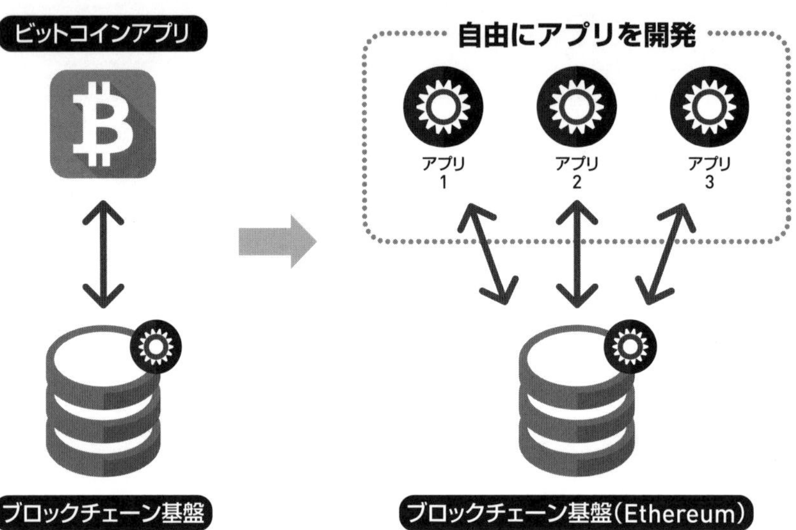

図 1-8 仮想通貨のみならず、さまざまなアプリをブロックチェーン上で開発するイメージ図。この本ではブロックチェーン基盤として Ethereum を用いる。

では、次に、ブロックチェーン上のアプリケーションによって、どのようなことが実現できて、どんなメリットがあるのか、少し具体例に触れつつ掘り下げてみましょう。

2 ブロックチェーンの価値

1.2.1 ブロックチェーンで何ができるのか

1.1 節で、ブロックチェーン技術は改ざんが実質的に不可能であり、ゼロダウンタイムなシステムを提供しているということを述べました。クライアントサーバ型の中央集権的なシステムを抜け出して、このブロックチェーン技術を適用する分野としてなにが考えられるのでしょう。こういった類の話は既に数多くの議論がなされております。例えば図 1-9 に、経済産業省によるブロックチェーン技術の展望についての資料を引用しました。種々の分野、市場を通してブロックチェーンが展開される可能性が示されています。ここでそのひとつひとつについて詳しく掘り下げませんが、4 章以降で実際に作成するアプリケーションも含めて、いくつか例をあげて見ていきましょう。

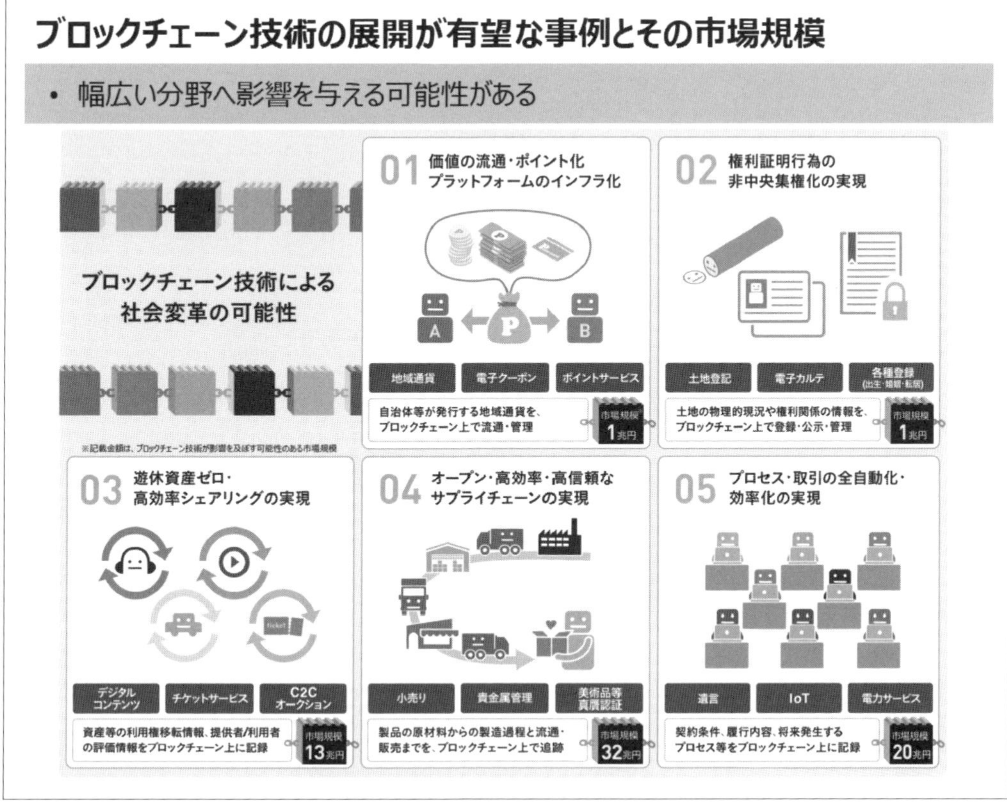

図 1-9 経済産業省によるブロックチェーン技術の展望[*2]

＊2 http://www.meti.go.jp/committee/kenkyukai/shoujo/blockchain/pdf/report_01_02.pdf

金融

ビットコインにも見られるように、ブロックチェーンの代表的な応用先と言ってもよいのが、この仮想通貨でしょう。もちろん、いわゆる通貨だけでなく、ポイントシステムやその他金融商品取引等も含んだ金融分野全般への応用が考えられています。金融にとっては、改ざんできない形で確実に取引記録を残せることは、まさに喉から手が出るほど欲している技術なのです。国内外を問わず、金融機関は現在実証実験に取り組んでいる真っ最中であり、ブロックチェーン技術の普及化に向けて鋭意努力をしています。例えば、国内の銀行を見てみても、三菱東京 UFJ 銀行は独自の仮想通貨「MUFG コイン」の開発を発表しており、2017 年以降の稼動を目指しています。みずほ銀行も、富士通と協力してクロスボーダー取引へのブロックチェーン技術適用の実証実験を進めているとの発表がありました。他にも有名なものとして、The DAO と呼ばれるものがあります。ブロックチェーン上の仮想通貨を担保にして、企業の新規ビジネス提案への出資をブロックチェーン上で自動的に行ってしまうシステムです。図 1-10 にそのイメージ図を示します。この The DAO に、ファンドマネージャーといった中央集権的な概念はありません。ブロックチェーン上に格納されたプログラムが自動的にこれらの契約を履行し、ブロックチェーンに記録していくのです。

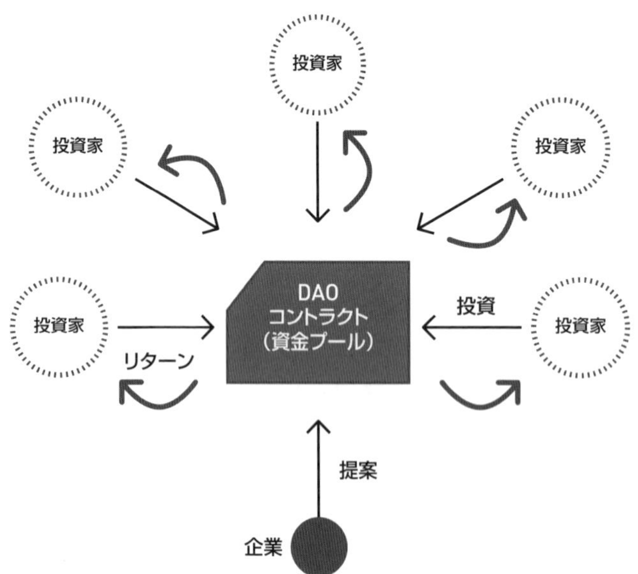

図 1-10 The DAO のイメージ図。投資家は、ブロックチェーン上のプログラム (コントラクト) に投資を、企業は提案を行う。投資後のリターンなどの内部処理はブロックチェーン上のプログラムが自律的に行う。

このように、ビットコインから生まれた技術であるブロックチェーンは、現在金融の分野で活発に研究・実験がなされています。この本の実践編では、仮想通貨を読者自身の手で実装してみることになります。

権利証明

ブロックチェーン上の記録は改ざんが非常に難しいということを述べました。これを利用したサービスのひとつとして、本人証明や所有証明など、種々の権利証明のためのプラットフォームとして利用することが考えられています。例えば、ドイツのスタートアップに ascribe という著作権保護のサービスがあります。ブロックチェーン上にユーザの行動履歴の証跡を残すことによって、デジタル作品の所有権情報を、全ての人に共有可能な形でブロックチェーンに残し、不正を防ぐシステムを提供しています。第三者機関、つまり公証人を介することなく、デジタル作品の所有権を公開することができるのです。Factom というブロックチェーンプラットフォームは、暗号通貨を対価にあらゆる電子データの保存サービスを提供しています。永続的に保管した電子データをまとめてトランザクションとしてブロックチェーンに書き込んでしまうことにより、データの存在証明を確実なものにすることができます。

他にも、個人の履歴をブロックチェーンにのせることにより改ざんができない履歴書システムを実現することや、資産情報の管理、個人情報の登録をブロックチェーンで共有してしまい情報登録の負担を軽減する等の、さまざまなモノを管理するプラットフォームとしてブロックチェーンが使われ始めています。

その他の応用

他にもサプライチェーン、企業のワークフローシステム、IoT など、さまざまな応用が注目されています。サプライチェーンとしては、製品の製造・流通・販売に至るまでの全ての過程をブロックチェーンに記録し、製品のトレーサビリティ、品質の保証をすることができるプラットフォームとしての活躍が期待されており、IoT においては、中央管理するサーバが不要である強みを生かした自動的にシステムとして動く IoT 機器を実現するプラットフォームとしてブロックチェーンを使う試みがあります。スタートアップ企業のシビラとスマートバリューは、自動車の走行データをブロックチェーン上に格納し、そこから保険料を決定するようなシステムの開発を発表しています。

本当に少し紹介するにとどまりましたが、このように、金融を始めとして、さまざまな分野でブロックチェーン技術が期待され、応用され始めています。

3 ブロックチェーンでアプリケーション開発

1.3.1 Ethereum

現在、世の中でパブリックなネットワークで稼動しているブロックチェーンのひとつにEthereumがあります。Ethereumは、スイスの非営利団体であるEthereum Foundationによって開発されるオープンソースプロジェクトです。Ethereumの考案者であるVitalik ButerinはEthereumのコンセプトを述べたホワイトペーパー[*3]の中で次のように述べています。

What Ethereum intends to provide is a blockchain with a built-in fully fledged Turing-complete programming language that can be used to create "contracts" that can be used to encode arbitrary state transition functions, allowing users to create any of the systems described above[*4], as well as many others that we have not yet imagined, simply by writing up the logic in a few lines of code.[*5]

つまり、シンプルなコードが記述された「コントラクト」を実行することにより、スマートコントラクトを実現することのできるブロックチェーンとしてEthereumがあると言っているのです。Ethereumはビットコインに次ぐ市場規模をもつブロックチェーンとして世界中で注目を集めています。Crypto-Currency Market Capitalizationsによれば、時価総額は1億ドルを優に超えている、実績のあるブロックチェーンです。Vitalikの言うように、Ethereumはコントラクトと呼ばれるコードをブロックチェーンに格納し実行させることができます。ブロックチェーンに参加し送金を行うユーザと同じように、ブロックチェーンに保存されたコントラクトは、履歴をブロックチェーン上に保管しながら、永続的に自動執行され続けるのです。Ethereumのユーザは、Ethereumのコード用の言語を学ぶだけで、（それもプログラミングに少しでも触れたことのある人なら非常に親しみやすい形で）このコントラクトを書いて、実行させることができます（本書では、以降、このEthereum上で実際にコントラクトを書き、アプリケーションを作成する過程を学んでいただきます）。

ひとつ、注意を述べておきます。ブロックチェーンは無数に開発されており、それぞれの企業や団体が独自のブロックチェーンを開発しています。現時点において標準化されたものは残念ながらありません。そんな中、他のブロックチェーン上で開発を行うにあたって、また一から学び直さなければならないのか、という点です。もちろん、それがどんなブロックチェーンであって、どのように環境を整えければならないのか、そして、どの言語でそのブロックチェーンを動かす必要があるのかは、ものによって異なってきます。しかし、ブロックチェーンという基盤があって、その上にコントラクト等のコード

＊3 https://www.weusecoins.com/assets/pdf/library/Ethereum_white_paper-a_next_generation_smart_contract_and_decentralized_application_platform-vitalik-buterin.pdf

＊4 スマートコントラクトやDAO(自律分散型組織)をさす。

＊5 訳文、「Ethereumが提供しようとしているのは、十分にチューリング完全なプログラミング言語を備えたブロックチェーンである。そこでは、ユーザは、任意の状態遷移関数をコード化した"コントラクト"を作ることができ、それによって上で述べたシステム（スマートコントラクトやDAO）を実現できるのだ。しかも、数行のコードでロジックを書くだけという、想像だにしなかったシンプルな方法でそれができてしまうのだ。」

を格納して、ノード間で実行・共有する、この一連の流れは変わりません。この本は、そんなブロックチェーン上のアプリケーション開発の入門として Ethereum を学ぼうというものです。この本を読んだ皆さんが、突然 Hyperledger Fabric[*6] で開発することになっても、ブロックチェーンの基本となる考え方さえ理解できていればスムーズに移行することができるはずです。

1.3.2 Ethereum でアプリケーション開発

では実際にどのようにアプリケーションを開発していくのか、少しだけ流れを見てみることにしましょう（詳しいことは 2 章以降で触れます）。

例えば、読者がビットコインを始めたい、と思ったとします。1.1 でマイニングを行うノードについて説明しましたが、ビットコインを使用するにあたって必ずしもそのノードを作る必要はありません。携帯の端末にビットコインのアプリケーションをインストールして、自分の財布に相当するアドレスを作成してしまえば、もうそれで十分なのです。既にビットコインをもっている人から作成したアドレス宛にビットコインを送信してもらえば、そのトランザクションが全世界に発信され、ビットコインの正当な所有者として認められるのです。そのトランザクションやブロックは全てのブロックを持っているノードによって永続的に保管されていきます。これはブロックチェーンのネットワークが既に存在し、また仮想通貨のアプリケーションも存在するからこそなせる業なのです。

Ethereum ではどうでしょうか。基本的には、このビットコインアプリケーションにあたる部分を自分で一から作る必要があります。すなわち、仮想通貨アプリケーションを作りたいならば、仮想通貨アプリケーションを定義するコードを自分の手で書き、しかもそれを自分のノードからそれを全世界に発信することが必要になります。勿論､いきなり全世界に向けてコードを発信することはお勧めしません。テストネットワークと呼ばれる小さなプライベートネットワークのノードでコードを自分で作成して、その中でテストすることができます。また、Ethereum にはビットコインと同様の仮想通貨機能が実装されています。Ethereum に始めから備わっているこの仮想通貨は、マイニングの報酬として得ることができます。そして、実はその仮想通貨を支払うことによって、コントラクトを実行することができるのです。

なお、本書の 2 章では、実際に Ethereum のプライベートネットワークとノードを作って、マイニングや仮想通貨の送受信をします。その上で、3 章でコントラクトの書き方について簡単に学び、それを、自分のプライベートネットワークのノードから、全世界で動いているパブリックネットワークに向けて実際に発信するするというステップで進んでいきます。

＊6　HyperledgerProject と呼ばれるブロックチェーンプロジェクトに提供された、IBM によるプライベートブロックチェーン

1 Ethereum の概要

2.1.1 Ethereum クライアントの紹介

ここから Ethereum について具体的に説明していきます。公式サイト（https://ethereum.org/）には次のように書かれています。

Ethereum is a **decentralized platform that runs smart contracts**: applications that run exactly as programmed without any possibility of downtime, censorship, fraud or third party interference.*1

Ethereum とは特定の実装を指すものではなく、スマートコントラクトの実行基盤としてのプラットフォームです*2。開発当初からセキュリティを考慮し、Go、C++、Python の 3 つの言語のクライアントが実装されました。執筆時点の Ethereum クライアントについては、表 2-1 をご確認ください。このなかでも go-ethereum と Parity の開発が活発に行われているようです。

このように、Ethereum には複数のクライアントが存在しますが、本書では、Ethereum Foundation 推奨実装の go-ethereum をインストールします。go-ethereum は、Geth（ゲス）と呼ばれています。

No.	Client	Language	Developers	Latest release
1	go-ethereum	Go	Ethereum Foundation	go-ethereum-v1.6.1
2	Parity	Rust	Ethcore	Parity-v1.6.7
3	cpp-ethereum	C++	Ethereum Foundation	cpp-ethereum-v1.3.0
4	pyethapp	Python	Ethereum Foundation	pyethapp-v1.5.0
5	ethereumjs-lib	Javascript	Ethereum Foundation	ethereumjs-lib-v1.0.2
6	Ethereum(J)	Java	<ether.camp>	ethereumJ-v1.5.0
7	ruby-ethereum	Ruby	Jan Xie	ruby-ethereum-v0.11.0
8	ethereumH	Haskell	BlockApps	no Homestead release yet

表 2-1 Ethereum クライアント（2017 年 5 月時点）

2.1.2 ネットワーク

Ethereum には、大きく分けてふたつのネットワークがあります。ひとつは「ライブネットワーク」、もうひとつは「テストネットワーク」です。

＊1 （和訳）Ethereum はスマートコントラクト（故障、検閲、不正や第三者による妨害が一切なく、プログラムされた通りに動くアプリケーション）を実行することのできる分散型のプラットフォームです。
＊2 Ethereum の仕様書（Yellow Paper）はこちら http://paper.gavwood.com/

ライブネットワーク

世界中のノードが参加するパブリックな本番用のネットワークです。いわゆるパブリックブロックチェーンです。参加する誰もがブロックチェーンにアクセス可能であり、トランザクションを送信することができます。また、ブロックチェーンに追加するブロックを決定するコンセンサスプロセスに参加することもできます[*3]。ネットワークの状態は、EthStats.net、EtherNodes.com、Etherscan.io、etherchain.org といったサイトで確認することができます。

テストネットワーク

テスト用のネットワークです。テストネットワークも実は 2 種類あります。ひとつは、世界中のノードが参加できる「Morden テストネット」で、もうひとつは、自ノードだけ（もしくは限られたノードのみ）参加できる「ローカルプライベートテストネット」です。ローカルプライベートテストネットでは、マイニングの難易度を指定できますので、参加するノードが容易にマイニングできます。ここでひとつ注意しておくことがあります。マイニングで取得した Ether は、そのテストネットワーク内でのみ有効です。思い出していただきたいのですが、ブロックチェーンは、そのブロックチェーンネットワークにただひとつのものです。ですので、ブロックチェーンネットワークが異なればブロックチェーンも異なり、採掘した Ether の記録はありませんから使用することはできません。

本章では、ローカルプライベートテストネットを構築し、Ether のマイニング、送受信を行います。

2.1.3 Ether

1.3.2 項で簡単に説明しましたが、Ethereum にも「Ether[*4]」という仮想通貨が実装されています。Ether は、仮想通貨として送受信することもできますが、コントラクトを動かす手数料として利用することもできます。

Ether の単位は「ether」ですが、その他にもいくつかの単位が設定されています。一番小さい単位は wei で、1ether は、10^{18}wei です。スマートコントラクトの概念を提唱した Nick Szabo の名前も単位になっており、1szabo は、10^{12}wei です。

＊3　Proof of Work のことです。参加はできますが、残念ながら個人の PC で採掘に成功するような状況ではないようです。
＊4　2017 年 5 月時点における ether の価格は「$135.81」です。

Unit	Wei Value	Wei
wei	1 wei	1
Kwei (babbage)	10^3wei	1,000
Mwei (lovelace)	10^6wei	1,000,000
Gwei (shannon)	10^9wei	1,000,000,000
microether (szabo)	10^{12}wei	1,000,000,000,000
milliether (finney)	10^{15}wei	1,000,000,000,000,000
ether	10^{18}wei	1,000,000,000,000,000,000

表 2-2 Ether の単位

2.1.4 Gas

Ether の送金や、コントラクトを実行するためには、その手数料として Ether を支払います。これを「Gas」と言います。Ehereum の利用者は使用したコンピューティングリソースの対価としてマイナーに Gas を支払います。支払う Gas は、要求するリソースの量や複雑さから決まる手数料（Gas Fee）と、現在のガス価格（Gas Price）の掛け算で求めることができます。

Gas Fee

Gas Fee は、Ethereum に要求するリソースの量や複雑さによって価格が決まる手数料です。単位は Gas です。

Gas Price

Gas Price は、1Gas あたりの価格です。単位は wei/Gas です。Ether の価格が変動すると、実質的に同じ価値を維持するように変化します。マイナーは、Gas Price が高いトランザクションから実行します（＝ブロックに取り込みます）。https://etherscan.io/chart/gasprice で平均と最大、最小の Gas Price を確認できます。

例えば、送金トランザクションの Gas Fee が 21,000Gas で、Gas Price が 2.2×10^{10}wei/Gas のとき、Gas は、4.62×10^{14}wei になります。仮に 1ether を 100USD とすると、送金にかかる費用は、0.046USD となります。

その他、Gas Limit という値もあります。これは、トランザクション実行時の引数のひとつで、そのトランザクションの処理で支払い可能な最大値となります。もし処理の実行時に、Gas Limit を超えてしまった場合は、それ以上の処理は行われずに、処理は取り消されて実行前の状態に戻ったうえ、Gas はマイナーに支払われます。このため、大量のリソースを使用する場合はそれに見合った Gas Limit を設定する必要があります。また、逆に、コントラクト側に誤りがあっても、支払う Gas は最大でも Gas Limit までということでもあります。繰り返しになりますが、Gas Limit は支払い可能な最大値であり、必ず支払う額ではありません。余った Gas は支払い元に戻ってきます。

2 Geth のインストール

それでは、皆さんの環境に Geth（go-ethereum）をインストールしましょう。インストールする Geth のバージョンは、1.5.5 です。執筆時点における、本書で使用する開発環境（Browser-Solidity）の動作確認がとれているバージョンとなります*5。最新版（1.6.x）のインストール方法については、Appendix をご確認ください。Geth は色々な方法でインストールできます*6 が、ここでは Ubuntu にソースからインストールする手順を説明します。他の OS（Mac, Windows）へのインストール方法は Appendix に記載しますのでそちらを参考にしてください。本書で使用する Ubuntu のバージョンは、Ubuntu 16.04 LTS です。

Geth は、go-ethereum という名前からわかるように、Go 言語で書かれています。ソースコードからビルドするため、まずは Go 言語と C のコンパイラ等をインストールします*7。

```
$ sudo apt-get install -y build-essential libgmp3-dev golang git tree
```

ソースを、git リポジトリからクローンして、バージョン 1.5.5 に切り替えます。ここで、1.5.5 は 3 章以降で作成するコントラクトの動作確認がとれているバージョンになります*8。

```
$ cd
$ git clone https://github.com/ethereum/go-ethereum.git
$ cd go-ethereum/
$ git checkout refs/tags/v1.5.5
```

make geth でビルドします。

```
$ make geth
```

geth のバージョンを確認します。無事、1.5.5-stable になっています。

```
$ ./build/bin/geth version
Geth
Version: 1.5.5-stable
Git Commit: ff07d54843ea7ed9997c420d216b4c007f9c80c3
Protocol Versions: [63 62]
Network Id: 1
Go Version: go1.6.2
OS: linux
GOPATH=
```

＊5　執筆時点では、Geth の 1.6.x 系に対する Browser-Solidity のコントラクトのデプロイが行えませんでした。
＊6　https://ethereum.github.io/go-ethereum/install/
＊7　パスワードの入力は適宜行ってください。
＊8　なお、執筆時の最新版は、1.6.1 になります。こちらのインストール方法は付録にありますので参考にしてください。

```
GOROOT=/usr/lib/go-1.6
```

geth を /usr/local/bin にコピーします。

```
$ sudo cp build/bin/geth /usr/local/bin/
```

パスが通っていることも確認しておきましょう。

```
$ which geth
/usr/local/bin/geth
```

ちゃんとパスが通っていることが確認できました。以上でインストールは終了になります。

3 テストネットワークで Geth を起動する

早速 Geth を起動したいところですが、ローカルプライベートテストネットで Geth を起動するためには、次の準備をする必要があります。

- データディレクトリ
- Genesis ファイル

まずひとつ目の「データディレクトリ」を準備しましょう。データディレクトリは、送受信したブロックのデータや、アカウント情報を保存するためのディレクトリです。実は、データディレクトリは省略することができ、その場合は「~/.ethereum」がデータディレクトリとなります[*9]。省略しても問題ない（＝起動はできる）のですが、データディレクトリを指定することで、異なるブロックチェーンネットワークを共存させることができるようになります。今回は省略せずにデータディレクトリを準備しましょう。ホームディレクトリに「data_testnet」ディレクトリを作成してください。なお、本書では「eth」というユーザで環境構築を行います。適宜、読者の皆さんの環境のユーザに読み替えて環境構築を行ってください。

```
$ mkdir ~/data_testnet
$ cd data_testnet/
$ pwd
/home/eth/data_testnet
```

次は「Genesis ファイル」です。Genesis ファイルは、ブロックチェーンの Genesis ブロック（0 番目のブロック）の情報を書いた json 形式のテキストファイルです。同じブロックチェーンネットワークに参加するノードは、同じ Genesis ブロックから連なるブロックチェーンを共有することになります。ローカルプライベートテストネットを構築する場合には、ゼロからブロックチェーンを作ることになりますので、Genesis ブロックの情報を書いた Genesis ファイルが必要となります[*10]。

先ほど作ったデータディレクトリに Genesis ファイル「genesis.json」を作成しましょう。

```
$ vi genesis.json
{
  "nonce": "0x0000000000000042",
  "timestamp": "0x0",
  "parentHash": "0x0000000000000000000000000000000000000000000000000000000
0000",
```

注：本書では紙面の都合で、実際には改行していない箇所でも紙面上では改行している箇所があります。

＊9 OS によってデフォルトのディレクトリは異なります。Mac は「~/Library/Ethereum」、Linux「~/.ethereum」、Windows「%APPDATA%¥Ethereum」です。

＊10 以前の Geth には、Olympic というテストネットワークがあり、それで動かす場合には Genesis ファイルは不要でした。また、Geth の 1.6 系では Genesis ファイルのフォーマットが変更されています。Appendix に 1.6 対応の Genesis ファイルがありますのでご参考にしてください。

```
  "extraData": "0x0",
  "gasLimit": "0x8000000",
  "difficulty": "0x4000",
  "mixhash": "0x000000000000000000000000000000000000000000000000000000000000000
0",
  "coinbase": "0x3333333333333333333333333333333333333333",
  "alloc": {}
}
```

データディレクトリとGenesisファイルが準備できましたので、Gethを初期化します。それぞれのパスは読者の皆さんの環境に置き換えて指定してください。

```
$ geth --datadir /home/eth/data_testnet init /home/eth/data_testnet/genesis.json
I0405 12:34:44.040421 cmd/utils/flags.go:615] WARNING: No etherbase set and no
accounts found as default
I0405 12:34:44.040517 ethdb/database.go:83] Allotted 128MB cache and 1024 file
handles to /home/eth/data_testnet/geth/chaindata
I0405 12:34:44.064828 ethdb/database.go:176] closed db:/home/eth/data_testnet/
geth/chaindata
I0405 12:34:44.064947 ethdb/database.go:83] Allotted 128MB cache and 1024 file
handles to /home/eth/data_testnet/geth/chaindata
I0405 12:34:44.069341 cmd/geth/chaincmd.go:131] successfully wrote genesis block
and/or chain rule set: 3b3326d56983eec74bcd3c5757801dcd42e0bf2f169fc0c5d695e28e2
0f217d7
$
```

treeコマンドで初期化直後のデータディレクトリを確認してみましょう。

```
$ cd
$ tree data_testnet/
data_testnet/
├── genesis.json
├── geth
│   └── chaindata
│       ├── 000002.log
│       ├── CURRENT
│       ├── LOCK
│       ├── LOG
│       └── MANIFEST-000003
└── keystore

3 directories, 6 files
```

chaindataディレクトリ以下にブロックに関する情報、keystoreディレクトリ以下にアカウントに関する情報が格納されていきます。なお、ファイル名は環境で異なりますので、まったく同じファイル名にならなくても心配しないでください。

それではGethを起動しましょう。

```
$ geth --networkid 4649 --nodiscover --maxpeers 0 --datadir /home/eth/data_
testnet console 2>> /home/eth/data_testnet/geth.log
```

各オプションの意味は以下の通りです。

--networkid 4649

ネットワーク識別子（整数）。0～3は予約済みです(0=Olympic (disused), 1=Frontier, 2=Morden (disused), 3=Ropsten) (default: 1)。それ以外の数値であれば問題ありません。今回は4649を指定しました。

--nodiscover

あなたのノードを、他のノードから検出できないようにするオプションです。ノード追加は手動になります。指定しないと、同じGenesisファイルとネットワークIDのブロックチェーンネットワークにあなたのノードが接続してしまう可能性があります。

--maxpeers 0

あなたのノードに接続できるノード数です。0を指定すると、他のノードとは接続しなくなります。

--datadir /home/eth/data_testnet

データディレクトリを指定します。指定しないと、デフォルトのディレクトリが使用されます。なお、ディレクトリは読者の皆さんの環境に置き換えて指定してください。

console

対話型のJavaScriptコンソールを起動します。

2>> /home/eth/data_testnet/geth.log

ログファイルを作成するため、エラー出力をリダイレクトします。これはGethのオプションではありません。

起動コマンドを実行し、問題なく起動すると、次のようなWelcomeメッセージの後に、プロンプト「>」が表示されます。

```
Welcome to the Geth JavaScript console!

instance: Geth/v1.5.5-stable-ff07d548/linux/go1.6.2
 modules: admin:1.0 debug:1.0 eth:1.0 miner:1.0 net:1.0 personal:1.0 rpc:1.0
txpool:1.0 web3:1.0

>
```

4 テストネットワークで Ether を送金する

Geth のコンソールからアカウントを作成し、Ether をマイニング、そして送金を行ってみましょう。

2.4.1 アカウントの作成

Ethereum には 2 種類のアカウントがあります。ひとつは EOA（Externally Owned Account）で、もうひとつは Contract アカウントです。EOA は、私たちユーザが使用するアカウントで秘密鍵によって管理されるものです。Ether を送金したり、Contract を実行することができます。Contract アカウントは、その名のとおり Contract のアカウントで、Contract をブロックチェーンにデプロイした際に作成されるアカウントとしてブロックチェーン上に存在します。他のアカウントからのメッセージを受け取って、コードを実行し、アカウントにメッセージを送信することができます。

Geth のコンソールで personal.newAccount コマンドを実行し、EOA を作成しましょう。

```
> personal.newAccount("pass0")
"0x46d613bb59608a04451fe8cafb459d8964d7b598"
```

"pass0" はアカウントのパスフレーズで、半角英数記号を使用した任意の文字列を指定できます。なお、ここでは非常に簡易なパスフレーズを指定しましたが、本番で使用する際には、セキュリティを考慮し、適切な長さで複雑なパスフレーズを指定するようにしてください。ただし、忘れると復元することはできませんので、くれぐれもご注意ください。

"0x46d613bb59608a04451fe8cafb459d8964d7b598" は、作成されたアカウントのアドレスです。このアドレスを指定して送金などを行うことになります。ここで、アドレスはユニークになるよう作成されますので、読者の皆さんの実行結果は、これとは違う値となります。

アカウント（EOA）の確認は、eth.accounts コマンドで行います。このコマンドで表示されるアドレスは、当該 Ethereum ノードで管理しているアカウントのアドレスになります。

```
> eth.accounts
["0x46d613bb59608a04451fe8cafb459d8964d7b598"]
```

2.4.3 項で、送金の確認を行いますので、もうひとつアカウントを作成しておきましょう。作成後は、eth.accounts コマンドで表示されるアドレスが増えたことを確認してください。

```
> personal.newAccount("pass1")
"0xf261b41e588313fa5757cf7cac4bc6a055c6c701"
> eth.accounts
["0x46d613bb59608a04451fe8cafb459d8964d7b598", "0xf261b41e588313fa5757cf7cac4bc
6a055c6c701"]
```

eth.accounts[0], eth.accounts[1] のようにインデックスをつけると、指定したアカウントのアドレスを表示することができます。

```
> eth.accounts[0]
"0x46d613bb59608a04451fe8cafb459d8964d7b598"
> eth.accounts[1]
"0xf261b41e588313fa5757cf7cac4bc6a055c6c701"
```

exit コマンドで、Geth のコンソールが終了します。

```
> exit
$
```

コンソールを終了すると、Geth も終了してしまいます。ps コマンドで確認してみましょう。

```
$ ps -eaf | grep geth
eth      45159  1510  0 18:25 pts/0    00:00:00 grep --color=auto geth
```

ここで、geth コマンドでアカウントを作成することもできます。Passphrase は pass2 とします[*11]。

```
$ geth --datadir /home/eth/data_testnet account new
Your new account is locked with a password. Please give a password. Do not
forget this password.
Passphrase: pass2
Repeat passphrase: pass2
Address: {d4b066d813731a946fb883037f318c2d9444fcfe}
```

geth コマンドでアカウントを確認してみましょう。

```
$ geth --datadir /home/eth/data_testnet account list
Account #0: {46d613bb59608a04451fe8cafb459d8964d7b598} /home/eth/data_testnet/
keystore/UTC--2017-04-05T18-15-34.413556409Z--46d613bb59608a04451fe8cafb459d896
4d7b598
Account #1: {f261b41e588313fa5757cf7cac4bc6a055c6c701} /home/eth/data_testnet/
keystore/UTC--2017-04-05T18-17-54.496920368Z--f261b41e588313fa5757cf7cac4bc6a05
5c6c701
Account #2: {d4b066d813731a946fb883037f318c2d9444fcfe} /home/eth/data_testnet/
keystore/UTC--2017-04-05T18-28-30.895111296Z--d4b066d813731a946fb883037f318c2d9
444fcfe
```

tree コマンドでデータディレクトリを表示してみましょう。keystore にアカウント情報が追加されて

＊11 実行例では、pass2 と表示しましたが実際の画面には表示されません。

います*12。

```
$ tree data_testnet/
data_testnet/
├── genesis.json
├── geth
│   ├── chaindata
│   │   ├── 000004.ldb
│   │   ├── 000009.ldb
│   │   ├── 000012.log
│   │   ├── CURRENT
│   │   ├── LOCK
│   │   ├── LOG
│   │   └── MANIFEST-000013
│   ├── LOCK
│   └── nodekey
├── geth.log
├── history
└── keystore
    ├── UTC--2017-04-05T18-15-34.413556409Z--46d613bb59608a04451fe8cafb459d896
4d7b598
    ├── UTC--2017-04-05T18-17-54.496920368Z--f261b41e588313fa5757cf7cac4bc6a05
5c6c701
    └── UTC--2017-04-05T18-28-30.895111296Z--d4b066d813731a946fb883037f318c2d9
444fcfe
```

2.4.2 マイニング

まずは、Gethを起動します。オプションは先ほどと同じものを使用してください。

```
$ geth --networkid 4649 --nodiscover --maxpeers 0 --datadir /home/eth/data_
testnet console 2>> /home/eth/data_testnet/geth.log
```

Gethのコンソールでアカウント情報を確認してみましょう。gethコマンドで作成した3つ目のアカウントのアドレスも表示されています。

```
> eth.accounts
["0x46d613bb59608a04451fe8cafb459d8964d7b598", "0xf261b41e588313fa5757cf7cac4bc
6a055c6c701", "0xd4b066d813731a946fb883037f318c2d9444fcfe"]
```

それでは、送金するためのEtherを、マイニングして獲得しましょう。Ethereumでは、マイニング成功時に報酬を受け取るアカウントをEtherbaseと言います。Etherbaseは、デフォルトではeth.

＊12 chaindataディレクトリに作成されるファイルは環境で異なってきます。ここで表示した実行例とファイル名、ファイル数が違っても心配なさらないでください。

accounts[0] が設定されています。eth.coinbase コマンドで Etherbase を確認することができます。

```
> eth.coinbase
"0x46d613bb59608a04451fe8cafb459d8964d7b598"
```

Etherbase は miner.setEtherbase コマンドで変更できます。

```
> miner.setEtherbase(eth.accounts[1])
true
```

変更できたことを確認してみましょう。

```
> eth.coinbase
"0xf261b41e588313fa5757cf7cac4bc6a055c6c701"
```

miner.setEtherbase コマンドで変更できることが確認できましたので、以降の説明のため、元のアカウント（eth.accounts[0]）に戻しておきましょう。

```
> miner.setEtherbase(eth.accounts[0])
true
> eth.coinbase
"0x46d613bb59608a04451fe8cafb459d8964d7b598"
```

現在のアカウントの残高を確認しましょう。残高の確認は eth.getBalance コマンドで、引数にアカウントのアドレスを渡します。作成直後のアカウントは Ether を所有していないため、今の段階ではどのアカウントでも実行結果は 0 になります。

```
> eth.getBalance(eth.accounts[0])
0
> eth.getBalance(eth.accounts[1])
0
> eth.getBalance(eth.accounts[2])
0
```

つづいて、ブロックチェーンのブロック数も確認しておきましょう。ブロック数の確認は eth.blockNumber コマンドです。まだマイニングしていない（＝ブロックをチェーンに追加していない）ので、0 のままです。

```
> eth.blockNumber
0
```

さて、お待たせしました。いよいよマイニングです。

Ethereumもビットコインと同様にマイニングによって仮想通貨Etherを報酬として獲得することができます。マイニングは、miner.start(thread_num)コマンドで開始できます。ここでthread_numはマイニングを行うスレッド数です。今回はthread_numを1にしてコマンドを実行してみます。

```
> miner.start(1)
true
```

ここで、初回はDAG（Directed acyclic graph）の生成が行われるため、マイニングが行われるまで若干時間がかかります[*13]。DAGは、マイニングのASIC耐性[*14]のために作成される約1GBのファイルで、30,000ブロック（約125時間[*15]）ごとに再作成されます。Gethのコンソールでexitすると Gethも終了してしまうため、別のターミナルを開き、ログファイルを確認（tail -100f ~/data_testnet/geth.log）してみましょう。

```
I0405 18:35:07.396164 p2p/server.go:342] Starting Server
I0405 18:35:07.414052 p2p/server.go:610] Listening on [::]:30303
I0405 18:35:07.414094 node/node.go:341] IPC endpoint opened: /home/eth/data_
testnet/geth.ipc
I0405 18:47:06.206396 eth/backend.go:475] Automatic pregeneration of ethash DAG
ON (ethash dir: /home/eth/.ethash)
I0405 18:47:06.206441 miner/miner.go:136] Starting mining operation (CPU=1
TOT=2)
I0405 18:47:06.206673 miner/worker.go:516] commit new work on block 1 with 0 txs
& 0 uncles. Took 208.762µs
I0405 18:47:06.206729 vendor/github.com/ethereum/ethash/ethash.go:259]
Generating DAG for epoch 0 (size 1073739904) (0000000000000000000000000000000000
000000000000000000000000000000)
I0405 18:47:06.209439 eth/backend.go:482] checking DAG (ethash dir: /home/eth/.
ethash)
I0405 18:47:06.962029 vendor/github.com/ethereum/ethash/ethash.go:291]
Generating DAG: 0%
I0405 18:47:08.914030 vendor/github.com/ethereum/ethash/ethash.go:291]
Generating DAG: 1%
I0405 18:47:10.836584 vendor/github.com/ethereum/ethash/ethash.go:291]
Generating DAG: 2%
I0405 18:47:12.548708 vendor/github.com/ethereum/ethash/ethash.go:291]
Generating DAG: 3%
```

DAGファイルは、$(HOME)/.ethash/full-R* として作成されます。

```
$ tree .ethash/
.ethash/
└── full-R23-0000000000000000
```

＊13 筆者の環境では、3分程度でした。

＊14 ASIC（Application Specific Integrated Circuit。専用のICチップ）を使用しても効率的にマイニングを行えないようにするための仕組みです。

＊15 約15秒で1ブロック生成されます。

```
0 directories, 1 files
$ ls -lh .ethash/full-R23-0000000000000000
-rw-rw-r-- 1 eth eth 1.0G Apr  5 18:50 .ethash/full-R23-0000000000000000
```

マイニングされていることは、eth.miningコマンドで確認できます。eth.hashrateコマンドでハッシュレート[*16]、eth.blockNumberコマンドでブロック高を確認できます。マイニング中のハッシュレートは、1以上の値となります。

```
> eth.mining
true
> eth.hashrate
140956
> eth.blockNumber
59
```

ブロックが作成されましたので、miner.stopコマンドでマイニングを停止します。マイニングを停止すると、eth.miningはfalse、ハッシュレートは0になります。ブロック高はマイニングによって生成されたブロックの数ですので、マイニングを停止しても0にはなりません。

```
> miner.stop()
true
> eth.mining
false
> eth.hashrate
0
> eth.blockNumber
61
```

マイニングの報酬を受け取るアカウントであるEtherbase（eth.coinbase = eth.accounts[0]）の残高を確認します。

```
> eth.getBalance(eth.coinbase)
305000000000000000000
> eth.getBalance(eth.accounts[0])
305000000000000000000
```

305000000000000000000 !!!

非常に大きな数値が表示[*17]されて驚かれたかもしれませんが、このコマンドで表示される数値の単位はweiです。weiは、Ethereumにおける最小の単位で、1etherは、10^{18}wei（= 1,000,000,000,000,

＊16 ハッシュレートはマイニングの計算力を表す値で、単位はhash/sです。例えばハッシュレート140,956 hash/sの場合、1秒あたり140,956回ハッシュの計算ができることになります。

＊17 環境によっては、「3.05e+20」のような指数表示となることもあります。

000,000 wei）です。wei だとわかりにくいので、ether に変換してみましょう。

```
> web3.fromWei(eth.getBalance(eth.accounts[0]), "ether")
305
```

305 ether です[*18]。現在のマイニングの報酬は、1 ブロックで 5ether です。ブロック高が 61 ですから、61 * 5 = 305。計算どおりです。

2.4.3 Ether の送金

それでは、eth.accounts[0] から eth.accounts[1] に 10ether 送金してみましょう。送金は、sendTransaction コマンドで行います。from に送信元のアドレス、to に送信先のアドレス、value に送金額を wei で指定します。

```
> eth.sendTransaction({from: eth.accounts[0], to: eth.accounts[1], value: web3.
toWei(10, "ether")})
Error: account is locked
    at web3.js:3119:20
    at web3.js:6023:15
    at web3.js:4995:36
    at <anonymous>:1:1
```

Error になってしまいました。実は、トランザクションの発行は有料（from に指定したアドレスが手数料を払う。）になるため、誤って実行できないよう通常はロックされており、使用時にロックを解除（アンロック）する必要があります。personal.unlockAccount コマンドにアンロックするアカウントのアドレスを指定して実行してください。ここで、以下の実行例では Passphrase の「pass0」を表示しましたが、実際には非表示となります。

```
> personal.unlockAccount(eth.accounts[0])
Unlock account 0x46d613bb59608a04451fe8cafb459d8964d7b598
Passphrase: pass0
true
```

personal.unlockAccount コマンドには引数としてパスフレーズを渡すこともできます。

```
> personal.unlockAccount(eth.accounts[0], "pass0")
true
```

＊18 今回はマイニングされたブロック数が 61 でしたので、305ether でしたが、マイニングを停止したタイミングによって生成されるブロック数も変わってきますので、皆さんの結果も 305ether になるとは限りません。

ここで、アンロックが有効な時間はデフォルトでは300秒です。このアンロック有効時間（秒単位）も引数として渡すことができます。なお、0を指定すると、そのGethのプロセス動作中は、アンロックが有効になります。

```
> personal.unlockAccount(eth.accounts[0], "pass0", 0)
true
```

アンロックできましたのでもう一度sendTransactionを実行しましょう。結果（"0x1600..."）は、発行したトランザクションのIDです。こちらも読者の皆さんの環境で変わってきますので読み替えてください。

```
> eth.sendTransaction({from: eth.accounts[0], to: eth.accounts[1], value: web3.
toWei(10, "ether")})
"0x1600d7f5c9d835333b7fac071869dada0b57ffa51e647303c09ef7d79d86073d"
```

さっそく送金先（eth.accounts[1]）の残高を確認してみましょう。

```
> eth.getBalance(eth.accounts[1])
0
```

0のままです。なぜでしょうか？

実はsendTransactionでトランザクションを発行しただけでは、処理は実行されません。ブロックチェーンでは、ブロックの中にそのトランザクションが取り込まれるときに、トランザクションの内容が実行されます。それではトランザクションの状態を確認してみましょう。さきほど発行されたトランザクションIDを引数としてeth.getTransactionコマンドを実行します。

```
> eth.getTransaction("0x1600d7f5c9d835333b7fac071869dada0b57ffa51e647303c09ef7d7
9d86073d")
{
  blockHash: "0x0000000000000000000000000000000000000000000000000000000000000000
",
  blockNumber: null,
  from: "0x46d613bb59608a04451fe8cafb459d8964d7b598",
  gas: 90000,
  gasPrice: 20000000000,
  hash: "0x1600d7f5c9d835333b7fac071869dada0b57ffa51e647303c09ef7d79d86073d",
  input: "0x",
  nonce: 0,
  r: "0xb720b61156664fb644c024fcd6d2dec43c38de22ad591d45e35a58175ba437c",
  s: "0x6ed89783a43eb492e06102c5bdbaf3745c8b3452cf210819b5abce56470fa90c",
  to: "0xf261b41e588313fa5757cf7cac4bc6a055c6c701",
  transactionIndex: null,
  v: "0x1c",
  value: 10000000000000000000
```

```
}
```

blockNumberがnullになっています。nullは、ブロックに入っていない（＝未処理、ペンディングされている）ことを表します。eth.pendingTransactionsコマンドで、ペンディングされているトランザクションを確認することができます。

```
> eth.pendingTransactions
[{
    blockHash: null,
    blockNumber: null,
    from: "0x46d613bb59608a04451fe8cafb459d8964d7b598",
    gas: 90000,
    gasPrice: 20000000000,
    hash: "0x1600d7f5c9d835333b7fac071869dada0b57ffa51e647303c09ef7d79d86073d",
    input: "0x",
    nonce: 0,
    r: "0xb720b61156664fb644c024fcd6d2dec43c38de22ad591d45e35a58175ba437c",
    s: "0x6ed89783a43eb492e06102c5bdbaf3745c8b3452cf210819b5abce56470fa90c",
    to: "0xf261b41e588313fa5757cf7cac4bc6a055c6c701",
    transactionIndex: null,
    v: "0x1c",
    value: 1000000000000000000
}]
```

それでは、miner.startコマンドでマイニングを再開して新しくブロックを作成しましょう。

```
> miner.start(1)
true
```

再び、eth.pendingTransactionを実行してトランザクションが表示されなくなったことを確認してから、miner.stopコマンドでマイニングを停止します。

```
> eth.pendingTransactions
[]
> miner.stop()
true
> eth.blockNumber
72
```

eth.getTransactionコマンドでトランザクションを確認します。以下のようにblockNumberがnullから62になりました[*19]。

＊19　62は筆者の環境において、トランザクションが取り込まれたブロックの番号となります。皆さんの実行結果ではきっと違う数字になったのではないでしょうか。

```
> eth.getTransaction("0x1600d7f5c9d835333b7fac071869dada0b57ffa51e647303c09ef7d7
9d86073d")
{
  blockHash: "0xff966ffe5037e64dc8e2bacb70bbaf658425e09c3955d29d439d977d758b03
5f",
  blockNumber: 62,
  from: "0x46d613bb59608a04451fe8cafb459d8964d7b598",
  gas: 90000,
  gasPrice: 20000000000,
  hash: "0x1600d7f5c9d835333b7fac071869dada0b57ffa51e647303c09ef7d79d86073d",
  input: "0x",
  nonce: 0,
  r: "0xb720b61156664fb644c024fcd6d2dec43c38de22ad591d45e35a58175ba437c",
  s: "0x6ed89783a43eb492e06102c5bdbaf3745c8b3452cf210819b5abce56470fa90c",
  to: "0xf261b41e588313fa5757cf7cac4bc6a055c6c701",
  transactionIndex: 0,
  v: "0x1c",
  value: 1000000000000000000
}
```

eth.getBlock コマンドでブロックを確認します。transactions に先ほどのトランザクション ID が表示されています。

```
> eth.getBlock(62)
{
  difficulty: 134810,
  extraData: "0xd783010505846765746887676f312e362e32856c696e7578",
  gasLimit: 126328742,
  gasUsed: 21000,
  hash: "0xff966ffe5037e64dc8e2bacb70bbaf658425e09c3955d29d439d977d758b035f",
  logsBloom: "0x00000000000000000000000000000000000000000000000000000000000000
000000000000000000000000000000000000000000000000000000000000000000000000000000
0000000000000000000000000000000000000000000000000000000000000000000000000000000
0000000000000000000000000000000000000000000000000000000000000000000000000000000
0000000000000000000000000000000000000000000000000000000000000000000000000000000
0000000000000000000000000000000000000000000000000000000000000000000000000000000
0000000000000000000000000000000000000000000000000000000000000000000000000000000
00000000000000000000000000000000000000000000000000000000",
  miner: "0x46d613bb59608a04451fe8cafb459d8964d7b598",
  mixHash: "0x4c771072adefbcb9c93fc59db581af9388bc7b9f1f4b30e8d383639bb2286faa",
  nonce: "0x275a04147d4afffc",
  number: 62,
  parentHash: "0x81f0cd35edd6c8afdd8eadc706221062bbd43bb7bf34520a369b98bb4f74
3c59",
  receiptsRoot: "0xa3ba3e458bc2211d0461362b8bf03b6afe9e17a83edd29f297f36a06a1c4a
2ba",
  sha3Uncles: "0x1dcc4de8dec75d7aab85b567b6ccd41ad312451b948a7413f0a142fd4
0d49347",
  size: 650,
  stateRoot: "0xdb8366ff0ad2d2c72af63c77ba9a35ddb26fabc3c47819bea077f4ab6
8c77162",
  timestamp: 1491424756,
```

```
  totalDifficulty: 8260244,
  transactions: ["0x1600d7f5c9d835333b7fac071869dada0b57ffa51e647303c09ef7d79d86
073d"],
  transactionsRoot: "0x1e4a12660d4dabdb9122c988d74e657699c072deb0c6d227ed69e6328
2062f0e",
  uncles: []
}
```

それでは、eth.accounts[1] の残高を確認してみましょう。10ether 所有していることが確認できます。

```
> eth.getBalance(eth.accounts[1])
10000000000000000000
> web3.fromWei(eth.getBalance(eth.accounts[1]), "ether")
10
```


2.4.4 トランザクションの手数料

次は、eth.accounts[1] から、eth.accounts[2] に送金してみましょう。まずは、アカウント eth.accounts[1] をアンロックします。

```
> personal.unlockAccount(eth.accounts[1], "pass1", 0)
true
```

アンロックできましたので sendTransaction コマンドを実行しましょう。eth.accounts[1] の残高の半分、5 ether を送金します。

```
> eth.sendTransaction({from: eth.accounts[1], to: eth.accounts[2], value: web3.
toWei(5, "ether")})
"0x20c076acc1a2661b69c1524ebaf7561ad996a0ec3ed2a6bf4722dcf4d4d6c2b8"
```

続いて、miner.start コマンドでマイニングを行い、eth.pendingTransaction コマンドでブロックに取り込まれたことを確認し、miner.stop コマンドでマイニングを停止します。

```
> miner.start(1)
true
> eth.pendingTransactions
[]
> miner.stop()
true
> eth.blockNumber
86
```

では、送金先の eth.accounts[2] の残高を確認しましょう。5ether あります。

```
> eth.getBalance(eth.accounts[2])
5000000000000000000
> web3.fromWei(eth.getBalance(eth.accounts[2]), "ether")
5
```

送金元の eth.accounts[1] の残高も確認しておきましょう。

```
> eth.getBalance(eth.accounts[1])
4999580000000000000
> web3.fromWei(eth.getBalance(eth.accounts[1]), "ether")
4.99958
```

5ether ではありません。微妙に小さい額です。この差額(0.00042ether) はどこにいったのでしょう？ eth.accounts[0] の残高を確認してみましょう。

```
> eth.getBalance(eth.accounts[0])
420000420000000000000
> web3.fromWei(eth.getBalance(eth.accounts[0]), "ether")
420.00042
```

420.00042ether です。小数部分がかなりあやしい数値です*[20]。実は、2.1.4 項でも述べましたが、トランザクションを処理するためには手数料（Gas）が必要となります。Gas はブロック生成時にその報酬と共に、マイナー（ブロックを生成したノードの Etherbase）に支払われます。もう少し調べてみます。先ほどのトランザクション情報を見てみましょう。

```
> eth.getTransaction("0x20c076acc1a2661b69c1524ebaf7561ad996a0ec3ed2a6bf4722dcf4
d4d6c2b8")
{
  blockHash: "0x5c1c9460e12280c0d3426ce83e8e718d7807c4df5981cf8acb97b77cf04
0d772",
  blockNumber: 73,
  from: "0xf261b41e588313fa5757cf7cac4bc6a055c6c701",
  gas: 90000,
  gasPrice: 20000000000,
  hash: "0x20c076acc1a2661b69c1524ebaf7561ad996a0ec3ed2a6bf4722dcf4d4d6c2b8",
  input: "0x",
  nonce: 0,
  r: "0x535f518f88b336468a63e4bf3472ab7f0a37149f9baabf40f18d89b00efc5705",
  s: "0x1e2d3934da0848df413cb7a74771a3b7b92002e380220454eae12770c0bf80fa",
  to: "0xd4b066d813731a946fb883037f318c2d9444fcfe",
  transactionIndex: 0,
```

＊20 Etherbase（eth.accounts[0]）には、マイニングの報酬（5 ether/block）が支払われますので、読者の皆さんの整数部分は 420 とは違っているのではないかと思います。

```
  v: "0x1b",
  value: 5000000000000000000
}
```

ここで確認するのは、gas と gasPrice です。gasPrice は、1Gas の価格で、単位は wei/Gas です。gas は、支払い可能な最大の Gas で、実際にそのトランザクションの処理で支払った Gas ではありません。支払った Gas の量を、先ほどの差額（0.00042 ether = 420,000,000,000,000 wei）から計算して求めてみましょう。

支払った手数料 [wei] / gasPrice [wei/Gas] = 420,000,000,000,000 / 20,000,000,000 = 21,000 Gas

実際に支払った Gas は、21,000 ですので、トランザクションで指定した gas の値 90,000 よりも小さいことが確認できました。

なお、eth.accounts[0] から eth.accounts[1] への送金でも当然、手数料は発生しますが、eth.accounts[0] は Etherbase でもありますので、ブロック生成時に報酬と共に戻ってきます。そのため手数料が発生していないように見えたのです。

exit コマンドで Geth を終了します。

```
> exit
$
```

2.4.5 バックグラウンドで Geth を起動

ここまでの手順では、Ethereum を利用するたびに Geth を起動し、マイニング等を実施してきました。そこで本節では、毎回起動することなく、常時バックグラウンドで Geth を起動させ、常にマイニングさせたいと思います。

```
$ nohup geth --networkid 4649 --nodiscover --maxpeers 0 --datadir /home/eth/
data_testnet --mine  --minerthreads 1 --rpc 2>> /home/eth/data_testnet/geth.log
&
```

console オプションをやめ、次のオプション等を指定します。

nohup

Geth のオプションではなく、Unix 系のコマンドです。SIGHUP を無視した状態でプロセスを起動します。シェルから SIGHUP が送られても無視するため、ログアウト後もコマンドは継続されます。停止する際には kill コマンドを使用してください。

--mine

マイニングを有効にします。

--minerthreads 1

マイニングに使用する CPU スレッド数を指定します。デフォルトは 1 です。

--rpc

HTTP-RPC サーバーを有効にします。別途コンソールに接続する際に必要なオプションです。

&

コマンドをバックグラウンドで実行します。こちらも Geth のオプションではありません。

次のコマンドで Geth のコンソールに接続します[*21]。

```
$ geth attach rpc:http://localhost:8545
Welcome to the Geth JavaScript console!

instance: Geth/v1.5.5-stable-ff07d548/linux/go1.6.2
coinbase: 0x46d613bb59608a04451fe8cafb459d8964d7b598
at block: 577 (Sat, 08 Apr 2017 09:28:54 UTC)
 modules: eth:1.0 net:1.0 rpc:1.0 web3:1.0

>
```

マイニングしているか確認してみましょう。

```
> eth.mining
true
```

exit します。コンソールが終了しても Geth は終了しなくなりました。

```
> exit
$
$ ps -eaf | grep geth
eth       21493 18550 99 09:27 pts/1    00:02:36 geth --networkid 4649
--nodiscover --maxpeers 0 --datadir /home/eth/data_testnet --mine
--minerthreads 1 --rpc
eth       21569 18550  0 09:30 pts/1    00:00:00 grep --color=auto geth
```

Geth の終了は kill コマンドで行います。ps コマンドで確認したプロセス ID を指定して kill コマンドを実行します[*22]。

＊21 表示される coinbase, block は読者の環境によります。
＊22 実行後、Enter キーを押すことで停止したことを示すメッセージが表示されます。

```
$ kill 21493
$
[1]+  Terminated              nohup geth --networkid 4649 --nodiscover
--maxpeers 0 --datadir /home/eth/data_testnet --mine --minerthreads 1 --rpc 2>>
/home/eth/data_testnet/geth.log
$ ps -eaf | grep geth
eth      21586 18550  0 09:30 pts/1    00:00:00 grep --color=auto geth
```


2.4.6 JSON-RPC

続いて、Gethのコンソールからではなく、HTTP経由で一連の操作をしてみます。Gethには、JSON-RPCサーバーの機能があります*23。Gethの起動時にHTTP-RPCサーバーを有効にしてリモートから各種コマンド*24を実行してみましょう。

```
$ nohup geth --networkid 4649 --nodiscover --maxpeers 0 --datadir /home/eth/
data_testnet --mine  --minerthreads 1 --rpc --rpcaddr "0.0.0.0" --rpcport 8545
--rpccorsdomain "*" --rpcapi "admin,db,eth,debug,miner,net,shh,txpool,personal,
web3" 2>> /home/eth/data_testnet/geth.log &
```

関連するオプションは次の通りです。

--rpc

HTTP-RPCサーバーを有効にします。

--rpcaddr "0.0.0.0"

HTTP-RPCサーバーの受け付けIPアドレスを指定します。デフォルトは、"localhost"です。"0.0.0.0"を指定すると、localhostだけでなく、どのインターフェースに対するアクセスも受け付けられます。

--rpcport 8545

HTTP-RPCサーバーの受け付けポートを指定します。デフォルトのポート番号は、8545です。

--rpccorsdomain "*"

あなたのノードにRPC接続する接続元のIPアドレスとポート番号を指定します。カンマ区切りで複数指定できます。"*"を指定すると、全ての接続元からのアクセスを許可します。

--rpcapi "admin,db,eth,debug,miner,net,shh,txpool,personal,web3"

RPCを許可するコマンドを指定します。カンマ区切りで複数指定できます。デフォルトは"eth,net,

*23 お気づきだと思いますが、この前の「バックグラウンドでGethを起動」のときに--rpcを指定しています。
*24 https://github.com/ethereum/wiki/wiki/JSON-RPC

web3" です。

それでは、curl コマンドで Geth のコマンドを実行してみましょう。--data につづけて、JSON-RPC の形式でコマンドを送信します。今回の curl の実行は、Geth をインストールした ubuntu から行いますので、リクエスト先は、localhost:8545 です。

はじめにアカウントを作成してみましょう。"method" に Geth のコマンド（personal.newAccount）に対応する API 名（"personal_newAccount"）を入力し、"params" にパスフレーズを指定します。"id" には任意の数値を指定します。応答と紐付ける際に使用するもので、リクエスト側で決めるものになります。今回は 10 としました。

```
$ curl -X POST --data '{"jsonrpc":"2.0","method":"personal_newAccount","params":
["pass3"],"id":10}' localhost:8545
```

```
{"jsonrpc":"2.0","id":10,"result":"0x3293ba9409e0881d23b494c8922318793971aac2"}
```

id10 の応答の "result" に作成したアカウントのアドレスが返ってきました。現在のアカウントのリストを見てみましょう。"method" は "personal_listAccounts" になります。先ほど作成したアカウントのアドレスが確認できます。

```
$ curl -X POST --data '{"jsonrpc":"2.0","method":"personal_listAccounts","params
":[],"id":10}' localhost:8545
```

```
{"jsonrpc":"2.0","id":10,"result":["0x46d613bb59608a04451fe8cafb459d8964d7b598"
,"0xf261b41e588313fa5757cf7cac4bc6a055c6c701","0xd4b066d813731a946fb883037f318c
2d9444fcfe","0x3293ba9409e0881d23b494c8922318793971aac2"]}
```

マイニングされていることを確認しましょう。"method" は "eth_mining" です。true が返ってきました。

```
$ curl -X POST --data '{"jsonrpc":"2.0","method":"eth_mining","params":[],
"id":10}' localhost:8545
```

```
{"jsonrpc":"2.0","id":10,"result":true}
```

せっかくなので、ハッシュレートも確認してみましょう。"method" は "eth_hashrate" です。応答は "0x1e202" とあるとおり、16 進数となります。printf コマンドで 10 進数にしてみましょう。

```
$ curl -X POST --data '{"jsonrpc":"2.0","method":"eth_hashrate","params":[],
"id":10}' localhost:8545
```

```
{"jsonrpc":"2.0","id":10,"result":"0x1e202"}
```

```
$ printf '%d\n' "0x1e202"
123394
```

ブロック番号も確認してみましょう。"method" は "eth_blockNumber" です。同様に printf コマンドで 10 進数で表示すると、1098 であることが確認できます。

```
$ curl -X POST --data '{"jsonrpc":"2.0","method":"eth_blockNumber","params":[],"
id":10}' localhost:8545
```

```
{"jsonrpc":"2.0","id":10,"result":"0x44a"}
```

```
$ printf '%d\n' "0x44a"
1098
```

送金する前に、アカウントの残高を確認してみましょう。"method" は "eth_getBalance" です。今回は eth.accounts[2] から先ほど作成したアカウント（eth.accounts[3]）に送金することとします。"params" に、eth.accounts[2] のアドレスを指定します[*25]。送金元となる eth.accounts[2] の残高は、5,000,000,000,000,000,000 wei（5ether）です。

```
$ curl -X POST --data '{"jsonrpc":"2.0","method":"eth_getBalance","params":["0xd
4b066d813731a946fb883037f318c2d9444fcfe" , "latest"],"id":10}' localhost:8545
```

```
{"jsonrpc":"2.0","id":10,"result":"0x4563918244f40000"}
```

```
$ printf '%d\n' "0x4563918244f40000"
5000000000000000000
```

それでは送金してみます。"method" は "eth_sendTransaction" です。"params" の "from" に送信元となる eth.accounts[2] のアドレスを指定し、"to" に送信先となる eth.accounts[3] のアドレスを指定します。"value" には、送金額を指定します。ここでは、残高の 1/10 である 500,000,000,000,000,000（16 進表示で "0x6F05B59D3B20000"）とします。

```
$ curl -X POST --data '{"jsonrpc":"2.0","method":"eth_sendTransaction","params":
[{"from":"0xd4b066d813731a946fb883037f318c2d9444fcfe","value":"0x6F05B59D3B2000
0","to":"0x3293ba9409e0881d23b494c8922318793971aac2"}],"id":10}' localhost:8545
```

```
{"jsonrpc":"2.0","id":10,"error":{"code":-32000,"message":"account is locked"}}
```

忘れずにアカウントのアンロックをしましょう。"method" は、"personal_unlockAccount" です。

＊25 アドレスは読者の皆さんの環境にあわせて読み替えてください。

"params" に、アドレスとパスフレーズと時間（秒単位）を指定します。

```
$ curl -X POST --data '{"jsonrpc":"2.0","method":"personal_unlockAccount","pa
rams":["0xd4b066d813731a946fb883037f318c2d9444fcfe", "pass2", 300],"id":10}'
localhost:8545
```

```
{"jsonrpc":"2.0","id":10,"result":true}
```

再度、送金します。今度はトランザクション ID が返ってきました。

```
$ curl -X POST --data '{"jsonrpc":"2.0","method":"eth_sendTransaction","params":
[{"from":"0xd4b066d813731a946fb883037f318c2d9444fcfe","value":"0x6F05B59D3B2000
0","to":"0x3293ba9409e0881d23b494c8922318793971aac2"}],"id":10}' localhost:8545
```

```
{"jsonrpc":"2.0","id":10,"result":"0xc997c0c11312304fd86d6ea0dc870a414e7eb1466a
92955e672f24b554c932fa"}
```

送金元 eth.accounts[2] の残高を確認します。送金額だけではなく、トランザクションの手数料についても減額されています。

```
$ curl -X POST --data '{"jsonrpc":"2.0","method":"eth_getBalance","params":["0xd
4b066d813731a946fb883037f318c2d9444fcfe" , "latest"],"id":10}' localhost:8545
```

```
{"jsonrpc":"2.0","id":10,"result":"0x3e71b82b9273c000"}
```

```
$ printf '%d\n' "0x3e71b82b9273c000"
4499580000000000000
```

そして、受け取り側である eth.accounts[3] の残高を確認しましょう。ちゃんと 500,000,000,000,000,000wei を受け取れています。

```
$ curl -X POST --data '{"jsonrpc":"2.0","method":"eth_getBalance","params":["0x3
293ba9409e0881d23b494c8922318793971aac2" , "latest"],"id":10}' localhost:8545
```

```
{"jsonrpc":"2.0","id":10,"result":"0x6f05b59d3b20000"}
```

```
$ printf '%d\n' "0x6f05b59d3b20000"
500000000000000000
```

いかがでしたでしょうか。HTTP-RPC サーバーを有効にすることで、Geth とリモート端末（ブラウザなど）との間を JSON-RPC でやり取りできることが確認できました。

2.4.7 Geth起動時にアカウントをアンロック

最後に、Geth起動時にアカウントをアンロックする方法について説明します。これまでは、Gethのコンソールやjson-RPCでunlockAccountしてきましたが、Gethの起動時に指定アカウントをアンロックすることができます。なお、セキュリティ的には非常によろしくありませんので、開発時限定としてください。

それでは、eth.accounts[0]をアンロックしてGethを起動してみましょう。ここではフォアグラウンドで実行します。コマンドを実行するとパスフレーズを聞かれますので、eth.accounts[0]のパスフレーズ（今回はpass0）を入力します*26。

```
$ geth --networkid 4649 --nodiscover --maxpeers 0 --datadir /home/eth/data_
testnet --mine  --minerthreads 1 --rpc --rpcaddr "0.0.0.0" --rpcport 8545
--rpccorsdomain "*" --rpcapi "admin,db,eth,debug,miner,net,shh,txpool,personal,
web3" --unlock 0 --verbosity 6 console 2>> /home/eth/data_testnet/geth.log
```

```
Unlocking account 0 | Attempt 1/3
Passphrase: pass0
Welcome to the Geth JavaScript console!
(以下省略)
```

関連するオプションは次の通りです。

--unlock 0

アンロックするアカウントを指定します。今回は、eth.accounts[0]をアンロックするため、0を指定します。カンマ区切りで複数指定することもできます。

--verbosity 6

ログの出力レベルを指定します。0=silent, 1=error, 2=warn, 3=info, 4=core, 5=debug, 6=detailで、デフォルトは、3です。ここでは、最も詳細な6を指定します。

eth.accounts[0]からeth.accounts[1]に送金してみましょう。アンロックしなくても送金できました。

```
> web3.fromWei(eth.getBalance(eth.accounts[1]), "ether")
4.99958
> eth.sendTransaction({from: eth.accounts[0], to: eth.accounts[1], value: web3.
toWei(10, "ether")})
"0xbe1865844514b59d811ac7b189845f20805f2806ddec23684e5de4982e10e4fe"
> web3.fromWei(eth.getBalance(eth.accounts[1]), "ether")
14.99958
> exit
```

＊26 実行例ではパスフレーズを表示していますが、実際には表示されません。

パスフレーズをファイルに書いておき、それを引数としてGethを起動することも可能です。パスワードファイルを作成します。

```
$ echo pass0 > /home/eth/data_testnet/passwd
$ cat /home/eth/data_testnet/passwd
pass0
```

--password /home/eth/data_testnet/passwd

パスワードファイルを指定します。

起動します。今度はパスフレーズを入力しなくても起動できました。

```
$ geth --networkid 4649 --nodiscover --maxpeers 0 --datadir /home/eth/data_
testnet --mine  --minerthreads 1 --rpc --rpcaddr "0.0.0.0" --rpcport 8545
--rpccorsdomain "*" --rpcapi "admin,db,eth,debug,miner,net,shh,txpool,personal,
web3" --unlock 0 --password /home/eth/data_testnet/passwd --verbosity 6 console
2>> /home/eth/data_testnet/geth.log
```

```
Welcome to the Geth JavaScript console!
(以下省略)
```

なお、複数アカウントの場合は次のようになります。パスワードファイルにパスワードを行ごとに書いておき、unlockをカンマ区切りで指定します。

```
$ echo pass1 >> /home/eth/data_testnet/passwd
$ cat /home/eth/data_testnet/passwd
pass0
pass1
```

```
$ geth --networkid 4649 --nodiscover --maxpeers 0 --datadir /home/eth/data_
testnet --mine  --minerthreads 1 --rpc --rpcaddr "0.0.0.0" --rpcport 8545
--rpccorsdomain "*" --rpcapi "admin,db,eth,debug,miner,net,shh,txpool,person
al,web3" --unlock 0,1 --password /home/eth/data_testnet/passwd --verbosity 6
console 2>> /home/eth/data_testnet/geth.log
```

```
Welcome to the Geth JavaScript console!
(以下省略)
```

nohupと&をつけ、consoleを除くと、バックグラウンドで起動します。もちろんattachで接続できます。

```
$ nohup geth --networkid 4649 --nodiscover --maxpeers 0 --datadir /home/eth/
data_testnet --mine  --minerthreads 1 --rpc --rpcaddr "0.0.0.0" --rpcport 8545
--rpccorsdomain "*" --rpcapi "admin,db,eth,debug,miner,net,shh,txpool,personal,
web3" --unlock 0,1 --password /home/eth/data_testnet/passwd --verbosity 6 2>> /
home/eth/data_testnet/geth.log &
```

```
[1] 44272
$
$ geth attach rpc:http://localhost:8545
Welcome to the Geth JavaScript console!
(以下省略)
```

最後に、繰り返しになりますが、アンロックしてGethを起動するのはセキュリティ的に非常に危険です。くれぐれも開発時限定としてください。

1 スマートコントラクトの概要

3.1.1 スマートコントラクトの開発

さて、いよいよスマートコントラクトの開発です。スマートコントラクトは、ブロックチェーン上で動作するアプリケーションの位置づけとなります。スマートコントラクトの開発の大きな流れは、よくあるWebアプリケーション開発と同様です。開発者はコードを書き、サーバ（ここではブロックチェーン）にデプロイします。ユーザはブラウザでサーバにアクセスし、目的の処理を行います。もう少し詳しく説明します*1。

まず開発者はチューリング完全*2な高レベルの言語でコントラクトを記述します。そしてそれをEVMコンパイラでコンパイルしてEVMバイトコード（EVM固有のバイナリ形式）にし、ブロックチェーンにデプロイします（EVMとはEthereum Virtual Machineの略）。EVMバイトコードは、個々のEVM上で実行されます。これはちょうどJavaプログラム、Javaバイトコード、JVMの関係に似ています。なお「ブロックチェーンにデプロイする」とは、ブロック内にEVMバイトコードを保存することを意味します。ブロックチェーンネットワークに参加する全ノードは同じブロックを保持しますので、全ノードがEVMバイトコードを保持して実行できることになります。イメージを図3-1に示します。

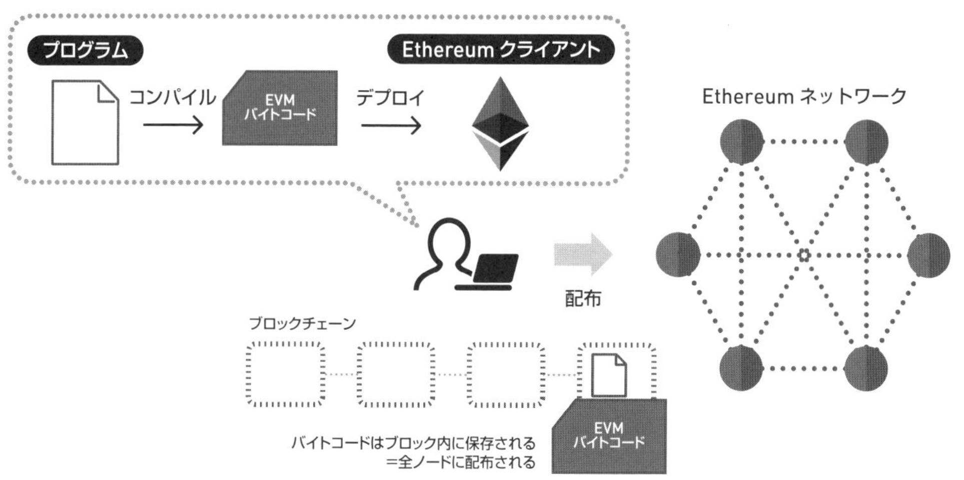

図3-1 コントラクトのデプロイまでのイメージ。バイトコードとしてブロック内に保存される。

次はコントラクト（EVMバイトコード）へのアクセスについて説明します。ユーザはブラウザやコンソールからブロックチェーン上のEVMバイトコードにJSON-RPC等でアクセスします。EVMバイ

＊1 開発の前に、ノード間の通信、コントラクトの保存形式や、変数のデータ構造などが気になってしまう方もいらっしゃるかもしれません。それらはEthereumによって提供されますので、まずは実際にコードを書き、動作させてみましょう。

＊2 チューリングマシンのエミュレータが書けること。時間とメモリが無限にあるとしたらチューリングマシンが計算できる問題を記述、計算できること。雑に言うと、フツーのプログラム言語ということです。

トコードは接続したノードのEVM上で実行され、データの更新を行う場合は、(送金などと同様に)更新内容がブロックチェーンネットワークに配信されます。イメージは図3-2です。

また、「ブロックチェーン上のコードは、誰でも確認できるので不正することは不可能」と言われています。たしかにEVMバイトコードは確認できますが、人が見て理解できるプログラムは確認できません。開発者は、誰でも確認できるようにするため、プログラムのソースコードとEVMバイトコードをあわせてGithubで公開したり、Etherscan等にプログラムをアップロードして対応しているようです。

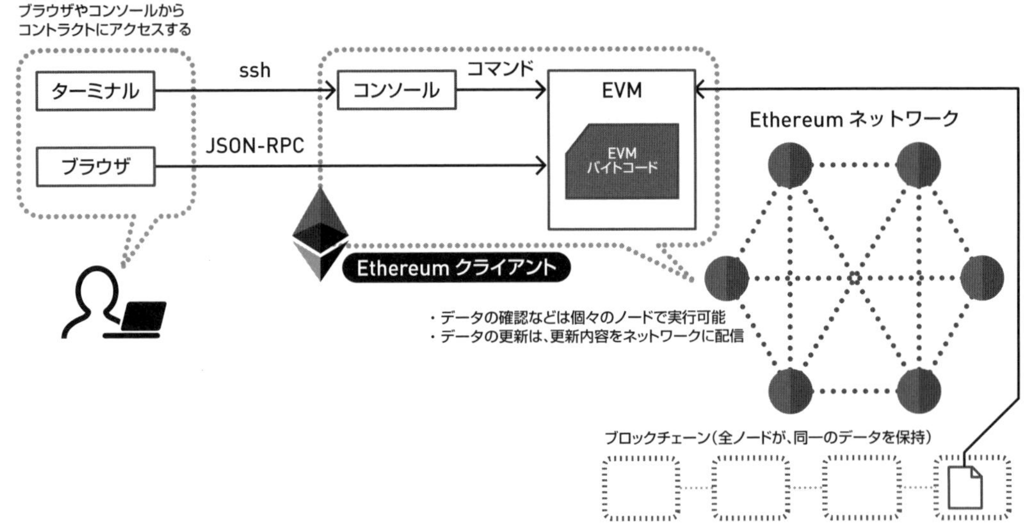

図3-2 コントラクトの実行イメージ。ブラウザやコンソールからアクセスする。

3.1.2 スマートコントラクト開発用のプログラム言語

Ethereumのコントラクトを書くためのプログラム言語は、現在、次の3種類があります。

Solidity

Solidityは、JavaScriptに似た構文を持つ言語で、現時点におけるEthereumのコントラクト開発における主要言語であり、最も人気があります。インターネット上の情報も多く、サンプルコードも豊富です。

Serpent

Serpentはその名前から想像できるかもしれませんが、Pythonに似た構文の言語です。インターネット上の情報はそれほど多くはありませんが、予測市場へのブロックチェーン適用事例であるAuger Project*3はSerpentを利用しているようです。

＊3 https://augur.net/

LLL

LLL は、Lisp Like Language の頭文字です。アセンブリに似た低レベルの言語で、インターネット上にもほとんど情報がありません。

本書では最も人気のある Solidity を使ってコントラクトを開発していきます。

3.1.3 コンパイラをインストール

コントラクトは、EVM バイトコードにコンパイルしてからブロックチェーンにデプロイする必要があります。Solidity のコンパイラをインストールしましょう。Ubuntu の公式リポジトリからは配布されていませんので、PPA（Personal Package Archive）を使用してインストールします。

以下のコマンドを実行してください。

```
$ sudo add-apt-repository ppa:ethereum/ethereum
$ sudo apt-get update
$ sudo apt-get install solc
```

インストールされたことを確認しましょう。

```
$ solc --version
solc, the solidity compiler commandline interface
Version: 0.4.10+commit.f0d539ae.Linux.g++
```

solc のパスを確認します。

```
$ which solc
/usr/bin/solc
```

Geth を起動して、コンソールに接続します[*4]。データディレクトリは読者の皆さんの環境にあわせて読み替えてください。

```
$ nohup geth --networkid 4649 --nodiscover --maxpeers 0 --datadir /home/eth/
data_testnet --mine  --minerthreads 1 --rpc --rpcaddr "0.0.0.0" --rpcport 8545
--rpccorsdomain "*" --rpcapi "admin,db,eth,debug,miner,net,shh,txpool,personal,
web3" --unlock 0,1 --password /home/eth/data_testnet/passwd --verbosity 6 2>> /
home/eth/data_testnet/geth.log &
[1] 44272
$
$ geth attach rpc:http://localhost:8545
```

＊4　Geth の起動コマンドの詳細は 2 章をご確認ください。

admin.setSolc コマンドでGethにsolcのパスをセットします[*5]。which で確認したパスを引数に指定します。

```
> admin.setSolc("/usr/bin/solc")
"solc, the solidity compiler commandline interface\nVersion: 0.4.10+commit.
f0d539ae.Linux.g++\n"
```

正しくセットされたことを確認します。

```
> eth.getCompilers()
['Solidity' ]
```


＊5　Geth 1.5 から 1.6 へのバージョンアップに伴い、EIP (Ethereum Improvement Proposal) の No.209 が適用され、eth_compileSolidity, eth_compileSerpent, and eth_compileLLL 関数が deprecated（非推奨）となり、これらのコマンドは失敗します。1.6 以降はコンパイルは Geth の外で行うことになりました。

2 コンソールでコントラクト

3.2.1 Hello World

はじめてのコントラクトは、ユーザが設定した文字列（"Hello, World!" など）を返すだけのコントラクトです。まずは以下のプログラムをご覧ください。

```
pragma solidity ^0.4.8;  // (1) バージョンプラグマ

// (2) コントラクトの宣言
contract HelloWorld {
  // (3) 状態変数の宣言
  string public greeting;
  // (4) コンストラクタ
  function HelloWorld(string _greeting) {
    greeting = _greeting;
  }
  // (5) メソッドの宣言
  function setGreeting(string _greeting) {
    greeting = _greeting;
  }
  function say() constant returns (string) {
    return greeting;
  }
}
```

プログラムの説明の前に、コメントについて説明します。Solidity のコメントには、Java 等と同様に、行コメントとブロックコメントの２種類があります。行コメントは、「//」から行末までをコメントとして扱い、ブロックコメントは、「/*」と「*/」に挟まれた内部をコメントとして扱います。

```
// 行コメント
/*
  ブロックコメント
*/
```

それではプログラムについて説明します。

(1) バージョンプラグマ

```
pragma solidity ^0.4.8;
```

コンパイラのバージョンを指定する命令です。互換性のないバージョンのコンパイラによるコンパイルを拒否することができます。初期の Solidity では書く必要はありませんでしたが、現在は必須項目となりました。

(2) コントラクトの宣言

```
contract HelloWorld {
```

contract でコントラクトを宣言します。コントラクトは Java 等のオブジェクト指向プログラミング言語の「クラス」ととてもよく似ており、任意の名前を付けることができます。今回は HelloWorld としました。

(3) 状態変数の宣言

```
  string public greeting;
```

コントラクト内で有効な変数を宣言できます。Ethereum では、これを状態変数と呼びます。今回はユーザから渡された文字列を保持する変数 greeting を宣言しました。ここで、public とあることに注意してください。public の変数は、そのコントラクトにアクセスできるユーザであれば、誰でも閲覧可能となります。なお、public であっても値の更新はできませんのでご安心ください。あくまでも閲覧のみとなります。

(4) コンストラクタ

```
  function HelloWorld(string _greeting) {
    greeting = _greeting;
  }
```

function でメソッドを宣言します。コンストラクタはコントラクトと同じ名前のメソッドで、デプロイ時にのみ実行可能な特別なメソッドです。ここでは、引数として渡された _greeting を状態変数にセットしています。なお、Solidity では慣習として、メソッドの引数の先頭をアンダースコアにします。

(5) メソッドの宣言

```
  function setGreeting(string _greeting) {
    greeting = _greeting;
  }
  function say() constant returns (string) {
    return "Hello, World!";
  }
```

戻り値を返すメソッドを宣言することもできます。戻り値を返す場合は、returns として括弧の中に戻り値のデータ型を宣言します。ここで、ブロックチェーンで保持しているデータの変更を伴わない場合は、constant をつけてください。

3.2.2 コンパイルの準備

コンパイルする前に、コントラクトから改行を取り除く必要があります。まず先ほどのコントラクトをファイルに保存してください。そして、tr コマンドを使って改行文字を削除します。このとき、行コメントは削除するかブロックコメントに変更しておいてください。あと、ファイルは任意の場所に作成してもらってかまいません。

```
$ vi HelloWorldOrg.sol
pragma solidity ^0.4.8;
contract HelloWorld {
  string public greeting;
  function HelloWorld(string _greeting) {
    greeting = _greeting;
  }
  function setGreeting(string _greeting) {
    greeting = _greeting;
  }
  function say() constant returns (string) {
    return greeting;
  }
}
$ cat HelloWorldOrg.sol | tr -d '\n' > HelloWorld.sol
$ cat HelloWorld.sol
pragma solidity ^0.4.8;contract HelloWorld {  string public greeting;
function HelloWorld(string _greeting) {    greeting = _greeting;  }  function
setGreeting(string _greeting) {    greeting = _greeting;  }  function say()
constant returns (string) {    return greeting;  }}
```

3.2.3 コンパイル

Geth のコンソールに接続し、先ほど作成した改行のないコントラクト（の文字列）を変数に代入します。

```
$ geth attach rpc:http://localhost:8545
```

```
> source = 'pragma solidity ^0.4.8;contract HelloWorld {  string public
greeting;  function HelloWorld(string _greeting) {    greeting = _greeting;  }
function setGreeting(string _greeting) {    greeting = _greeting;  }  function
say() constant returns (string) {    return greeting;  }}'
```

コンパイルしましょう。

```
> sourceCompiled = eth.compile.solidity(source)
```

次の応答が返ってきます。ちょっと長いのですがここでは全文を掲載します。


```
{
  /tmp/geth-compile-solidity302602511:HelloWorld: {
    code: "0x6060604052341561000c57fe5b6040516104b93803806104b983398101604052805
1015b805161003690600090602084019061003e565b505b506100de565b828054600181600116156
1010002031660029004906000526020600020906001f016020900481019282601f1061007f57805
160ff1916838001178555561000ac565b82800160010185558215610ac579182015b828111156100
ac578251825559160200191906001019061009156565b5b506100b99291506100bd565b5090565b6100
db91905b808211156100b95760008155600101610 0c3565b5090565b90565b6103cc806100ed6000
396000f30060606060405263ffffffff60e060020a600035041663954ab4b281146100375780
63a413686214 6100c7578063ef690cc01461011f575bfe5b341561003f57fe5b6100476101af565b60
4080516020808252835181830152835191928392908301918501908083838215610 08d575b8051
8252602083111561008d57601f1990920191602091820191016100 6d565b50505090509081019060
1f168015610 0b957808203805160018360200361010 00a031916815260200191505b5092505050
6040518091 0390f35b34156100cf57fe5b61011d6004808035906020019082018035906020019080
80601f016020809104026020016040519081016040528093929190818152602001838380828437
509496506102489550505050505050565b005b34156101275 7fe5b61004761026 0565b6040805160 2
08082528351818301528351919283929083019185019080838382156100 8d575b8051825260 2083
111561008d57601f199092019160209182019101 61006d565b505050905090810190601f1680156
100b957808203805160018360200361010 00a031916815260200191505b509250505060405180 91
0390f35b6101b76102ee565b600080546040805160206002600185161561010002600019019094 1
693909304601f810184900484028201840190925281815292918301828280156102 3d5780601f10
61021257610100808354040283529160200191610 23d565b820191906000526020600020905b815
481529060010190602001808311610220578290036 01f168201915b505050505090505b90565b80
5161025b9060009060208401906103005 65b505b50565b6000805460408051602060026001851 61
5610100026000190190941693909304601f810184900484028201840190925281815292918301 82
828015610 2e65780601f106102bb57610100808354040283529160200191610 2e6565b820191906
000526020600020905b81548152906001019060200180831161 02c957829003601f168201915b50
50505050815 65b60408051602081019091526000815290565b828054600181600116156101000 20
316600290049060005260206000209060 1f016020900481019282601f10610341578051 60ff1916
8380011785555610 36e565b82800160010185558215610 36e579182015b828111156103 6e5782518
2555916020019190600101906103 53565b5b5061037b9291506103 7f565b5090565b61024591905b
8082111561037b57600081556001016103 85565b5090565b905600a165627a7a72305820ca73d7f
f7fcf9ca9bd2b4ae2412b35fdd6068b8fddad10896d8a092581a277b20029",
    info: {
      abiDefinition: [{...}, {...}, {...}, {...}],
      compilerOptions: "--combined-json bin,abi,userdoc,devdoc --add-std
--optimize",
      compilerVersion: "0.4.10",
      developerDoc: {
        methods: {}
      },
      language: "Solidity",
      languageVersion: "0.4.10",
```

```
      source: "pragma solidity ^0.4.8;contract HelloWorld {  string public
greeting;  function HelloWorld(string _greeting) {    greeting = _greeting;  }
function setGreeting(string _greeting) {    greeting = _greeting;  }  function
say() constant returns (string) {    return greeting;  }}",
      userDoc: {
        methods: {}
      }
    }
  }
}
```

基礎編

1

2

3

実践編

4

5

6

A

3.2.4 コントラクトをデプロイ

sourceCompiled から、ABI（Application Binary Interface）を取得します。ABI とは、コントラクトの外部仕様のことです。コントラクトに含まれるメソッドと引数、戻り値についての情報で、コントラクトにアクセスする際に必要な情報のひとつです*6。引数の「/tmp/geth-compile-solidity302602511:HelloWorld」の部分は、コンパイルの応答の2行目の部分になります。読者の皆さんの環境にあわせて読み替えてください。

```
> contractAbiDefinition = sourceCompiled['/tmp/geth-compile-
solidity302602511:HelloWorld'].info.abiDefinition
```

以下は、ABI 取得の応答です。

```
[{
    constant: true,
    inputs: [],
    name: "say",
    outputs: [{
        name: "",
        type: "string"
    }],
    payable: false,
    type: "function"
}, {
    constant: false,
    inputs: [{
        name: "_greeting",
        type: "string"
    }],
    name: "setGreeting",
    outputs: [],
    payable: false,
```

＊6　他に必要な情報は、コントラクトのアドレスです。デプロイ後に振り出されます。

```
    type: "function"
}, {
    constant: true,
    inputs: [],
    name: "greeting",
    outputs: [{
        name: "",
        type: "string"
    }],
    payable: false,
    type: "function"
}, {
    inputs: [{
        name: "_greeting",
        type: "string"
    }],
    payable: false,
    type: "constructor"
}]
```

ABIから、コントラクトオブジェクトを作成します。

```
> sourceCompiledContract = eth.contract(contractAbiDefinition)
```

以下は応答になります。こちらも長いのですが全文を掲載します。

```
{
  abi: [{
      constant: true,
      inputs: [],
      name: "say",
      outputs: [{...}],
      payable: false,
      type: "function"
  }, {
      constant: false,
      inputs: [{...}],
      name: "setGreeting",
      outputs: [],
      payable: false,
      type: "function"
  }, {
      constant: true,
      inputs: [],
      name: "greeting",
      outputs: [{...}],
      payable: false,
      type: "function"
  }, {
      inputs: [{...}],
```

```
      payable: false,
      type: "constructor"
  }],
  eth: {
    accounts: ["0x46d613bb59608a04451fe8cafb459d8964d7b598", "0xf261b41e588313fa
5757cf7cac4bc6a055c6c701", "0xd4b066d813731a946fb883037f318c2d9444fcfe", "0x329
3ba9409e0881d23b494c8922318793971aac2"],
    blockNumber: 3518,
    coinbase: "0x46d613bb59608a04451fe8cafb459d8964d7b598",
    compile: {
      lll: function(),
      serpent: function(),
      solidity: function()
    },
    defaultAccount: undefined,
    defaultBlock: "latest",
    gasPrice: 20000000000,
    hashrate: 158324,
    mining: true,
    pendingTransactions: [],
    syncing: false,
    call: function(),
    contract: function(abi),
    estimateGas: function(),
    filter: function(fil, callback),
    getAccounts: function(callback),
    getBalance: function(),
    getBlock: function(),
    getBlockNumber: function(callback),
    getBlockTransactionCount: function(),
    getBlockUncleCount: function(),
    getCode: function(),
    getCoinbase: function(callback),
    getCompilers: function(),
    getGasPrice: function(callback),
    getHashrate: function(callback),
    getMining: function(callback),
    getNatSpec: function(),
    getPendingTransactions: function(callback),
    getRawTransaction: function(),
    getRawTransactionFromBlock: function(),
    getStorageAt: function(),
    getSyncing: function(callback),
    getTransaction: function(),
    getTransactionCount: function(),
    getTransactionFromBlock: function(),
    getTransactionReceipt: function(),
    getUncle: function(),
    getWork: function(),
    iban: function(iban),
    icapNamereg: function(),
    isSyncing: function(callback),
    namereg: function(),
    resend: function(),
```

```
    sendIBANTransaction: function(),
    sendRawTransaction: function(),
    sendTransaction: function(),
    sign: function(),
    signTransaction: function(),
    submitTransaction: function(),
    submitWork: function()
  },
  at: function(address, callback),
  getData: function(),
  new: function()
}
```

そして作成したコントラクトオブジェクトを Ethereum ブロックチェーンにデプロイします。このとき、コンストラクタに渡す引数がある場合はそれも渡します。今回コンストラクタに渡す文字列は "Hello, World!" としましょう。

```
> _greeting = "Hello, World!"
"Hello, World!"
```

デプロイします。from に指定するアカウントはアンロックしておく必要があります。また、data に指定する solidity に続く数字も環境にあわせて読み替えてください。

```
> contract = sourceCompiledContract.new(_greeting, {from:eth.accounts[0], data:
sourceCompiled['/tmp/geth-compile-solidity302602511:HelloWorld'].code, gas:
'4700000'})
```

```
{
  abi: [{
      constant: true,
      inputs: [],
      name: "say",
      outputs: [{...}],
      payable: false,
      type: "function"
  }, {
      constant: false,
      inputs: [{...}],
      name: "setGreeting",
      outputs: [],
      payable: false,
      type: "function"
  }, {
      constant: true,
      inputs: [],
      name: "greeting",
      outputs: [{...}],
      payable: false,
```

```
        type: "function"
    }, {
        inputs: [{...}],
        payable: false,
        type: "constructor"
    }],
    address: undefined,
    transactionHash: "0xf01042f1dbb2b9cc3f3fc6f4a580b6e3c38af55deac53a108af30058a9
d3de91"
}
```

new 直後はまだブロックに書き込まれていないため、address は undefined になります。マイニングされるのを待ち、contract を確認します。

```
> contract
```

```
{
    abi: [{
        constant: true,
        inputs: [],
        name: "say",
        outputs: [{...}],
        payable: false,
        type: "function"
    }, {
        constant: false,
        inputs: [{...}],
        name: "setGreeting",
        outputs: [],
        payable: false,
        type: "function"
    }, {
        constant: true,
        inputs: [],
        name: "greeting",
        outputs: [{...}],
        payable: false,
        type: "function"
    }, {
        inputs: [{...}],
        payable: false,
        type: "constructor"
    }],
    address: "0x9376f07cd57ed349c79612bd9bdc12c3e7972f14",
    transactionHash: "0xf01042f1dbb2b9cc3f3fc6f4a580b6e3c38af55deac53a108af30058a9
d3de91",
    allEvents: function(),
    greeting: function(),
    say: function(),
    setGreeting: function()
```

```
}
```

address が、undefined から "0x9376f07cd57ed349c79612bd9bdc12c3e7972f14" になりました[*7]。これがコントラクトのアドレスになります。

3.2.5 動かしてみよう

早速動かしたいところですが、その前にメソッドの実行方法について説明します。Ethereum でメソッドを実行する方法は 2 種類あります。ひとつは「sendTransaction」で、もうひとつは「call」です。

sendTransaction

ブロックチェーンの状態を変化させるときに使用します。ここで「状態を変化させる」とは、新しくデータを書き込んだり、既に存在するデータを更新することを指します。これらは、ブロックチェーンのブロックを作成することで実現されるため、手数料 (Gas) が発生します。ここで sendTransaction は、Ether の送金でも使用しました。Ether の送金も、残高（＝状態）を変化させたと考えてください。

```
コントラクトオブジェクト.メソッド名.sendTransaction(引数, {from: 送信元アドレス, gas: ガスの量})
```

call

ブロックチェーンからデータを取得するときに使用します。ブロックの作成は必要ありませんので、手数料は発生しません。例えば、残高の取得メソッドなどで使用します。残高は、既に存在するデータから求められますので、新たにデータを書き込む必要はありません。

```
コントラクトオブジェクト.メソッド名.call(引数)
```

今回のコントラクトの場合、setGreeting メソッドはデータを更新するので sendTransaction を使用し、say メソッドはデータを読むだけですので call を使用します。

それでは、say メソッドを実行してみましょう。コントラクトが保持する文字列が返ってきます。

```
> contract.say.call()
"Hello, World!"
```

ここで、public な状態変数 greeting を確認してみましょう。メソッド名に状態変数名を指定して call を実行します。

＊7　アドレスは環境によって異なります。

```
> contract.greeting.call()
"Hello, World!"
```

次は、setGreeting を実行して状態変数を "Hello, World!" から "Hello, Ethereum!" に更新してみます[*8]。こちらは、データの更新を行いますので、sendTransaction を使用します。

```
> contract.setGreeting.sendTransaction("Hello, Ethereum!", {from:eth.
accounts[0], gas:1000000})
"0x8099cd8ef884d190cd16aa9396e9dbb9a717b15c0037f8549ce44eb7e5bb3295"
```

トランザクション ID が返ってきました。マイニング後に say を実行して更新されたか確認しましょう。

```
> contract.say.call()
"Hello, Ethereum!"
```

3.2.6 既存コントラクトにアクセスする

次は、先ほど作成したコントラクトに、別の Geth のコンソールからアクセスしてみましょう。

まずは、別のターミナルから[*9]、Geth のコンソールに接続します。

```
$ geth attach rpc:http://localhost:8545
```

つづいてコントラクトの外部仕様である ABI を取得します。コントラクトの作成時と同様に改行を除いたソースを変数に入れ、コンパイルします。コンパイルすると、/tmp 以下の文字列（数字部分）が先ほどと変わってきます。コマンドのコピペは使用できませんので、ご注意ください。

```
> source = 'pragma solidity ^0.4.8;contract HelloWorld {  string public
greeting;  function HelloWorld(string _greeting) {    greeting = _greeting;  }
function setGreeting(string _greeting) {    greeting = _greeting;  }  function
say() constant returns (string) {    return greeting;  }}'
```

```
> sourceCompiled = eth.compile.solidity(source)
```

```
> contractAbiDefinition = sourceCompiled['/tmp/geth-compile-
solidity837889314:HelloWorld'].info.abiDefinition
```

＊8　eth.accounts[0] のアンロックが必要なコマンドです。アンロック方法によっては時間切れとなっているかもしれません。再度アンロックしてください。

＊9　先ほどのコンソールを exit し、もう一度 attach しなおす、でも問題ありません。

コントラクトオブジェクトを作成します。なお、既存のコントラクトにアクセスする際には、newは行いません*10。atに3.2.4項でデプロイしたコントラクトのアドレスを指定します。

```
> contract = eth.contract(contractAbiDefinition).at("0x9376f07cd57ed349c79612bd9bdc12c3e7972f14")
```

以上でコントラクトオブジェクトができましたので、メソッドを実行してみましょう。

```
> contract.say.call()
"Hello, Ethereum!"
```

無事、「Hello, Ethereum!」を確認できました。

＊10 newは、ブロックチェーン上へ新しくコントラクトをデプロイするための命令です。

3 コントラクトの開発環境

3.3.1 開発環境

前節では、Geth のコンソール上でプログラムをコンパイルし、ブロックチェーンにデプロイ、そしてメソッドの実行を行いました。正直、手続きが多くてこれで開発するのはちょっと厳しいと思われた方もいるのではないでしょうか。でもご安心ください。現在では、さまざまな開発環境が登場しています。テキストエディタのハイライトといったシンプルなものから既存の IDE のプラグイン、そしてブラウザベースでインストール不要の開発環境など、開発者の好みや環境に応じて選択できます。

以下に、いくつかの開発環境を示します[*11]。本書では、Browser-Solidity（Remix）を使って開発していきます。

Browser-Solidity（Remix）

https://remix.ethereum.org/

Browser-Solidity は、Solidity 言語のコントリビューターが開発した Solidity 言語専用の Web ブラウザベースの統合開発環境（IDE）です。Web ブラウザ上で、コントラクトのコーディング、コンパイル、Ethereum ノードへのデプロイ、コントラクトのメソッドの実行などひと通りの操作を行うことができます。また、Ethereum ノード無しで、コントラクトを Web ブラウザの JavaScript VM 上で擬似的に動作させることもできます。

Ethereum Studio

https://live.ether.camp/

Linux の Ethereum クライアントへのシェルアクセスも可能な、cloud9 ベースの Web IDE です。利用するためには、ユーザ登録が必要です。

Intellij-Solidity

https://plugins.jetbrains.com/plugin/9475-intellij-solidity

IntelliJ IDEA（および他のすべての JetBrains IDE）の Solidity プラグインです。

Visual Studio Code Ethereum Solidity Extension

https://github.com/juanfranblanco/vscode-solidity

Microsoft Visual Studio Code 用の Solidity プラグインです。

＊11 Ethereum、Solidity とも開発が活発なため、これらの開発環境経由では、最新バージョンはうまく動作しない、といった場合があります。

Vim Solidity

https://github.com/tomlion/vim-solidity/

シンタックスハイライトを提供するVimエディタのプラグインです。

3.3.2 Browser-Solidityのインストール

Browser-Solidityの利用方法は二種類あります。ひとつは、インターネットで公開されているアドレス（https://remix.ethereum.org/）にアクセスしてオンラインで利用する方法、もうひとつはGitHubからzipファイルをダウンロードしてオフラインで利用する方法です。ここでは、オフラインで利用する方法を説明します。なお、継続して開発が行われており、バージョン指定もできないため、本書に掲載した画面や動作から変わっているものもあると思いますが、適宜読み替えてください。

Browser-Solidityは、GethのIPアドレスとポート番号を指定して接続することができます。例えば、WindowsにBrowser-Solidityをインストールして、リモートのUbuntuで動作するGethに接続してコントラクトを開発するといったことが可能となります。

本項では、WindowsへのBrowser-Solidityのインストール方法について説明します。

① GitHubのBrowser-Solidityのページ（https://github.com/ethereum/browser-solidity）にアクセスして、「gh-pages」ブランチに切り替えます。

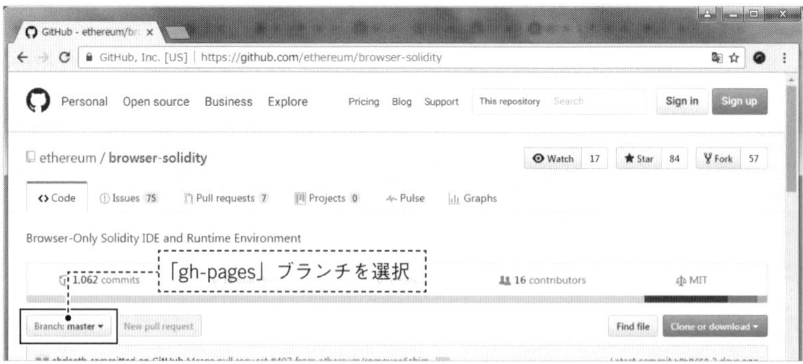

② 「Clone or download」ボタンをクリックし、「Download ZIP」をクリックします。

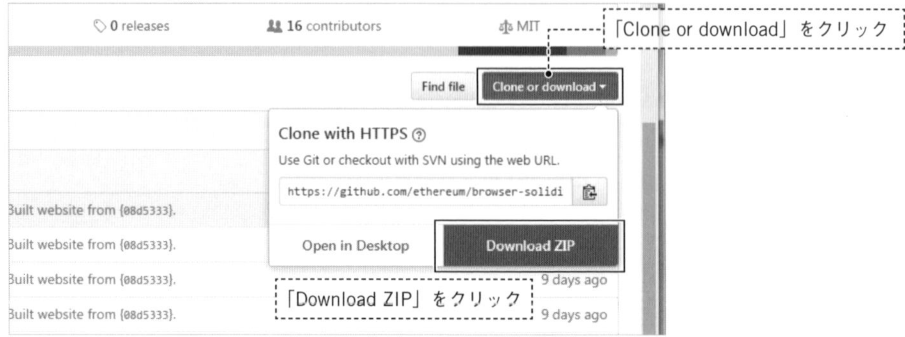

③ ダウンロードした「browser-solidity-gh-pages.zip」を解凍し、解凍したディレクトリを任意のディレクトリに配置し、「index.html」をダブルクリックします。

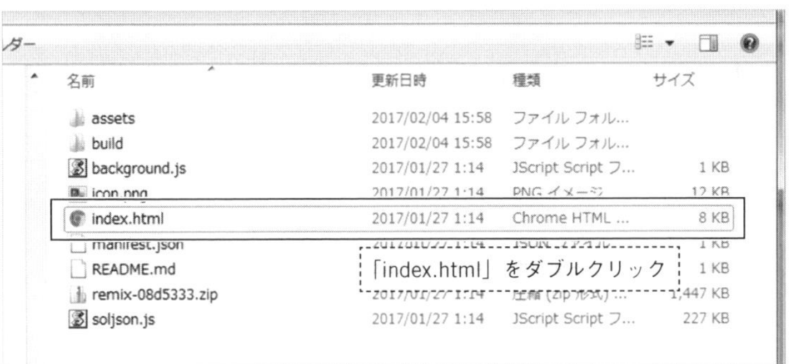

④ Browser-Solidity が Web ブラウザ上で起動します*12。画面は、大きく左右に分かれており、左側はコードエディタ、右側は各種設定やコントラクトのデプロイやメソッドの実行を行う画面です。はじめて起動すると「ballot.sol」が表示されますが、閉じてしまってかまいません。

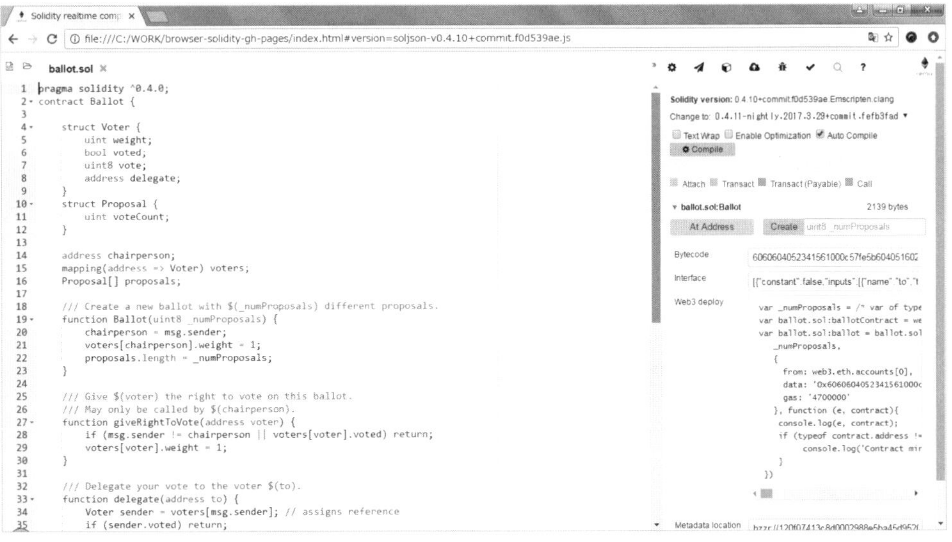

⑤ 続いてBrowser-Solidity をEthereum ノードと接続します。画面右側の箱型のアイコンをクリックします。

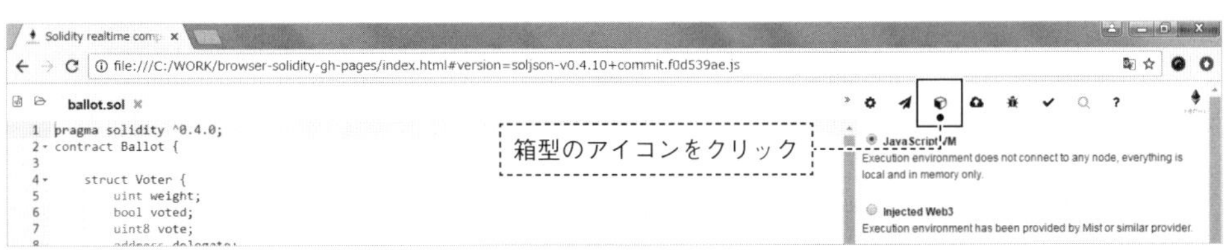

＊12 開発が活発に行われていますので、画面が異なるかもしれません。

⑥ 「Web3 Provider Endpoint」にGethのrpcaddrとrpcportを入力し、「Web3 Provider」を選択します。例えば、GethのIPアドレスが、192.168.1.1で、rpcportがデフォルト(8545)の場合は、「http://192.168.1.1:8545」と入力します。

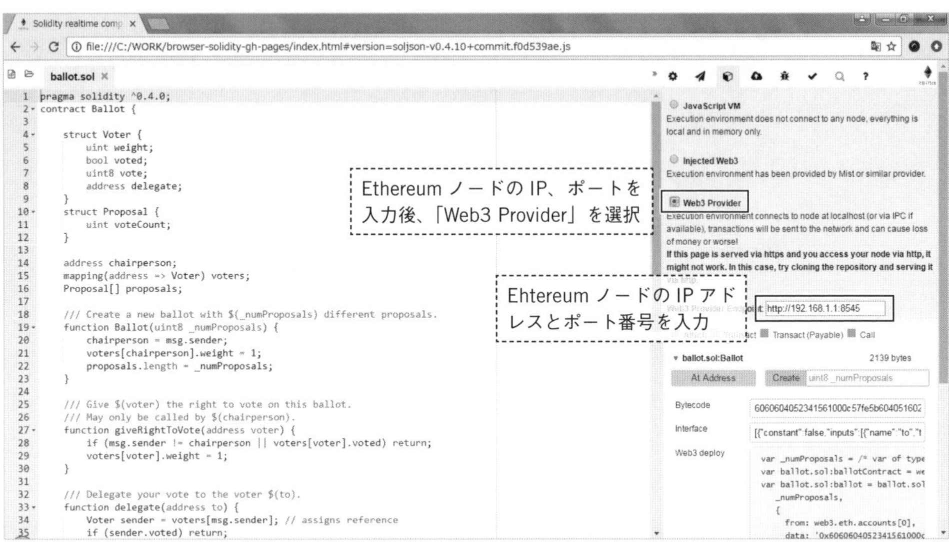

3.3.3 Browser-Solidity で Hello World

Browser-Solidityの画面左側のエディタ領域に新しくファイルを作成し、3.2.1のコードを入力しましょう。

① 画面左上のファイルのアイコンをクリックします。

② 画面左側のエディタ領域に 3.2.1 のコードを入力します。

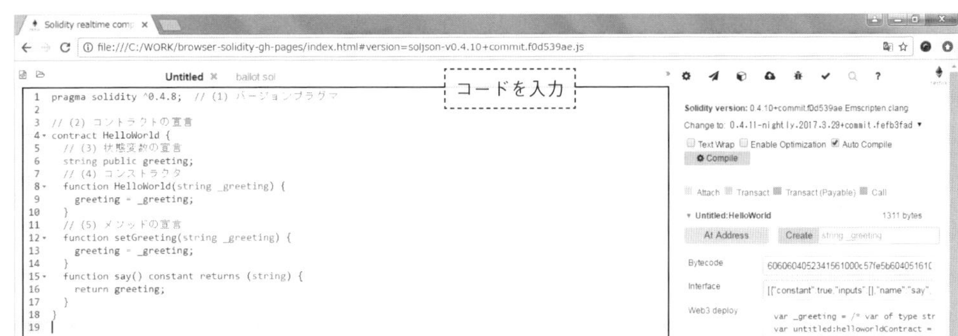

③ デプロイしましょう。半角で「"Hello, World"」と入力して「Create」ボタンをクリックします*13。環境によって時間は変わってきますが、1 分程度で「Create」ボタンの下にコントラクトのアドレスやメソッドが表示されます。

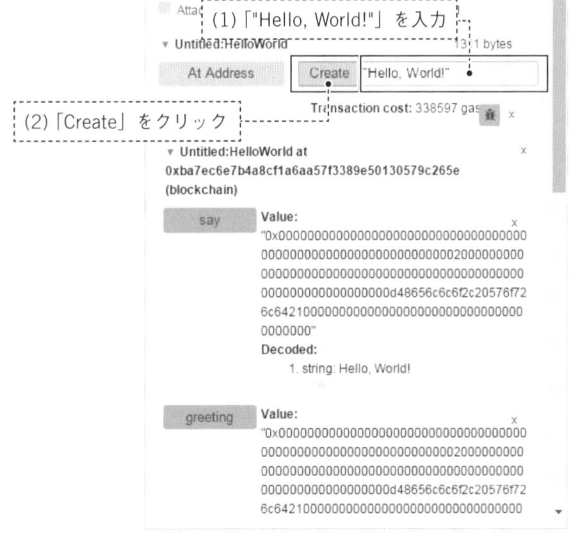

④ say, greeting を確認します。先ほど入力した "Hello, World!" になっていますね。

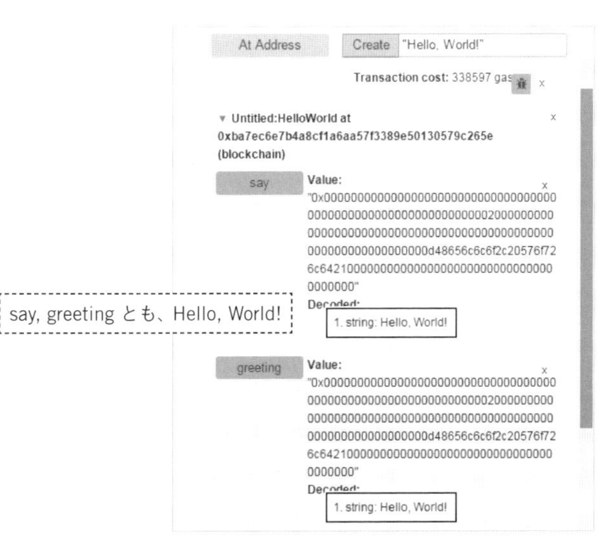

＊13 Transaction gas limit が未入力（または 0）の場合、gas limit exceed... となって処理が進まなくなってしまいます。その場合は、4700000 と入力してください。

⑤ 次は、setGreeting の横に「"Hello, Browser-Solidity!"」と入力して、「setGreeting」をクリックします。

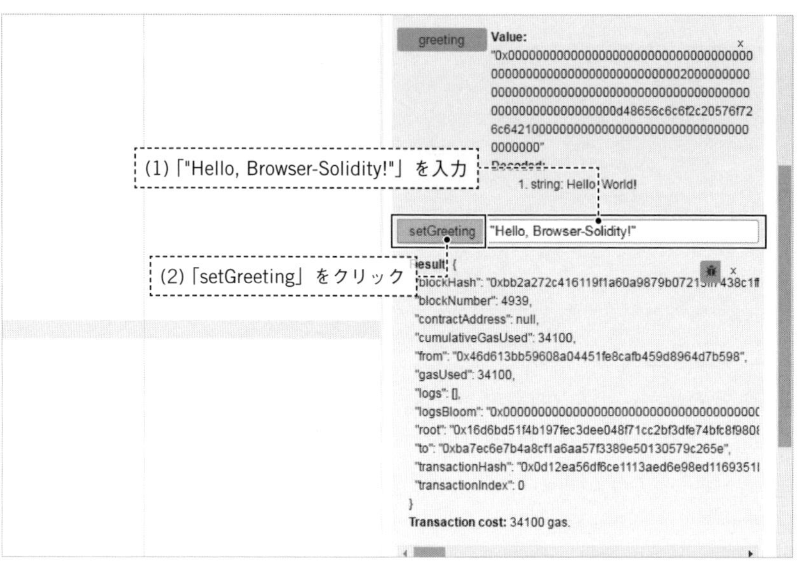
(1)「"Hello, Browser-Solidity!"」を入力
(2)「setGreeting」をクリック

⑥ Result が表示されたら、「say」と「greeting」をクリックします。更新されましたね。

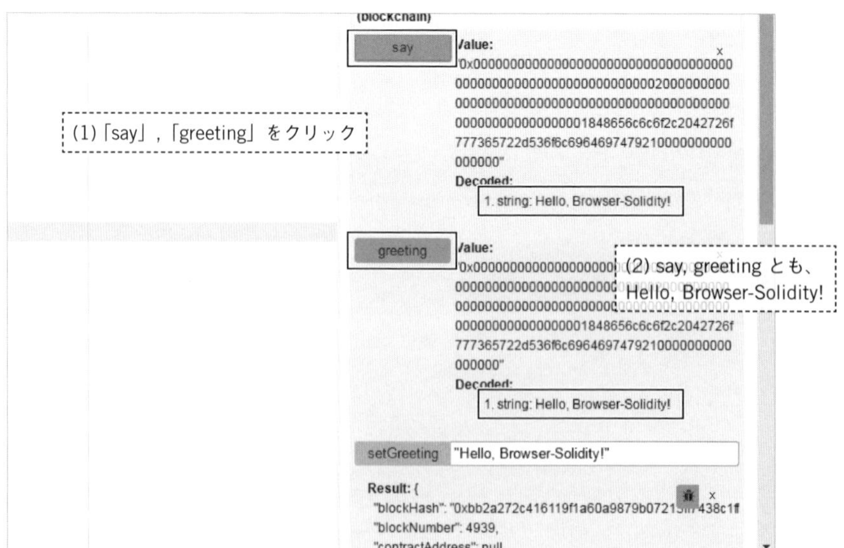
(1)「say」,「greeting」をクリック
(2) say, greeting とも、Hello, Browser-Solidity!

3.3.4 既存コントラクトにアクセスする

Browser-Solidity を使って、既存コントラクトにアクセスしてみましょう。ここでは、3.2.4 項でコンソールから作成した HelloWorld コントラクトにアクセスしてみます。

① Web3Providerが選択され、EndpointがGethクライアントのIP、ポート番号であることを確認し、「At Address」をクリックします。ダイアログボックスが表示されますので、既存コントラクトのアドレスを入力し、「OK」をクリックします。ここで、コントラクトアドレスの入力の際には、ダブルクォートで囲わないことに注意してください。

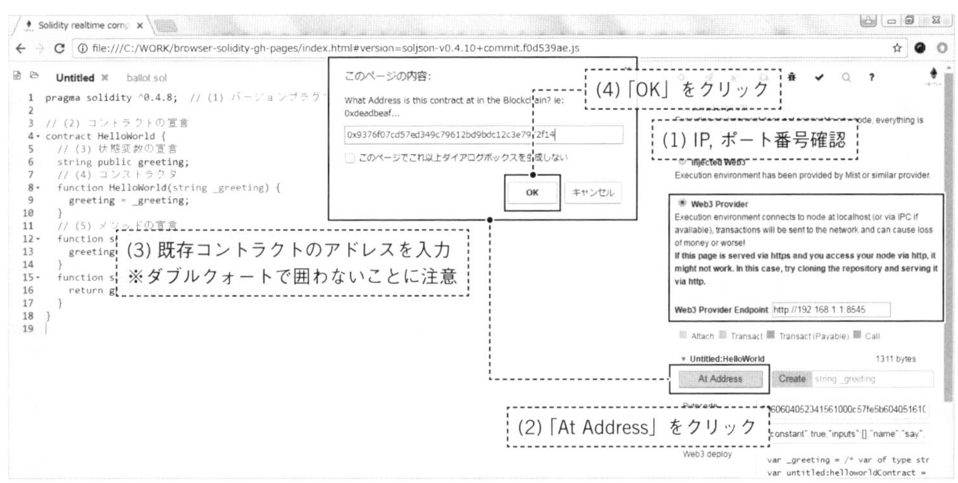

② 入力したアドレスが表示され、sayとgreetingに「Hello, Ethereum!」と表示されます。もし表示されないときは、Gethのコンソールでeth.miningコマンドを実行して、マイニングが行われていることを確認してください。マイニング中でないと表示されないようです。

3.3.5 既存コントラクトにアクセスする その2

今度は逆に、Browser-Solidityでデプロイしたコントラクトに、コンソールからアクセスしてみましょう。アクセス対象の既存コントラクトは、3.3.3項でデプロイしたコントラクトとします。

Browser-Solidityをよく見てみると、Bytecodeや、Interfaceが表示されていることに気がつきます。このBytecodeは、3.2.4項の「sourceCompiled['/tmp/geth-compile-solidity302602511:HelloWorld'].code」にあたるコンパイル済みのソースで、Interfaceは「contractAbiDefinition」(ABI)です。

既存コントラクトにアクセスするときに必要な情報は、3.2.6項で説明したとおり、「ABI」と「コントラクトのアドレス」になります。

まず、Browser-SolidityのInterfaceをコピーします。

setGreeting string _greeting
Bytecode 6060604052341561000c57fe5b60405161
(1) Interfaceを選択し、コピーする [{"constant":true,"inputs":[],"name":"say",
Web3 deploy
var _greeting = /* var of type str
var untitled:helloworldContract =
var untitled:helloworld = untitlec

Gethのコンソールで、変数に代入します。シングルクォートで囲ってください。

```
> abi = '[{"constant":true,"inputs":[],"name":"say","outputs":[{"name":"","
type":"string"}],"payable":false,"type":"function"},{"constant":false,"inpu
ts":[{"name":"_greeting","type":"string"}],"name":"setGreeting","outputs":[],"
payable":false,"type":"function"},{"constant":true,"inputs":[],"name":"greeti
ng","outputs":[{"name":"","type":"string"}],"payable":false,"type":"function"},
{"inputs":[{"name":"_greeting","type":"string"}],"payable":false,"type":"constr
uctor"}]'
```

コントラクトオブジェクトを作成します。ここで、eth.contract()には、abiをJSON.parseした結果を渡します。atには、3.3.3項でデプロイしたコントラクトのアドレスを指定します。

```
> contract = eth.contract(JSON.parse(abi)).at("ba7ec6e7b4a8cf1a6aa57f3389e501305
79c265e")
```

では、sayメソッドを実行してみましょう。

```
> contract.say.call()
"Hello, Browser-Solidity!"
```

「Hello, Browser-Solidity!」が確認できました。

3.3.6 Browser-Solidity から送金する

Browser-Solidity からコントラクトに送金することもできます*14。

① 次の確認用のプログラムを Browser-Solidity に入力してください。

```
pragma solidity ^0.4.8;

contract RecvEther {
  address public sender;           // 送信者アドレス確認用の変数
  uint public recvEther;           // 受け付けたEther（合計）
  // 送金を受け付ける
  function () payable {
    sender = msg.sender;           // 確認のため、状態変数を更新
    recvEther += msg.value;
  }
}
```

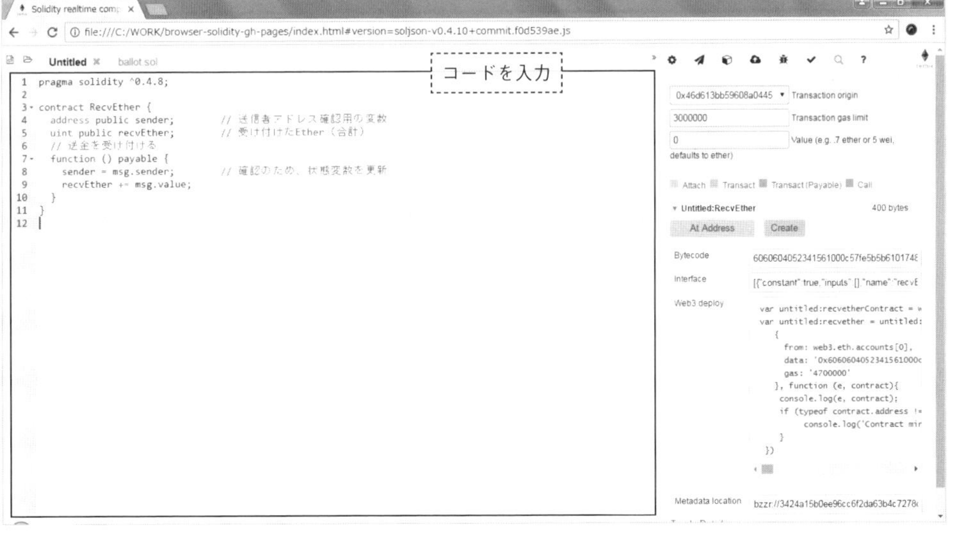

＊14 コンソールから行う場合は、宛先のアドレスをコントラクトのアドレスにして普通に sendTransaction します。

② 「Create」ボタンをクリックします。マイニング後、作成されたコントラクトの情報が表示されます。

③ それでは、作成したコントラクトに送金しましょう。送金額は、Valueに入力します。今回は「1 szabo」とします。そして「(fallback)」ボタンをクリックします。

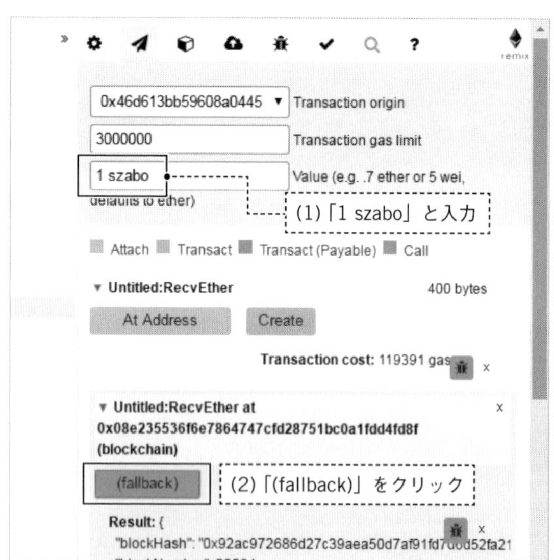

④ 先ほど入力したValueを「0」に戻します。ここで戻し忘れると以降の処理が正しく行われませんのでご注意ください[*15]。

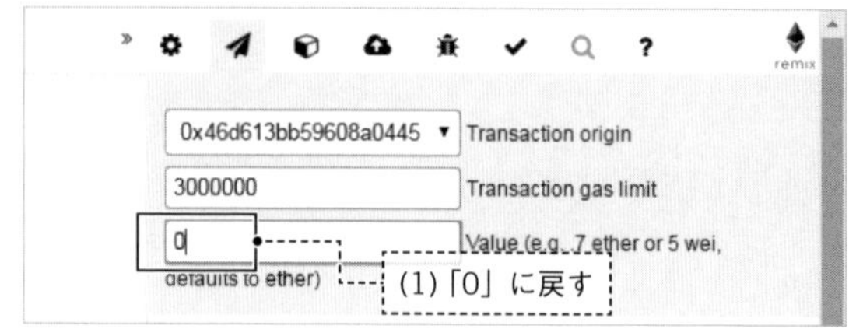

＊15 Browser-Solidityの仕様によるものと思われます。

⑤ 送金者アドレスと受け付けたEtherを確認しましょう。「sender」ボタンと「recvEther」ボタンをクリックします。ここで、recvEtherの単位はweiになります。送金額の1szaboは、10^{12}weiですので、1000000000000と表示されます。

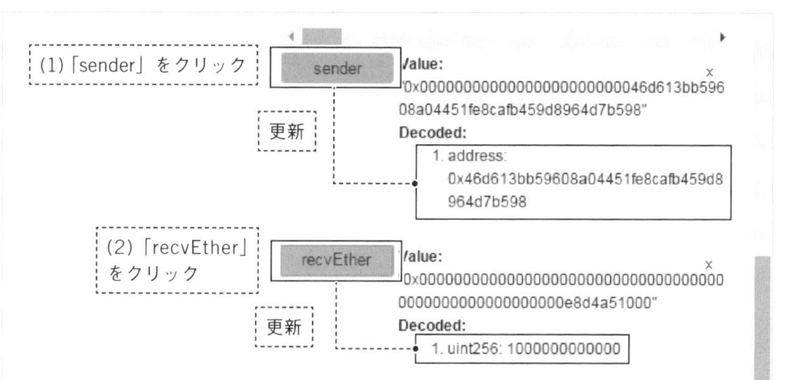

⑥ Gethのコンソールから、コントラクトが保持するEtherを確認してみましょう。コントラクトのアドレスを引数にしてeth.getBalanceコマンドを実行します。

```
> eth.getBalance("0x08e235536f6e7864747cfd28751bc0a1fdd4fd8f")
1000000000000
> web3.fromWei(eth.getBalance("0x08e235536f6e7864747cfd28751bc0a1fdd4fd8f"),
"szabo")
1
```

3.3.7 操作アカウントを切り替える

Browser-Solidityで、コントラクトの作成やメソッドを実行する際に使用されるデフォルトのアカウントは、eth.accounts[0]です。このアカウントは以下のように切り替えることができます。

4 コントラクトの開発

3.4.1 Solidityのデータ型

Solidityは、静的型付き言語であり、コンパイル時に変数、メソッドの引数や返り値の型を指定する必要があります。そして型には、他の言語と同様に「値型（Value Type）」と「参照型（Reference Type）」があります。値型は実データそのものを格納し、参照型は実データを参照するためのポインタを格納します。言葉ではちょっとわかりにくいので、下のコード例を見てください。

このコントラクトには、値型を返すメソッドgetValueTypeと、参照型を返すメソッドgetReferenceTypeがあります。これらメソッドでは、はじめに変数aを宣言し、値を設定します。その後、変数bを宣言してaで初期化。そしてbの値を更新してからaを返します。a、bが値型の場合(getValueType)は、それぞれで実データそのものを格納するので、bの値を更新しても、aは更新されません。一方、a、bが参照型の場合（getReferenceType）は、同一のデータ領域を参照することになりますので、bが参照するデータ領域を更新すると、aが参照するデータ領域も更新されます。やっぱりコードを見たほうがわかりやすいですね。なお、本項はソースコードベースで説明を進めます。気になる箇所は、適宜Browser-Solidity等で動作確認して理解を深めながら読み進めてください。

```
pragma solidity ^0.4.8;

contract DataTypeSample {
  function getValueType() constant returns (uint) {
    uint a;          // uint型の変数 a を宣言。この時点では、a は 0 で初期化されます
    a = 1;           // a の値が 1 になります
    uint b = a;      // 変数 b に a の値の 1 が代入されます
    b = 2;           // b の値が 2 になります
    return a;        // a の値の 1 が返ります
  }

  function  getReferenceType() constant returns (uint[2]) {
    uint[2] a;       // uint型の長さ 2 のデータ領域のアドレスを格納する変数 a を宣言
    a[0] = 1;        // 一つ目の要素の値が 1 になります。配列の一つ目の要素のインデックスは
、0 です
    a[1] = 2;        // 二つ目の要素の値が 2 になります
    uint[2] b = a;   // b に a の値を代入。a はデータ領域のアドレスのため、b は a と同じデ
ータ領域を参照する
    b[0] = 10;       // b と a は同じデータ領域を参照するため、a[0]も 10 になります
    b[1] = 20;       // 同様に、a[1] も 20 になります
    return a;        // 10, 20 が返ります
  }
}
```

Solidityで利用できる主なデータ型を値型と参照型に分類したものが表3-1です。ここで、小数点（固

定および浮動）を扱えるデータ型は実装されていません。その他、日付型もありません。

No.	論理名	データ型	値型	参照型
1	ブーリアン	bool	○	-
2	符号付き整数	int	○	-
3	符号なし整数	uint	○	-
4	アドレス	address	○	-
5	配列（固定長、可変長）	Arrays	-	○
6	文字列	string	-	○
7	構造体	Structs	-	○
8	マッピング	mapping	-	○

表 3-1 Solidityde 利用できるデータ型

ブーリアン（bool）

ブーリアンは、true（真）、false（偽）のいずれかの値をとるデータ型です。他のプログラム言語と同様の比較演算子を持ちます。初期値は false です。ここで、||, && は、短絡評価されます。つまり、if (f(x) || g(x)) {} において、f(x) = true の場合、g(x) は実行されません。同様に、if (f(x) && g(x)) {} で、f(x) = false の場合も、g(x) は実行されません。

演算子	説明
!	論理否定
&&	論理積 "and"
||	論理和 "or"
==	等式
!=	不等式

整数（int, uint）

整数型は、さまざまなサイズの符号付き（int）及び符号なし（uint）のデータ型です。uint8 ～ uint256、int8 ～ int256 まで 8 の倍数長の型が存在します。この数字は、ビット数を表しますので、例えば、uint8 の場合にとりうる範囲は、0 ～ 255 になります。初期値は uint, int とも 0 です。なお uint は uint256、int は int256 のエイリアスです。

演算子	説明
比較（bool 値に評価）	<=, <, ==, !=, >=, >
ビット演算子	&(AND), |(OR), ^(XOR), ~(NOT)
算術演算子	+, -, *, /, %(剰余), **(累乗), <<(左シフト), >>(右シフト) ここで、除算は常に切り捨てです。ただし、両方ともリテラルの場合は切り捨てられません。また、0 除算は例外がスローされます。x << y は、x * 2**y、x >> y は、x / 2**y です。左シフトは *2, *2,,, に、右シフトは *1/2,*1/2,,, になります。

```
pragma solidity ^0.4.8;

contract IntSample {
```

```
  function division() constant returns (uint) {
    uint a = 3;
    uint b = 2;
    uint c = a / b * 10;    // a / b の結果は切り捨てられ、1 になります
    return c;               // 10 が返ります
  }
  function divisionLiterals() constant returns (uint) {
    uint c = 3 / 2 * 10;    // リテラルのため、a / b の結果は切り捨てられません
    return c;               // 15 が返ります
  }
  function divisionByZero() constant returns (uint) {
    uint a = 3;
    uint c = a / 0;         // コンパイルは通りますが、実行時に例外がスローされます
    return c;               // uint c = 3 / 0 とすると、コンパイルも通りません
  }
  function shift() constant returns (uint[2]) {
    uint[2] a;
    a[0] = 16 << 2;         // 16 * 2 ** 2 = 64
    a[1] = 16 >> 2;         // 16 / 2 ** 2 = 4
    return a;               // 64, 4 が返ります
  }
}
```


アドレス（address）

アドレス型は、EOA やコントラクトといったアカウントのアドレスを格納します。サイズは 20 バイトで、初期値は 0x0000000000000000000000000000000000000000 です。整数型と同じ比較演算子を持ちます。その他、アドレス型ならではのメソッドがあります*16。なお、transfer と send は、いずれも Ether を送金するメソッドになりますが、失敗時の挙動が異なります。transfer は失敗時に例外が発生して処理が巻き戻り、無かったことになりますが、send は処理が継続します。send を使用する場合は必ず戻り値をチェックするようにしてください。なお、失敗の原因としては、送金先のアドレスがコントラクトで、そのコントラクトには Ether を受け取ると手数料の高い処理を実行するコードが書かれている場合が考えられます。ガスを指定して送金するためには、call.value().gas()() を使用します。また、Ether のやり取りを行う場合には、相手に送るのではなく、相手が引き出すパターンにすることも検討してください。

演算子、メソッドなど	説明
比較（bool 値に評価）	<=, <, ==, !=, >=, >
<address>.balance	アドレスが保持する Ether を wei 単位で返します。戻り値は、uint256 です。
<address>.transfer(uint256 amount)	アドレスに Ether を amount 送金します。単位は wei です。失敗時は例外がスローされます。
<address>.send(uint256 amount) returns (bool)	アドレスに Ether を amount 送金します。単位は wei です。ここまでは、transfer と同じですが、send は失敗時に false を返します。
<address>.call.value(uint256 amount).gas(uint256 val)() returns (bool)	アドレスに Ether を amount 送金します。単位は wei です。send, transfer と比べて低レベルの位置づけです。gas の値を指定することができます。失敗時には false を返します。

＊16 執筆時点（2017 年 4 月）では、Browser-Solidity の Web3 Provider において、コントラクトからの送金メソッドはガス（gas）欠となってしまい、動作しませんでした。コンソールからは動作します。

```
pragma solidity ^0.4.8;

contract AddressSample {
  // 無名関数(送金されると実行される) payableを指定することでEtherの受付が可能
  function () payable {}
  function getBalance(address _target) constant returns (uint) {
    if (_target == address(0)) {  // _targetが0の場合は、コントラクト自身のアドレスをセットします
      _target = this;
    }
    return _target.balance;      // 残高を返します
  }
  // 以降の送金メソッドを実行する前に、このコントラクトに対して送金しておいてください
  // 引数で指定されたアドレスにtransferを使用して送金する
  function transfer(address _to, uint _amount) {
    _to.transfer(_amount);       // 失敗すると例外が発生します
  }
  // 引数で指定されたアドレスにsendを使用して送金
  function send(address _to, uint _amount) {
    if (!_to.send(_amount)) {    // sendを使用する場合は戻り値をチェックしましょう
      throw;
    }
  }
  // 引数で指定されたアドレスにcallを使用して送金
  function call(address _to, uint _amount) {
    if (!_to.call.value(_amount).gas(1000000)()) {    // callも戻り値をチェックしましょう
      throw;
    }
  }
  // 引き出しパターン(transfer)
  function withdraw() {
    address to = msg.sender;     // メソッド実行者を宛先にします
    to.transfer(this.balance);  // 全額送金します
  }
  // 引き出しパターン(call)
  function withdraw2() {
    address to = msg.sender;     // メソッド実行者を宛先にします
    if (!to.call.value(this.balance).gas(1000000)()) {  // 全額送金します
      throw;
    }
  }
}
```

配列（固定長、可変長）

固定長、可変長どちらの配列も扱うことができます。配列の要素は、任意の型を指定することができます。サイズ k、要素タイプ T の固定長配列は、T[k] と宣言し、可変長配列の場合は、T[] と宣言します。配列のインデックスはゼロからスタートします。

属性、メソッドなど	説明
<array>.length	配列の長さを保持する属性です。可変長配列では、この値を操作することで配列長を変更することができます。現在の長さよりも大きな要素にアクセスしても自動では長さは変わりません。
<array>.push(x)	可変長配列の最後に要素を追加するメソッドです。戻り値は、新しい長さです。

```
pragma solidity ^0.4.8;

contract ArraySample {
  uint[5] public fArray = [uint(10), 20, 30, 40, 50];   // 固定長配列の宣言と初期化
  uint[] public dArray;            // 可変長配列の宣言
  function getFixedArray() constant returns (uint[5]) {
    uint[5] a;                     // 長さ 5 の固定長配列を宣言
    // メソッド内はこの形では初期化できません
//  uint[5] b = [uint(1), 2, 3, 4, 5]
    for (uint i = 0; i < a.length; i++) {   // 初期化
      a[i] = i + 1;
    }
    return a;                      // [1, 2, 3, 4, 5]を返す
  }
  function getFixedArray2() constant returns (uint[5]) {
    uint[5] b = fArray;            // 状態変数で初期化
    return b;                      // [10, 20, 30, 40, 50]を返す
  }
  function pushFixedArray(uint x) constant returns (uint) {
    // 以下はコンパイルエラーとなります
//  fArray.push(1);
    return fArray.length;
  }
  function pushDArray(uint x) returns (uint) {
    return dArray.push(x);         // 引数で渡された要素を追加し、更新後の要素数を返す
  }
  function getDArrayLength() returns (uint) {
    return dArray.length;          // 可変長配列の現在のサイズを返す
  }
  function initDArray(uint len) {
    dArray.length = len;           // 可変長配列のサイズを変更
    for (uint i = 0; i < len; i++) {     // 初期化
      dArray[i] = i + 1;
    }
  }
  function getDArray() constant returns (uint[]) {
    return dArray;                 // 可変長配列も返せます
  }
  function delDArray() returns (uint) {
    delete dArray;                 // 可変長配列を削除
    return dArray.length;          // 0 を返す
  }
  function delFArray() returns (uint) {
    delete fArray;                 // 固定長配列を削除。各要素は0になります
    return fArray.length;          // 長さは 5 のまま
  }
}
```

構造体

構造体を定義することもできます。定義方法はC言語系と同様に、struct キーワードを使用します。詳しくは以下のサンプルをご確認ください。構造体は配列のデータ型にすることもできます。

```
pragma solidity ^0.4.8;

contract StructSample {
  struct User {              // 構造体を宣言(C系の言語と同様)
    address addr;
    string name;
  }
  User[] public userList;    // 構造体の配列も宣言できます
  function addUser(string _name) returns (uint) {   // ユーザ追加
    uint id = userList.push(User({           // 配列の末尾に追加します
      addr: msg.sender,
      name: _name
    }));
    return (id - 1);
  }
  function addUser2(string _name) returns (uint) {  // ユーザ追加
    userList.length += 1;                    // 配列の長さを+1します
    uint id = userList.length - 1;
    userList[id].addr = msg.sender;
    userList[id].name = _name;
    return id;
  }
  function editUser(uint _id, string _name) {
    if (userList.length <= _id ||            // idが配列の長さ以上
        userList[_id].addr != msg.sender)    // アドレスが登録されたものと異なります
    {
      throw;                   // 例外を投げる
    }
    userList[_id].name = _name;
  }
  // 構造体は直接返せないため、次のメソッドはコンパイルエラーになります
//  function getUser(uint _id) constant returns (User) {
//    return userList[_id];
//  }
  // これならOK
  function getUser(uint _id) constant returns (address, string) {
    return (userList[_id].addr, userList[_id].name) ;
  }
}
```

マッピング

マッピング型とは、いわゆる連想配列です。キーと値を関連付けることができます。

mapping(_KeyType => _ValueType) の形で宣言します。マッピングは、すべてのキーが存在するよ

うに論理的に初期化され、値は、それぞれのデータ型のデフォルト値になります。値としてマッピングを指定することもできます。

```
pragma solidity ^0.4.8;

contract MappingSample {
  struct User {
    string name;
    uint age;
  }
  mapping(address=>User) public userList;        // valueを構造体(User)とします
  function setUser(string _name, uint _age) {
    userList[msg.sender].name = _name;           // keyを指定してアクセスします
    userList[msg.sender].age = _age;
  }
  function getUser() returns (string, uint) {
    User u = userList[msg.sender];
    return (u.name, u.age);
  }
}
```

Ether の単位

データ型とは違いますが、Solidity では、リテラル数値の後ろに Ether の単位を表す次の文字列を付与することで、wei を最小単位とした数値に変換することができます。

Ether Units	Wei Value	Wei
wei	1 wei	1
szabo	10^{12}wei	1,000,000,000,000
finney	10^{15}wei	1,000,000,000,000,000
ether	10^{18}wei	1,000,000,000,000,000,000

```
pragma solidity ^0.4.8;

contract EtherUnitSample {
  function () payable {}              // Ether受け取り用メソッド
  // getEther実行前にこのコントラクトに対して1 ether 送金してください
  function getEther() constant returns (uint _wei, uint _szabo, uint _finney,
uint _ether) {
    uint amount = this.balance;       // 1000000000000000000
    _wei = amount / 1 wei;            // 1000000000000000000
    _szabo = _wei / 1 szabo;          // 1000000
    _finney = _wei / 1 finney;        // 1000
    _ether = _wei / 1 ether;          // 1
  }
}
```

時間の単位

Etherの単位と同様に、リテラル数値の後ろに時間の単位を表す文字列を付与することで、秒を最小単位とした数値に変換することができます。

Time Units	Seconds	units
seconds	1	1
minutes	60	60 seconds
hours	3600	60 minutes
days	86400	24 hours
weeks	604800	7 days
years	31536000	365 days

```
pragma solidity ^0.4.8;

contract TimeUnitSample {
  uint public startTime;                    // 秒を保持
  // 開始
  function start() {
    startTime = now;                        // nowはblock.timestampのエイリアス
  }
  // 開始から指定分経過したか
  function minutesAfter(uint min) constant returns (bool) {
    if (startTime == 0) return false;   // 開始前はfalse
    return ((now - startTime) / 1 minutes >= min);
  }
  // 経過秒を取得
  function getSeconds() constant returns (uint) {
    if (startTime == 0) return 0;        // 開始前は0
    return (now - startTime);
  }
}
```

ブロックのプロパティなど

その他、ブロックナンバーやタイムスタンプなどは、グローバル変数として取得することができます。ここでは代表的なものを表します。

グローバル変数	データ型	説明
block.blockhash(uint blockNumber)	bytes32	指定したブロックのハッシュ
block.coinbase	address	カレントブロックのマイナーのアドレス
block.number	uint	カレントブロックの番号
block.timestamp	uint	カレントブロックのタイムスタンプ
msg.sender	address	送信者アドレス（現在の呼び出し）
msg.value	uint	送金額
now	uint	block.timestamp のエイリアス

3.4.2 コントラクトの継承

コントラクトは継承をサポートしています。次のサンプルは、コントラクトAと、そのサブコントラクトBを定義し、コントラクトCでは、コントラクトA型の可変長配列にnewしたAとBを格納し、オーバーライドした同名のメソッドを呼びます。ここで、コントラクトをnewしましたが、newはGasの使用量が多いのでご注意ください。Browser-Solidityではgasを指定できませんので、動作確認する際は、Gethのコンソールか、Browser-SolidityのJavaScript VMモードで行ってください。

```
pragma solidity ^0.4.8;

contract A {
  uint public a;
  function setA(uint _a) {
    a = _a;
  }
  function getData() constant returns (uint) {
    return a;              // a のまま返します
  }
}

contract B is A {          // B は、Aのサブコントラクト
  function getData() constant returns (uint) {
    return a * 10;         // a を 10倍して返します
  }
}

contract C {
  A[] public c;            // データ型をコントラクトAとした可変長配列 c を宣言
  // コントラクトの作成
  function makeContract() {
    c.length = 2;          // c の長さを 2 にします
    A a = new A();         // コントラクトAを作成
    a.setA(1);             // 1をセット
    c[0] = a;              // 配列の一つ目の要素に代入
    B b = new B();         // コントラクトBを作成
    b.setA(1);             // 同じく 1 をセット
    c[1] = b;              // 配列の二つ目の要素に代入
  }
  // コントラクトのデータを返す
  function getData() constant returns (uint, uint) {
    if (c.length == 2) {  // コントラクト作成済みであること
      return (c[0].getData(), c[1].getData());    // (1, 10)を返す
    }
  }
}
```

3.4.3 他のコントラクトのメソッドを実行

継承のところでも実行していますが、メソッド実行対象のコントラクトのアドレスと型が揃えば、他のコントラクトのメソッドを実行することができます。以下のサンプルでは、まずコントラクトAとコントラクトBを別々にデプロイします。そしてコントラクトBにコントラクトAのアドレスをセットし、コントラクトBからコントラクトAのメソッドを実行しています。


```
pragma solidity ^0.4.8;

contract A {
  uint public num = 10;         // 10で固定とします(publicのためアクセス可能)
  function getNum() constant returns (uint) {
    return num;
  }
}

contract B {
  A public a;
  address public addr;
  function setA(A _a) {         // 別途作成したAのアドレスをセットします
    a = A(_a);                  // Aにキャストしてセット
    addr = _a;                  // アドレスのまま保持
  }
  // 状態変数numを直接取得
  function aNum() constant returns (uint) {
    return a.num();             // 10
  }
  // メソッドからnumを取得
  function aGetNum() constant returns (uint) {
    return a.getNum();          // 10
  }
  // 状態変数numを直接取得
  function aNum2() constant returns (uint) {
    return A(addr).num();       // 10 (使用時にキャストしてもOK)
  }
}
```

3.4.4 コントラクトの破棄

不要となったコントラクトは破棄することができます。破棄の際に当該コントラクトが保持している Ether は、指定したアドレスに送金されます。破棄する命令は、selfdestruct(address) または、suicide(address) です。これらは同じ機能ですが、名前のイメージから、selfdestruct を使用することが提案されています[*17]。

```
pragma solidity ^0.4.8;

contract SelfDestructSample {
  address public owner = msg.sender;         // コントラクトをデプロイしたアドレスをオーナーとします
  // 送金を受け付けます(close()後に呼ぶと送金もできなくなります)
  function () payable {}
  // コントラクトを破棄するメソッドです
  function close() {
    if (owner != msg.sender) throw;          // 送信者がオーナーでない場合は例外を投げます
    selfdestruct(owner);                     // コントラクトを破棄します
  }
  // コントラクトの残高を返すメソッドです
  function balance() constant return (uint) {    // close()後に呼ぶとエラーになります
    return this.balance;
  }
}
```

＊17 EIP6　Renaming SUICIDE opcode
https://github.com/ethereum/EIPs/blob/master/EIPS/eip-6.md

PART 2

実践編

Chapter-4　仮想通貨コントラクト
Chapter-5　存在証明コントラクト
Chapter-6　乱数生成コントラクト

1 基本的な仮想通貨の作成

はじめに、ベースとなる基本的な仮想通貨コントラクトを作成しましょう。ここで作成する仮想通貨コントラクトは最小限の機能のものになりますが、普通に仮想通貨として使用することができます。また、ブロックチェーンで動作するスマートコントラクトのエッセンスが凝縮されています。是非、実際に手を動かして動作確認を行い、スマートコントラクトの理解を深めてください。

4.1.1 コントラクトの概要

ブロックチェーンでは「トークン（token）」という言葉がよく使われています。トークンとは、証拠、記念品、代用貨幣、引換券、商品券などの意味を持つ英単語です。ブロックチェーンのトークンとは、ビットコインやEtherと同様に、アカウントに紐づいて管理され、任意の量を任意のアカウントへ転送できるもので、通貨よりも抽象的な概念となります[*1]。このトークンについて、Ethereum公式サイトを含め、インターネット上に様々なコードがアップされています。それらを確認したところ、トークンの名前、単位、小数点以下の桁数、総量が決まっていて、アドレスごとに残高を管理し、任意の相手に送金できる。これが基本的なトークンが持つ機能です[*2]。

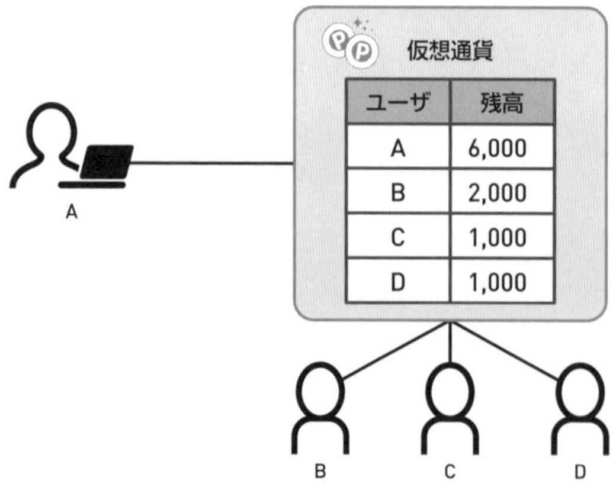

4.1.2 コントラクトの作成

それでは、GethとBrowser-Solidityを起動しましょう。もし、Browser-Solidityをまだインストール

＊1　インターネット上ではAPIの標準化に関する議論が行われていますので、興味のあるかたは是非のぞいてみてください。https://github.com/ethereum/wiki/wiki/Standardized_Contract_APIs
＊2　ERC20タイプのトークンと呼んだりします。

していない場合は、3.3 節「コントラクトの開発環境」を参照して、インストールしてください。Gethの起動コマンドは以下のものを使用します。データディレクトリやパスワードファイルについては読者の皆さんの環境にあわせて読み替えてください。また、動作確認に使用するアカウントには Ether が必要ですので、適宜 sendTransaction で送金しておいてください。その他、詳しくは 2 章を参照してください。

```
$ nohup geth --networkid 4649 --nodiscover --maxpeers 0 --datadir /home/eth/
data_testnet --mine  --minerthreads 1 --rpc --rpcaddr "0.0.0.0" --rpcport 8545
--rpccorsdomain "*" --rpcapi "admin,db,eth,debug,miner,net,shh,txpool,personal,
web3" --unlock 0,1 --password /home/eth/data_testnet/passwd --verbosity 6 2>> /
home/eth/data_testnet/geth.log &
```

Browser-Solidity の画面左側のエディタ領域に、次のコードを入力しましょう。なお、コントラクトの名前は、OreOreCoin としました。

▶ 仮想通貨コントラクト (OreOreCoin)

```
pragma solidity ^0.4.8;

contract OreOreCoin {
  // (1) 状態変数の宣言
  string public name;                // トークンの名前
  string public symbol;              // トークンの単位
  uint8 public decimals;             // 小数点以下の桁数
  uint256 public totalSupply;        // トークンの総量
  mapping (address => uint256) public balanceOf;          // 各アドレスの残高

  // (2) イベント通知
  event Transfer(address indexed from, address indexed to, uint256 value);

  // (3) コンストラクタ
  function OreOreCoin(uint256 _supply, string _name, string _symbol, uint8 _
decimals) {
    balanceOf[msg.sender] = _supply;
    name = _name;
    symbol = _symbol;
    decimals = _decimals;
    totalSupply = _supply;
  }

  // (4) 送金
  function transfer(address _to, uint256 _value) {
    // (5) 不正送金チェック
    if (balanceOf[msg.sender] < _value) throw;
    if (balanceOf[_to] + _value < balanceOf[_to]) throw;

    // (6) 送信アドレスと受信アドレスの残高を更新
    balanceOf[msg.sender] -= _value;
    balanceOf[_to] += _value;
```

```
        // (7) イベント通知
        Transfer(msg.sender, _to, _value);
    }
}
```

プログラム解説

(1) 状態変数の宣言

```
string public name;                         // トークンの名前
string public symbol;                       // トークンの単位
uint8 public decimals;                      // 小数点以下の桁数
uint256 public totalSupply;                 // トークンの総量
mapping (address => uint256) public balanceOf;            // 各アドレスの残高
```

名前、単位、小数点以下の桁数は、コンストラクタで受け取った値を保持します。この中で重要な状態変数は、mapping型のbalanceOfです。addressをキーとして、valueは、uint256で残高とします。

(2) イベントの宣言

```
event Transfer(address indexed from, address indexed to, uint256 value);
```

イベントは、トランザクションへのログ出力機能です。eventに続いてイベント名を宣言します。Ethereum Walletのようなクライアントが、コントラクトの中で発生した処理を追跡することを可能とします。

(3) コンストラクタ

```
  function OreOreCoin(uint256 _supply, string _name, string _symbol, uint8 _
decimals) {
    balanceOf[msg.sender] = _supply;
    name = _name;
    symbol = _symbol;
    decimals = _decimals;
    totalSupply = _supply;
  }
```

OreOreCoinのコンストラクタでは、引数として受け取った_name（トークンの名前）、_symbol（トークンの単位）、_decimals（小数点以下の桁数）をそのまま状態変数に設定しています。_supply（発行量）は、メソッドの実行アドレス（msg.sender）の残高（balanceOf）として設定します。つまりコントラクトの作成時には、作成者が全ての額を保有することになります。

(4) 送金メソッドの宣言

```
function transfer(address _to, uint256 _value) {
  // 不正送金チェック
  if (balanceOf[msg.sender] < _value) throw;
  if (balanceOf[_to] + _value < balanceOf[_to]) throw;
```

```
    // 送信アドレスと受信アドレスの残高を更新
    balanceOf[msg.sender] -= _value;
    balanceOf[_to] += _value;

    // イベント通知
    Transfer(msg.sender, _to, _value);
  }
```

メソッドは、function に続いて宣言します。transfer は仮想通貨を送金するためのメソッドです。送金先のアドレス（_to）と、金額（_value）を引数として送金処理を行います。ここで、送金元のアドレスを指定しないのは、メソッド呼び出し時の実行アドレスを msg.sender で取得できるためです。

(5) 不正送金チェック

メソッドの実行アドレス（msg.sender）の残高（balanceOf）を確認し、送金する額（_value）よりも少ない場合は例外をスローします。例外がスローされるとそれまで行われた処理が、無かったことになります。DB で言うならロールバックされます。

ふたつ目の if 文は、送金によりオーバーフローしないことの確認となります。元々の残高と、それに送金額を足した値を比較し、足した値のほうが元々の残高よりも小さい場合はオーバーフローしたと判断して例外をスローします。

なお、今回のコントラクトでは金額を uint256 型の変数としています。uint256 型の uint は符号なし整数型を表し、256 は 256 ビットを意味します。つまり、256 ビットの符号なし整数となり、その最大値は、1.15792E+77 です。

(6) 残高更新

送信アドレスと受信アドレスの残高を更新します。

(7) イベント通知

処理が終了すると、イベントを呼び出し（ログ出力してクライアントに通知）ます。

いかがでしたか？意外にコンパクトだったのではないでしょうか。たったこれだけのコードですが、ちゃんと動きます。ではさっそく実行してみましょう。

4.1.3 コントラクトの実行

作成したコントラクトを Browser-Solidity を使用して動かしてみましょう。なお、ここでは Browser-Solidity を実際の Ethereum のノードに接続して動作確認を行っていきますが、Ethereum のノードに接続せずに、Browser-Solidity 単体でも動作確認は可能です[*3]。読者の皆様の状況や環境に応じて動かしてみてください。なおデプロイ後に、エディタ領域を変更してしまうと、またデプロイからやり直しと

＊3　Browser-Solidity 単体の場合は、マイニングの待ち時間がなくなりますが、それ以外はほぼ同じ動きとなります。

なりますのでご注意ください。

前提：

- 使用するアドレスは、A,B のふたつです。

なお、本節で使用する各ユーザのアドレス情報は以下のとおりです。適宜、読者の皆さんの環境のアドレスに読み替えて動作確認を行ってください。

No.	ユーザ	アドレス	備考
1	A	"0x1ce2b113adf2c05e0dc0d2afe1537fb07e31d838"	accounts[0]
2	B	"0x9a59c3e83c1d6f354f61d31f8dc34cc90444be98"	accounts[1]

- 作成するトークンの情報は以下の通りです。

  発行量：10,000

  名前："OreOreCoin"

  単位："oc"

  小数点以下の桁数：0

手順：

① ユーザ A がトークン(OreOreCoin)を作成します。指定した額は全てユーザ A に割り当てられます。

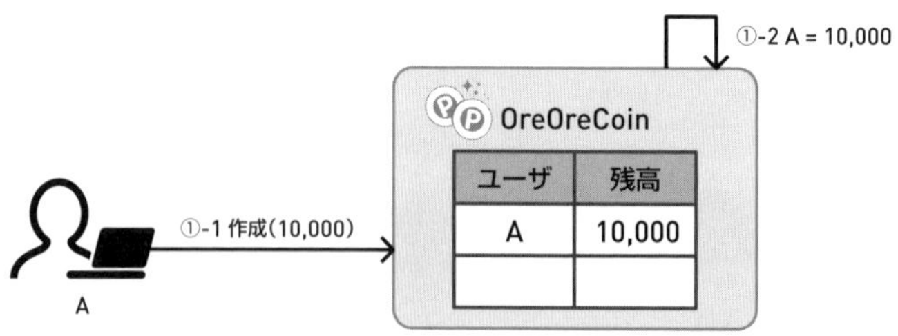

② ユーザ A からユーザ B に送金（2,000）します。

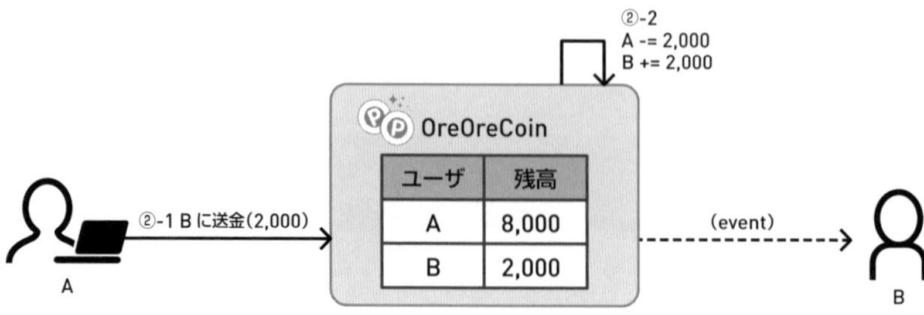

③ ユーザAの残高（8,000）よりも大きい額（10,000）をユーザBに送金します。しかし、残高不足のため例外が発生し、残高は更新されません。

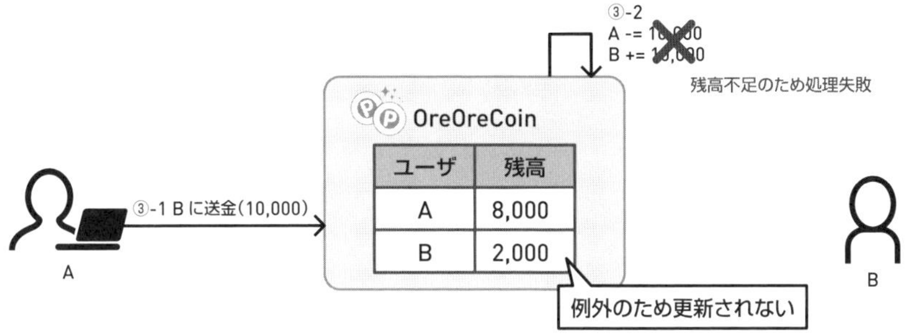

続いて、Browser-Solidityを使用して実際に動作確認してみましょう。

① ユーザAがトークン(OreOreCoin)を作成します。全て半角で「10000, "OreOreCoin", "oc", 0」と入力し、「Create」ボタンをクリックします。環境によって時間は異なりますが、1分程度で「Create」ボタンの下にコントラクトのアドレスやメソッドが表示されます。

作成時に指定した全ての発行量（10,000）が、ユーザAの残高となっていることを確認しましょう。「balanceOf」ボタンの横の領域にユーザAのアドレス（ダブルクォートで囲うこと！）を入力し、「balanceOf」ボタンをクリックしてください。作成時に指定した発行量を確認できましたか？

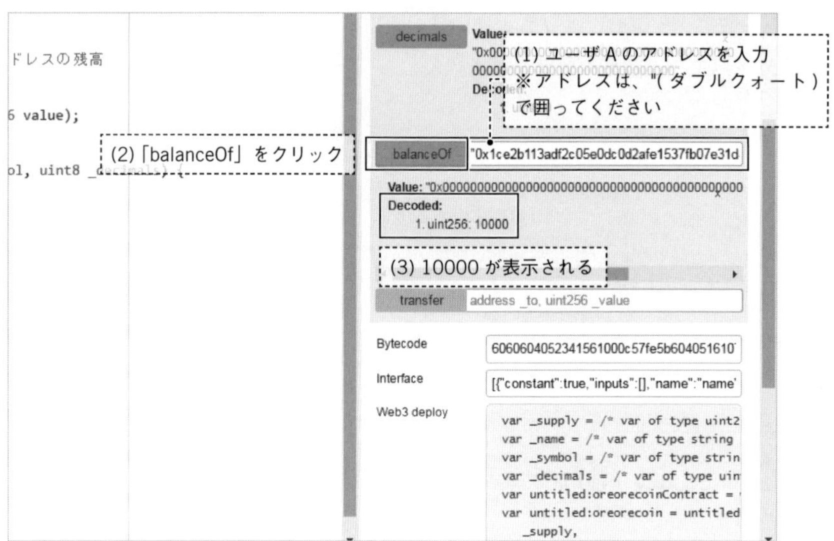

2 次はユーザAからユーザBに送金（2,000）します。「" ユーザBアドレス ", 2000」と入力して「transfer」ボタンをクリックしてください。このとき、ユーザBのアドレスは先ほどの残高確認（balanceOf）と同様にダブルクォートで囲い、アドレスと送金額の間はカンマ（,）で区切ってください。

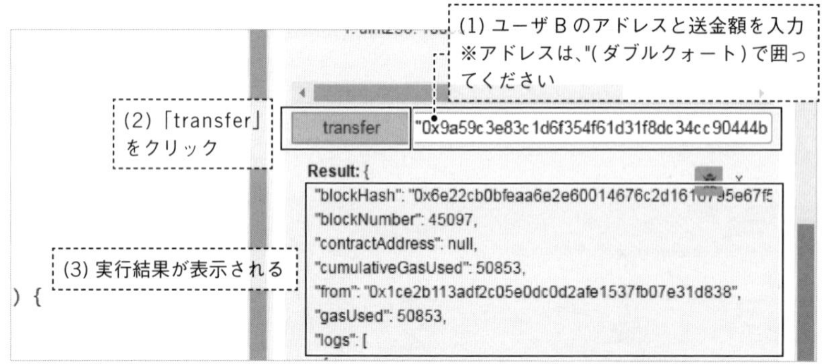

画面をスクロールすると、イベント通知（Transfer）が確認できます。

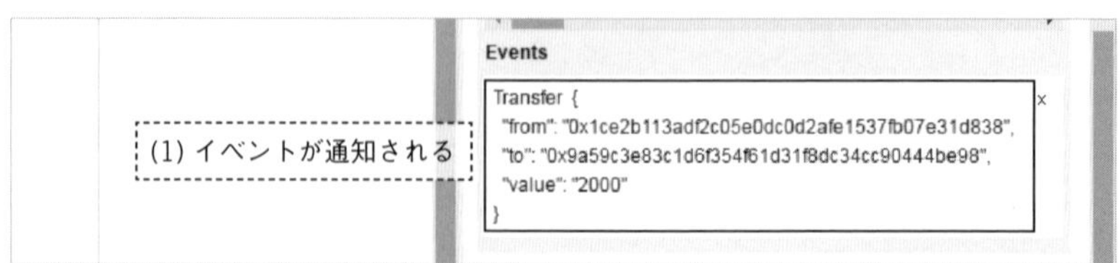

また、ユーザA,Bの残高が更新されたこと（A:8,000, B:2,000）を確認してみましょう。それぞれのアドレスを入力して「balanceOf」ボタンをクリックしてください。

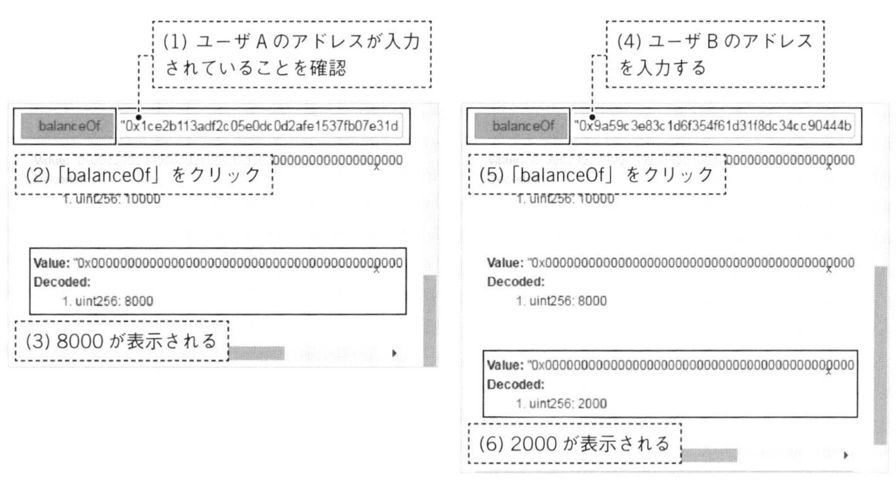

③ 今度は、ユーザAの残高（8,000）よりも大きい額（10,000）をユーザBに送金し、送金できない（残高が更新されない）ことを確認してみましょう。「" ユーザBアドレス ", 10000」と入力して「transfer」ボタンをクリックします。すると数秒後、先ほどの実行結果の下に、赤字でエラーメッセージが表示されます。内部では例外がスローされ、処理が無かったことになっていますので、新しいイベントも表示されませんし、残高も更新されません。

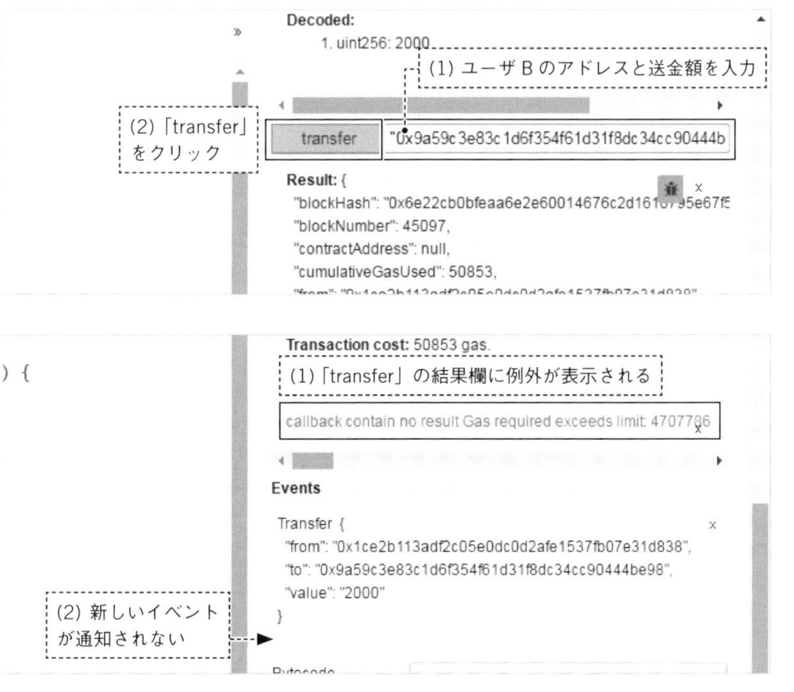

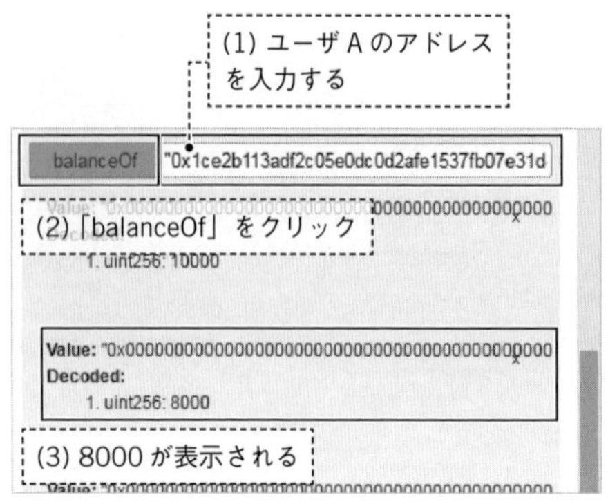
(1) ユーザ A のアドレスを入力する
balanceOf
"0x1ce2b113adf2c05e0dc0d2afe1537fb07e31d
(2)「balanceOf」をクリック
Value: "0x000000000000000000000000000000000000000000000
Decoded:
1. uint256: 8000
(3) 8000 が表示される

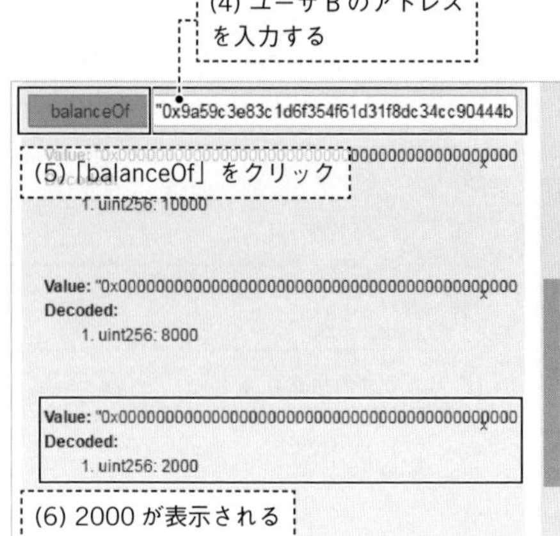
(4) ユーザ B のアドレスを入力する
balanceOf
"0x9a59c3e83c1d6f354f61d31f8dc34cc90444b
(5)「balanceOf」をクリック
Value: "0x000000000000000000000000000000000000000000000
Decoded:
1. uint256: 8000
Value: "0x000000000000000000000000000000000000000000000
Decoded:
1. uint256: 2000
(6) 2000 が表示される

以上です。

2 追加機能その 1「ブラックリスト」

4.1 節で作成した仮想通貨コントラクトは、誰もが自由に参加して仮想通貨を送受信することができます。本節では、それをベースとして、基本的には誰もが自由に参加しつつも、“悪い人”は取引不可とする機能を持つ仮想通貨コントラクトを作成しましょう。一言で言えば「ブラックリスト」機能を追加します。

4.2.1 コントラクトの概要

コントラクトの概要は次の通りです。ここで、コントラクトをデプロイしたユーザ（オーナーと呼びます）のみ、ブラックリストを管理できることとします[*4]。

- ブラックリストに記載されたアドレスは入出金不可とする
- オーナーのみブラックリストへの追加・削除を可能とする
- オーナーはアドレスで識別することとし、コントラクトの作成時のアドレスを設定する

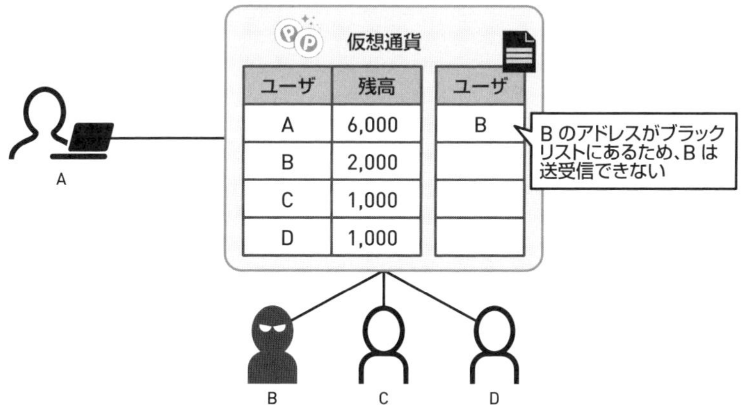

4.2.2 コントラクトの作成

ブラックリスト機能付きの仮想通貨のコントラクトは次の通りです。

＊4　4.1 の仮想通貨コントラクトでは、管理者ユーザは不在でしたが、ブラックリストを実現する上では都合が悪いので、ここでは管理者を追加します。

▶ 仮想通貨コントラクト(OreOreCoin)

```
pragma solidity ^0.4.8;

// ブラックリスト機能付き仮想通貨
contract OreOreCoin {
  // (1) 状態変数の宣言
  string public name;                  // トークンの名前
  string public symbol;                // トークンの単位
  uint8 public decimals;               // 小数点以下の桁数
  uint256 public totalSupply;          // トークンの総量
  mapping (address => uint256) public balanceOf;          // 各アドレスの残高
  mapping (address => int8) public blackList;             // ブラックリスト
  address public owner;                // オーナーアドレス

  // (2) 修飾子
  modifier onlyOwner() { if (msg.sender != owner) throw; _; }

  // (3) イベント通知
  event Transfer(address indexed from, address indexed to, uint256 value);
  event Blacklisted(address indexed target);
  event DeleteFromBlacklist(address indexed target);
  event RejectedPaymentToBlacklistedAddr(address indexed from, address indexed
to, uint256 value);
  event RejectedPaymentFromBlacklistedAddr(address indexed from, address indexed
to, uint256 value);

  // (4) コンストラクタ
  function OreOreCoin(uint256 _supply, string _name, string _symbol, uint8 _
decimals) {
    balanceOf[msg.sender] = _supply;
    name = _name;
    symbol = _symbol;
    decimals = _decimals;
    totalSupply = _supply;
    owner = msg.sender;      // オーナーアドレスをセット
  }

  // (5) アドレスをブラックリストに登録する
  function blacklisting(address _addr) onlyOwner {
    blackList[_addr] = 1;
    Blacklisted(_addr);
  }

  // (6) アドレスをブラックリストから削除する
  function deleteFromBlacklist(address _addr) onlyOwner {
    blackList[_addr] = -1;
    DeleteFromBlacklist(_addr);
  }

  // (7) 送金
  function transfer(address _to, uint256 _value) {
    // 不正送金チェック
    if (balanceOf[msg.sender] < _value) throw;
```

```
    if (balanceOf[_to] + _value < balanceOf[_to]) throw;

    // ブラックリストに存在するアドレスには入出金不可
    if (blackList[msg.sender] > 0) {
      RejectedPaymentFromBlacklistedAddr(msg.sender, _to, _value);
    } else if (blackList[_to] > 0) {
      RejectedPaymentToBlacklistedAddr(msg.sender, _to, _value);
    } else {
      balanceOf[msg.sender] -= _value;
      balanceOf[_to] += _value;

      Transfer(msg.sender, _to, _value);
    }
  }
}
```

プログラム解説

(1) 状態変数の追加

```
mapping (address => int8) public blackList;              // ブラックリスト
address public owner;                   // オーナーアドレス
```

ブラックリスト管理用の変数と、ブラックリストへの追加・削除権限を持つオーナーアドレス用の変数を追加します。ブラックリストは残高管理用の変数と同じく mapping 型です。key は address 型で、value は int8 型としました。1 以上がブラックリスト対象で、0 以下をブラックリストの対象外とします。

(2) 修飾子の宣言

```
modifier onlyOwner() { if (msg.sender != owner) throw; _; }
```

solidity には修飾子というものがあり、メソッドを実行する前に動作条件をチェックしてメソッドの実行を制限することができます。今回は、オーナーアドレスのみ実行可能なメソッドを実現するために、実行アドレスがオーナーアドレスかチェックし、異なっている場合は例外をスローする修飾子を宣言します。

(3) イベントの追加

```
  event Blacklisted(address indexed target);
  event DeleteFromBlacklist(address indexed target);
  event RejectedPaymentToBlacklistedAddr(address indexed from, address indexed
to, uint256 value);
  event RejectedPaymentFromBlacklistedAddr(address indexed from, address indexed
to, uint256 value);
```

ブラックリストに追加する、リストから削除する、ブラックリスト対象アドレスへの送金、ブラックリスト対象アドレスからの送金について通知するためのイベントを追加します。

(4) コントラクトの修正

```
owner = msg.sender;     // オーナーアドレスをセット
```

コンストラクタで、状態変数ownerにオーナーアドレスをセットします。

(5) ブラックリストへの登録メソッド

```
function blacklisting(address _addr) onlyOwner {
  blackList[_addr] = 1;
  Blacklisted(_addr);
}
```

オーナーアドレスのみ実行できるメソッドとするため、先ほど宣言したonlyOwner修飾子を使用します。登録メソッドの処理としては、指定アドレスのvalueを1として、イベント通知を行います。

(6) ブラックリストからの削除メソッド

```
function deleteFromBlacklist(address _addr) onlyOwner {
  blackList[_addr] = -1;
  DeleteFromBlacklist(_addr);
}
```

こちらもオーナーアドレスのみ実行できるメソッドとするため、先ほど宣言したonlyOwner修飾子を使用します。処理内容は、指定アドレスのvalueを-1として、イベント通知を行います。

(7) ブラックリストアドレスの入出金制限

```
if (blackList[msg.sender] > 0) {
  RejectedPaymentFromBlacklistedAddr(msg.sender, _to, _value);
} else if (blackList[_to] > 0) {
  RejectedPaymentToBlacklistedAddr(msg.sender, _to, _value);
} else {
  balanceOf[msg.sender] -= _value;
  balanceOf[_to] += _value;

  Transfer(msg.sender, _to, _value);
}
```

残高操作の前に、ブラックリストをチェックします。送金元もしくは送信先のアドレスがブラックリストアドレスの場合は、イベント通知のみ行い、残高は更新しません。非ブラックアドレスでは、残高を更新し、イベント通知を行います。ここで、ブラックアドレスの処理の際には、だまって例外をthrowすることもできますが、発生したことを記録に残すため、今回はイベント通知を行っています。

4.2.3 コントラクトの実行

作成したコントラクトを Browser-Solidity を使用して動かしてみましょう。前提と手順は以下の通りです。

前提：(基本的な仮想通貨と同じです)

- 使用するアドレスは、A,B のふたつです。

なお、本節で使用する各ユーザのアドレス情報は以下の通りです。適宜、読者の皆さんの環境のアドレスに読み替えて動作確認を行ってください。

No.	ユーザ	アドレス	備考
1	A	"0x1ce2b113adf2c05e0dc0d2afe1537fb07e31d838"	accounts[0]
2	B	"0x9a59c3e83c1d6f354f61d31f8dc34cc90444be98"	accounts[1]

- 作成するトークンの情報は以下の通りです。
  発行量：10,000
  名前："OreOreCoin"
  単位："oc"
  小数点以下の桁数：0

手順：

① ユーザ A がトークン（OreOreCoin）を作成します。

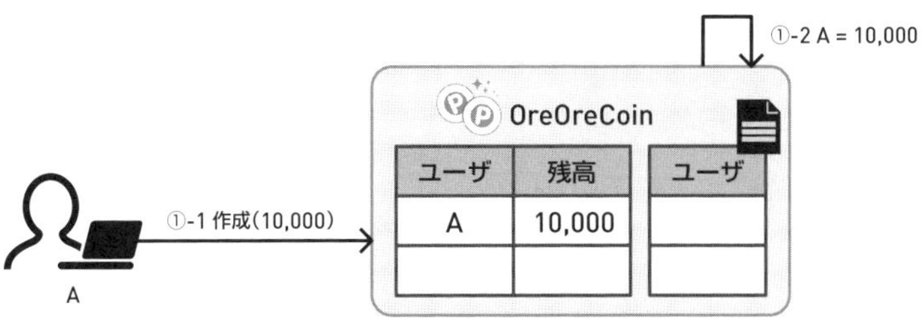

② ユーザ A からユーザ B に送金（2,000）します。ここまでは前回と同じです。

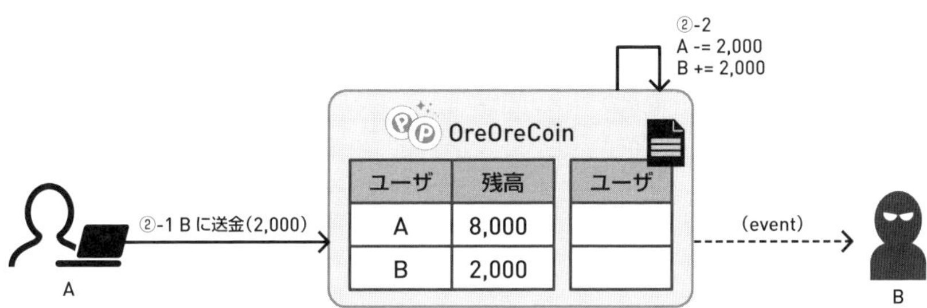

③ ユーザ B を、ブラックリストに登録します。

④ ユーザ A からユーザ B に送金（2,000）します。しかし、ユーザ B のアドレスはブラックリストに登録されているため、残高は更新されません。

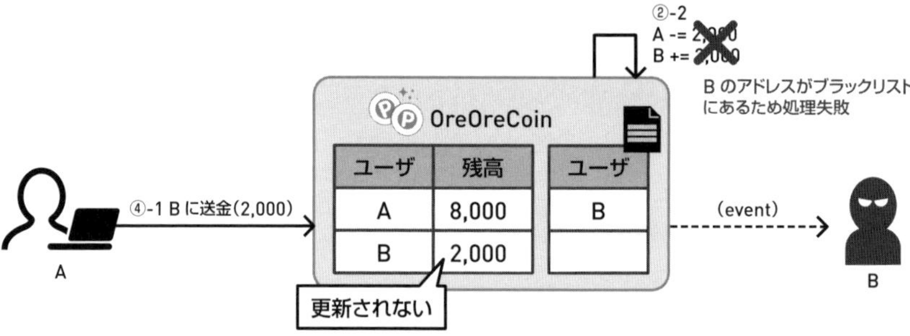

⑤ 次は、ユーザ B からユーザ A に送金（2,000）してみます。しかし、こちらも同様に、ユーザ B のアドレスはブラックリストに登録されているため、残高は更新されません。

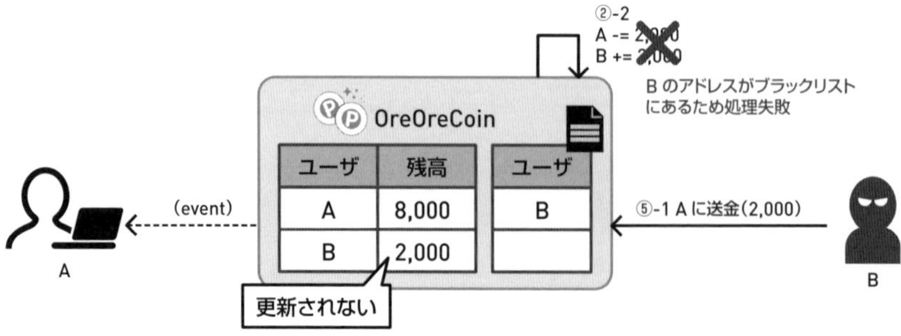

⑥ ユーザ B を、ブラックリストから削除します。

⑦ ユーザ A からユーザ B に送金（2,000）します。ユーザ B のアドレスはブラックリストから削除されているため、特に問題なく、残高は更新されます。

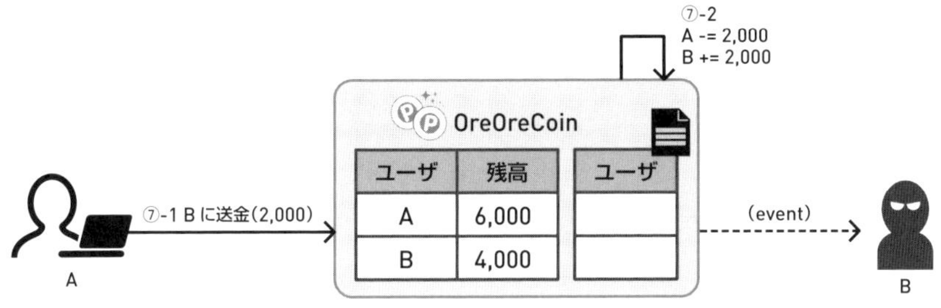

続いて、Browser-Solidity を使用して実際に動作確認してみましょう。

① ユーザ A がトークン（OreOreCoin）を作成します。ここでは 4.1.3 項と同じく、全て半角で「10000, "OreOreCoin", "oc", 0」と入力し、「Create」ボタンをクリックします。残高の確認は、「balanceOf」ボタンの横の領域にユーザ A のアドレスを入力して、「balanceOf」ボタンをクリックです。作成時に指定した全ての発行量（10,000）が、ユーザ A の残高となっていることを確認してください。

② ユーザ A からユーザ B に送金（2,000）します。「" ユーザ B アドレス ", 2000」と入力して「transfer」ボタンをクリックしてください。成功すると、イベント通知が行われます。画面をスクロールして確認してみてください。

③ それでは、ユーザ B をブラックリストに登録します。「" ユーザ B アドレス "」と入力して「blacklisting」をクリックします。

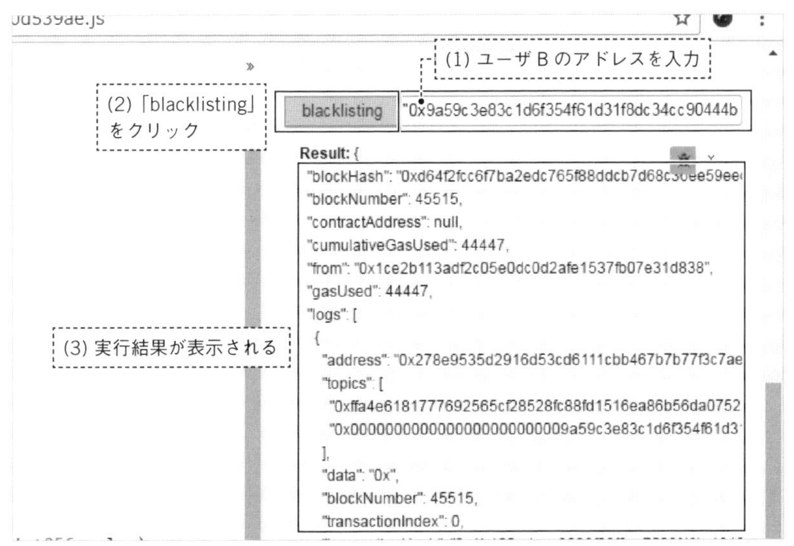

画面をスクロールしてイベント通知（Blacklisted）にユーザBのアドレスが表示されることを確認します。

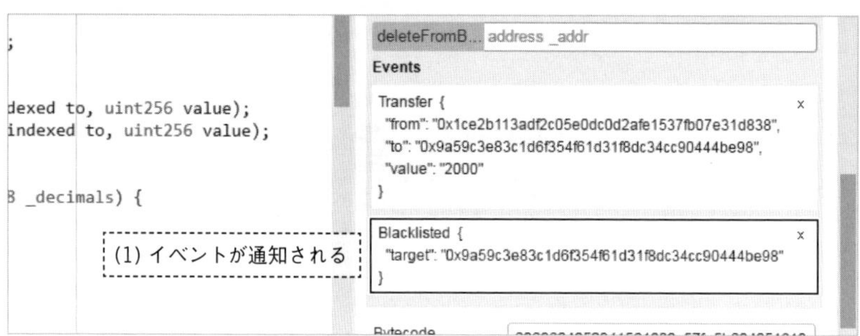

④ それではブラックリストアドレスへの送金処理が失敗することを確認しましょう。ユーザAからユーザBに送金（2,000）します。「" ユーザBアドレス ", 2000」を入力して「transfer」をクリックします。

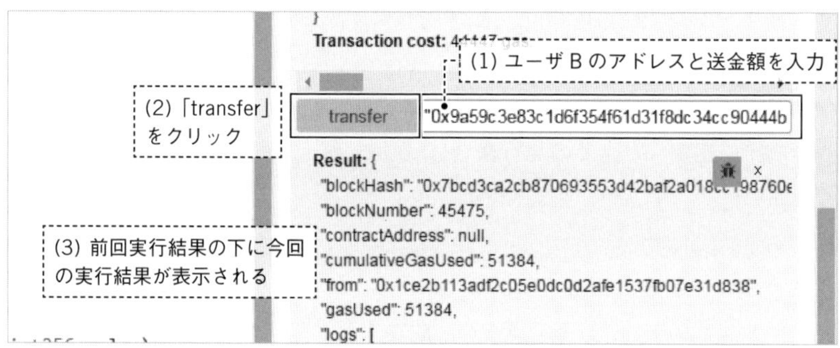

イベント通知（RejectedPaymentToBlacklistedAddr）が表示されます。fromにユーザAのアドレス、toにユーザBのアドレス、valueに送金額が表示されます。

Events
Transfer {
"from": "0x1ce2b113adf2c05e0dc0d2afe1537fb07e31d838",
"to": "0x9a59c3e83c1d6f354f61d31f8dc34cc90444be98",
"value": "2000"
}
Blacklisted {
"target": "0x9a59c3e83c1d6f354f61d31f8dc34cc90444be98"
}
RejectedPaymentToBlacklistedAddr {
"from": "0x1ce2b113adf2c05e0dc0d2afe1537fb07e31d838",
"to": "0x9a59c3e83c1d6f354f61d31f8dc34cc90444be98",
"value": "2000"
}
(1) イベントが通知される

ユーザ A,B の残高が「変化しない」(A:8,000, B:2,000) ことを確認します。

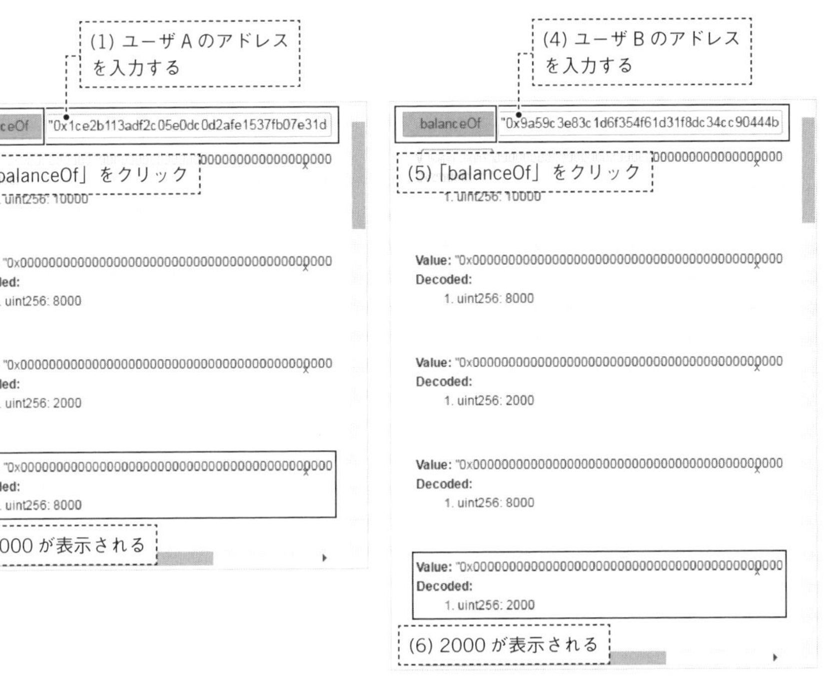

⑤ 今度は、ユーザ B からユーザ A に送金（2,000）します。まずは、ユーザを切り替えます。紙飛行機のアイコンをクリックして、Transaction origin をユーザ B のアドレスに変更してください[*5]。

＊5　必要であれば、Geth のコンソールからユーザ B のアカウントのアンロックを行ってください。コマンドは、personal.unlockAccount(eth.accounts[1], " パスフレーズ ", 0) です。詳しくは、「2.4. テストネットワークで Ether を送金する」を参考にしてください。

ユーザAに送金しますので、「"ユーザAアドレス", 2000」と入力し、「transfer」をクリックします。

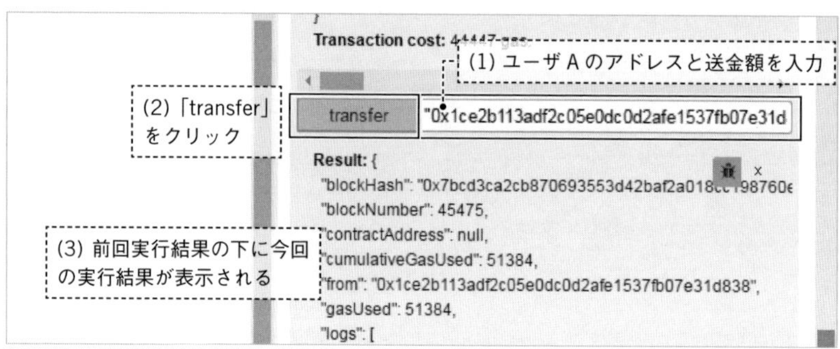

先ほどのユーザAからユーザBへの送金と同様に、イベント通知がされることを確認します。今回は、ブラックリスト対象アドレスからの送金ですので、イベント名が「RejectedPaymentFromBlacklistedAddr」となります。

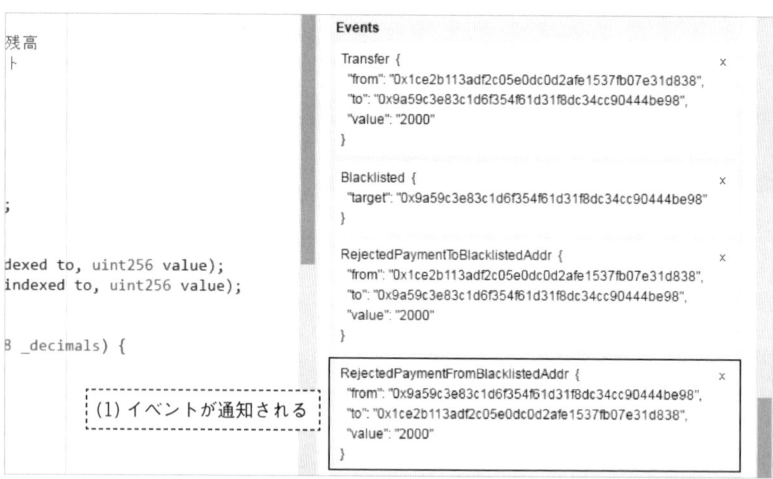

ユーザA,Bの残高が「変化しない」(A:8,000, B:2,000) ことを確認します。

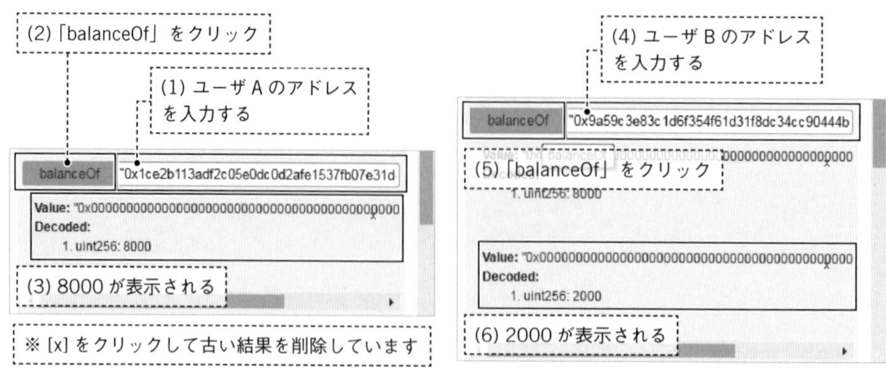

⑥ ブラックリスト対象アドレスへの送受金が失敗することを確認できましたので、ユーザBを、ブラックリストから削除します。まずは操作するユーザをユーザAに戻します。先ほどのTransaction originでユーザAのアドレスを選択します。

続いてユーザBのアドレスを入力して「deleteFromBlacklist」をクリックします。

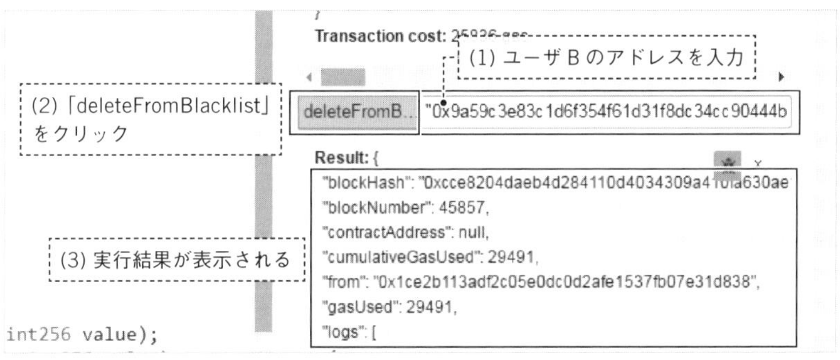

イベント通知(DeleteFromBlacklist)で、ユーザBのアドレスを確認します。

⑦ ブラックリストから削除されたことで、送金処理が失敗しなくなったことを確認しましょう。ユーザAからユーザBに送金(2,000)します。「"ユーザBアドレス", 2000」を入力して「transfer」をクリックします。

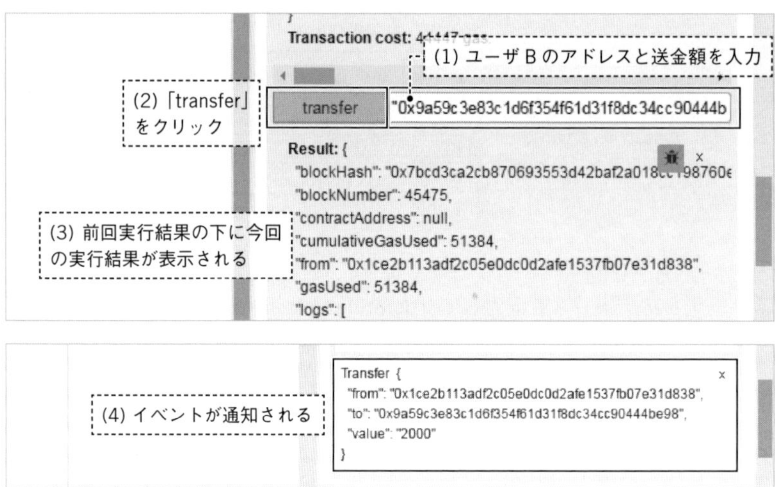

ユーザA,Bの残高が更新される(A:6,000, B:4,000)ことを確認します。

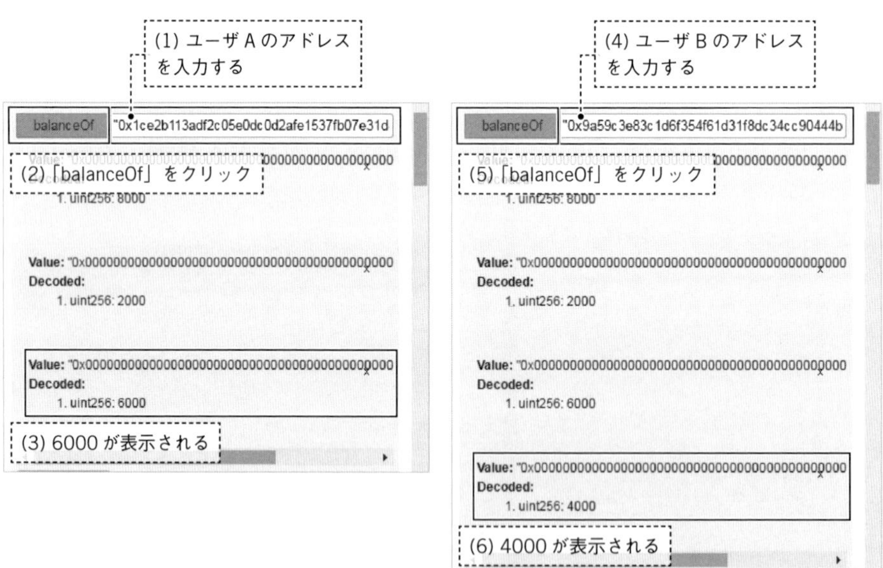

以上です。

3 追加機能その2「キャッシュバック」

4.2 節のブラックリストに続いて追加する機能は、「キャッシュバック」です。あなたの仮想通貨に参加している店舗（のアドレス）に送金すると、予め店舗が設定したキャッシュバック率分の仮想通貨が返ってくるといった機能になります。キャッシュバック率はアドレス単位に設定できることとし、変更できるのはそのアドレスの保有者だけとします。たとえオーナーであっても他人（のアドレス）の値を変更することはできません。

4.3.1 コントラクトの概要

コントラクトの概要は次の通りです。4.2 節で作成したブラックリスト付きの仮想通貨コントラクトに、さらに機能を追加します。各アドレスは、自分のキャッシュバック率のみ設定できることとします。設定するに当たり、オーナーに許可を求めたりする必要はありません。また、設定できるキャッシュバック率の範囲は、0 ～ 100% とします。0% はキャッシュバックなしで、100% では全額キャッシュバックとなります。

- 各アドレスは、キャッシュバック率を 0 ～ 100 の間で設定できるものとする
- キャッシュバック率が設定されたアドレスに送金すると、設定されたキャッシュバック率に従ってキャッシュバックされる

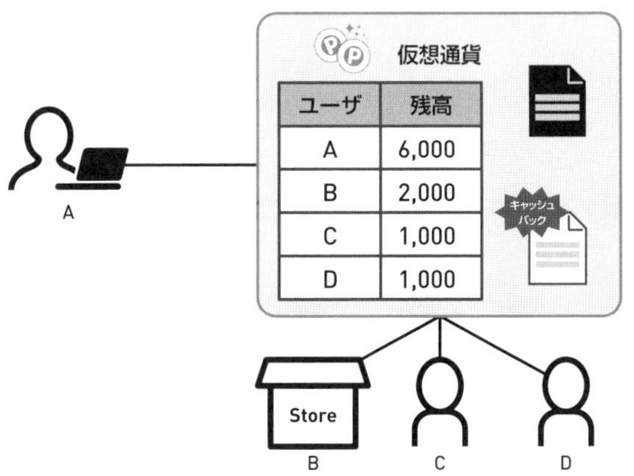

4.3.2 コントラクトの作成

キャッシュバック機能付きの仮想通貨のコントラクトは次の通りです。

▶ 仮想通貨コントラクト(OreOreCoin)

```
pragma solidity ^0.4.8;

// キャッシュバック機能付き仮想通貨
contract OreOreCoin {
  // (1) 状態変数の宣言
  string public name;                 // トークンの名前
  string public symbol;               // トークンの単位
  uint8 public decimals;              // 小数点以下の桁数
  uint256 public totalSupply;         // トークンの総量
  mapping (address => uint256) public balanceOf;    // 各アドレスの残高
  mapping (address => int8) public blackList;       // ブラックリスト
  mapping (address => int8) public cashbackRate;    // 各アドレスのキャッシュバック率
  address public owner;               // オーナーアドレス

  // 修飾子
  modifier onlyOwner() { if (msg.sender != owner) throw; _; }

  // (2) イベント通知
  event Transfer(address indexed from, address indexed to, uint256 value);
  event Blacklisted(address indexed target);
  event DeleteFromBlacklist(address indexed target);
  event RejectedPaymentToBlacklistedAddr(address indexed from, address indexed
to, uint256 value);
  event RejectedPaymentFromBlacklistedAddr(address indexed from, address indexed
to, uint256 value);
  event SetCashback(address indexed addr, int8 rate);
  event Cashback(address indexed from, address indexed to, uint256 value);

  // コンストラクタ
  function OreOreCoin(uint256 _supply, string _name, string _symbol, uint8 _
decimals) {
    balanceOf[msg.sender] = _supply;
    name = _name;
    symbol = _symbol;
    decimals = _decimals;
    totalSupply = _supply;
    owner = msg.sender;
  }

  // アドレスをブラックリストに登録する
  function blacklisting(address _addr) onlyOwner {
    blackList[_addr] = 1;
    Blacklisted(_addr);
  }

  // アドレスをブラックリストから削除する
  function deleteFromBlacklist(address _addr) onlyOwner {
    blackList[_addr] = -1;
    DeleteFromBlacklist(_addr);
  }

  // (3) キャッシュバック率を設定する
```

```
  function setCashbackRate(int8 _rate) {
    if (_rate < 1) {
      _rate = -1;
    } else if (_rate > 100) {
      _rate = 100;
    }
    cashbackRate[msg.sender] = _rate;
    if (_rate < 1) {
      _rate = 0;
    }
    SetCashback(msg.sender, _rate);
  }

  // 送金
  function transfer(address _to, uint256 _value) {
    // 不正送金チェック
    if (balanceOf[msg.sender] < _value) throw;
    if (balanceOf[_to] + _value < balanceOf[_to]) throw;

    // ブラックリストに存在するアドレスには入出金不可
    if (blackList[msg.sender] > 0) {
      RejectedPaymentFromBlacklistedAddr(msg.sender, _to, _value);
    } else if (blackList[_to] > 0) {
      RejectedPaymentToBlacklistedAddr(msg.sender, _to, _value);
    } else {
      // (4) キャッシュバックの額を計算(宛先ごとのレートを使用)
      uint256 cashback = 0;
      if(cashbackRate[_to] > 0) cashback = _value / 100 * uint256(cashbackRate[_
to]);

      balanceOf[msg.sender] -= (_value - cashback);
      balanceOf[_to] += (_value - cashback);

      Transfer(msg.sender, _to, _value);
      Cashback(_to, msg.sender, cashback);
    }
  }
}
```

プログラム解説

(1) 状態変数の追加

```
  mapping (address => int8) public cashbackRate;      // 各アドレスのキャッシュバック率
```

キャッシュバック率管理用の変数を追加します。キャッシュバック率は、残高やブラックリストと同じく、アドレスごとに設定できるよう、key を address 型、value を int8 型とした mapping 型とします。

(2) イベントの追加

```
  event SetCashback(address indexed addr, int8 rate);
```

```
event Cashback(address indexed from, address indexed to, uint256 value);
```

キャッシュバックを通知するためのイベントを追加します。キャッシュバックも送金とみなせますので、これまで通り Transfer を使用しても良かったのですが、キャッシュバックであることを明示するため新しいイベントを追加しました。

(3) キャッシュバック率を設定する

```
function setCashbackRate(int8 _rate) {
  if (_rate < 1) {
    _rate = -1;
  } else if (_rate > 100) {
    _rate = 100;
  }
  cashbackRate[msg.sender] = _rate;
  if (_rate < 1) {
    _rate = 0;
  }
  SetCashback(msg.sender, _rate);
}
```


メソッドの実行アドレス msg.sender のキャッシュバック率を設定します。オーナーであっても他人のアドレスのキャッシュバック率を操作することはできません。ここで、1 未満を -1 としています。0 としない理由は、筆者の環境では Browser-Solidity 経由で Geth の 1.5.5 に 0 をセットするとガス欠になってしまったためです。Browser-Solidity経由でなく、コンソールからであればガス欠にはなりません。Browser-Solidity はすばらしいツールですが、前述したようにこういった不具合もあることも考慮してコントラクトの開発を行ってください。ここでは、Browser-Solidity を前提としていますので、0 ではなく、-1 としたコードで説明を進めます。

(4) キャッシュバックの額を計算(宛先ごとのレートを使用)

```
    uint256 cashback = 0;
    if(cashbackRate[_to] > 0) cashback = _value / 100 * uint256(cashbackRate[_
to]);

    balanceOf[msg.sender] -= (_value - cashback);
    balanceOf[_to] += (_value - cashback);

    Transfer(msg.sender, _to, _value);
    Cashback(_to, msg.sender, cashback);
```

宛先アドレスにキャッシュバック率が設定されている場合、キャッシュバックする額を計算します。また、実際には「バック」せずに、指定された送金額からキャッシュバック額を引いた金額で残高を更新し、「Transfer」と「Cashback」イベントを通知します。

4.3.3 コントラクトの実行

作成したコントラクトを Browser-Solidity を使用して動かしてみましょう。前提と手順は以下の通りです。なお、ブラックリスト機能については特に変更していませんので、ここでは動作確認を行いません。気になる方は適宜確認してみてください。

前提：（基本的な仮想通貨と同じです）

- 使用するアドレスは、A,B のふたつです。

なお、本節で使用する各ユーザのアドレス情報は以下の通りです。適宜、読者の皆さんの環境のアドレスに読み替えて動作確認を行ってください。

No.	ユーザ	アドレス	備考
1	A	"0x1ce2b113adf2c05e0dc0d2afe1537fb07e31d838"	accounts[0]
2	B	"0x9a59c3e83c1d6f354f61d31f8dc34cc90444be98"	accounts[1]

- 作成するトークンの情報は以下の通りです。
  発行量：10,000
  名前："OreOreCoin"
  単位："oc"
  小数点以下の桁数：0

手順：

① ユーザ A がトークン（OreOreCoin）を作成します。

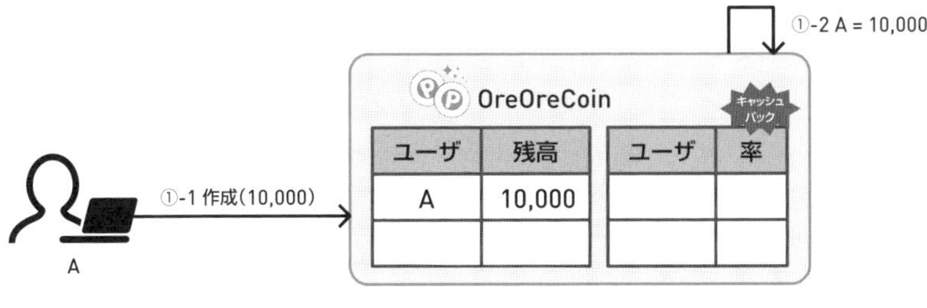

② ユーザ A からユーザ B に送金（2,000）します。

③ ユーザ B のキャッシュバック率を設定（10%）します。

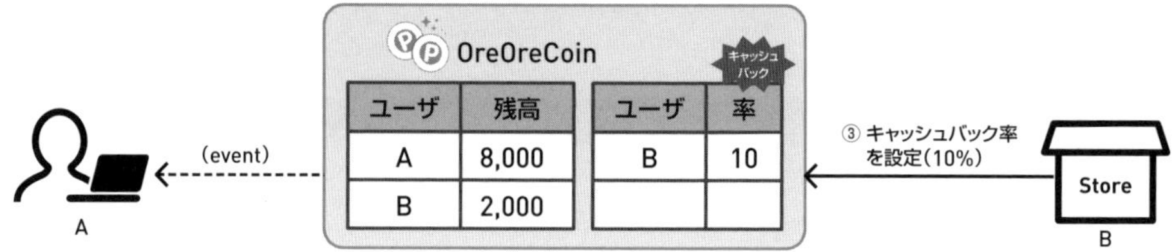

④ ユーザ A からユーザ B に送金（2,000）します。

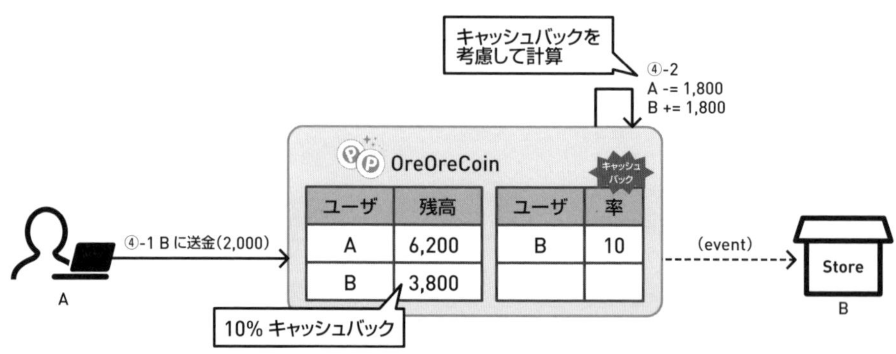

続いて、Browser-Solidity を使用して実際に動作確認してみましょう。

① ユーザ A がトークン（OreOreCoin）を作成します。ここでは 4.1.3 項と同じく、全て半角で「10000, "OreOreCoin", "oc", 0」と入力し、「Create」ボタンをクリックします。

② ユーザ A からユーザ B に送金（2,000）します。「" ユーザ B アドレス ", 2000」と入力して「transfer」ボタンをクリックしてください。実行後、Transfer の他に Cashback もイベントに表示されることを確認します。ただしキャッシュバック率は未設定のため、value は 0 です。

③ ユーザBのキャッシュバック率（10%）を設定します。まずは、ユーザを切り替えます。紙飛行機のアイコンをクリックして、Transaction originをユーザBのアドレスに変更してください。

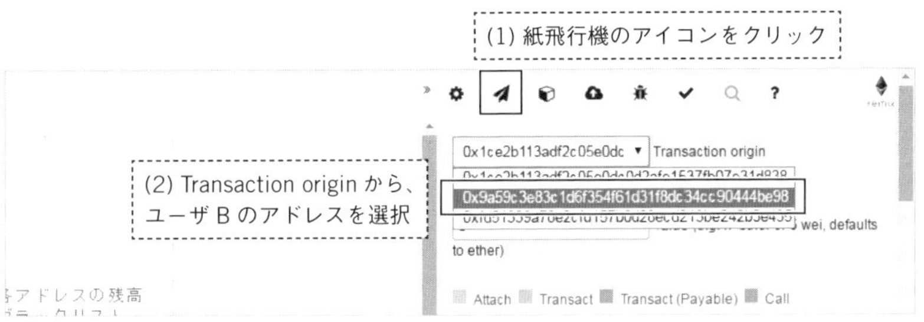

キャッシュバック率を入力し、「setCashbackRate」をクリックします。実行後、イベント通知（SetCashback）が表示されることを確認します。

状態変数cashbackRateも確認しましょう。ユーザBアドレスを入力し、「cashbackRate」をクリックし、先ほど設定したキャッシュバック率が表示されることを確認します。

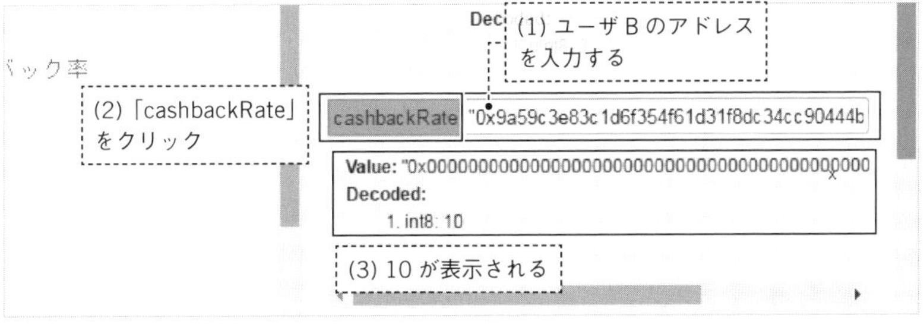

④ それでは、ユーザ A からユーザ B に送金（2,000）してキャッシュバックされることを確認します。まずは操作ユーザをユーザ A に戻しましょう。

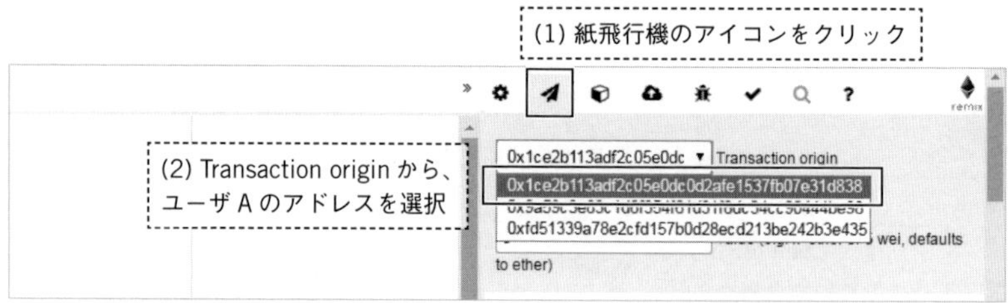
(1) 紙飛行機のアイコンをクリック
(2) Transaction origin から、ユーザ A のアドレスを選択
0x1ce2b113adf2c05e0dc
Transaction origin
0x1ce2b113adf2c05e0dc0d2afe1537fb07e31d838
0xfd51339a78e2cfd157b0d28ecd213be242b3e435
wei, defaults
to ether)

ユーザ B のアドレスと送金額（2000）を入力し、「transfer」をクリックします。実行後、イベント Cashback の value を確認します。今回は送金額は 2,000 で、キャッシュバック率を 10% としましたので、キャッシュバックされるのは 200 になります。

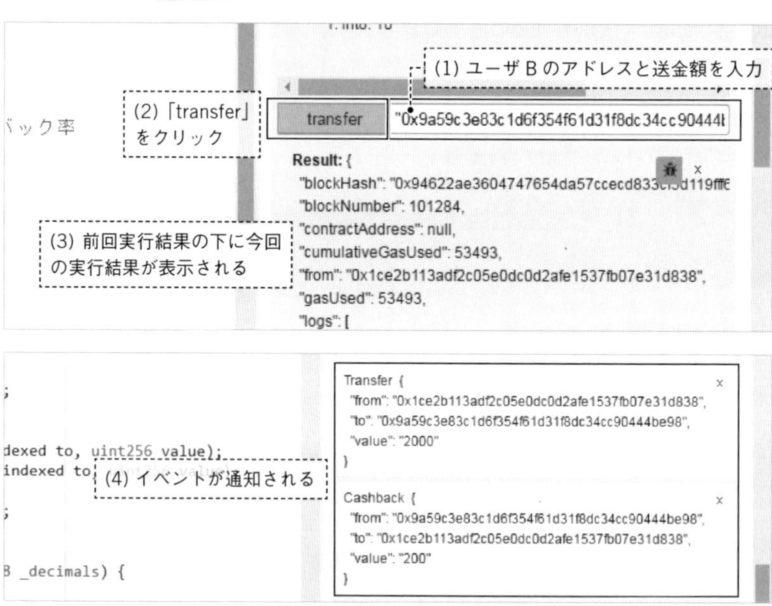
(1) ユーザ B のアドレスと送金額を入力
(2)「transfer」をクリック
transfer
"0x9a59c3e83c1d6f354f61d31f8dc34cc90444l
(3) 前回実行結果の下に今回の実行結果が表示される
Result: {
"blockNumber": 101284,
"contractAddress": null,
"cumulativeGasUsed": 53493,
"from": "0x1ce2b113adf2c05e0dc0d2afe1537fb07e31d838",
"gasUsed": 53493,
"logs": [
(4) イベントが通知される
Transfer {
"from": "0x1ce2b113adf2c05e0dc0d2afe1537fb07e31d838",
"to": "0x9a59c3e83c1d6f354f61d31f8dc34cc90444be98",
"value": "2000"
}
Cashback {
"from": "0x9a59c3e83c1d6f354f61d31f8dc34cc90444be98",
"to": "0x1ce2b113adf2c05e0dc0d2afe1537fb07e31d838",
"value": "200"
}

ユーザ A,B の残高も確認してみましょう。ユーザ A の残高は、10,000 - 2,000 - 2,000 + 200 で、6,200。ユーザ B の残高は、2,000 + 2,000 - 200 で、3,800 になります。

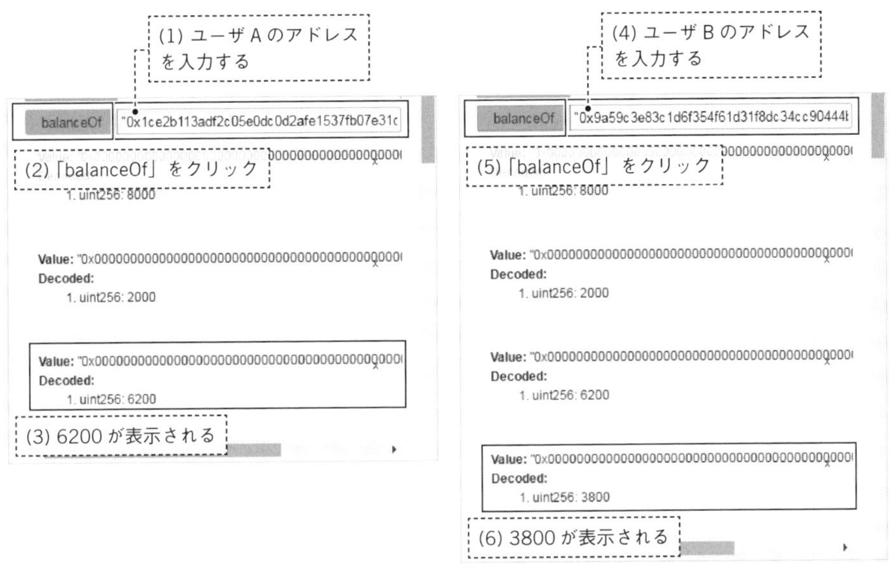

以上です。

基礎編
1
2
3
実践編
4
5
6
A

4 追加機能その3「会員管理」

4.3節で追加した「キャッシュバック」は、送金してくれるユーザが誰であっても、同じキャッシュバック率を採用します。はじめてのユーザでも、毎日利用してくれるユーザであっても同じです。次はユーザごとの利用金額や利用回数を記録し、それに応じてキャッシュバック率を変更する「会員管理」機能を追加してみましょう。

4.4.1 コントラクトの概要

コントラクトの概要は次の通りです。

- 各アドレスは、会員管理機能を持てるものとする
- 会員の識別はアドレスで行う
- 会員管理機能として、会員ごとの取引回数、金額を記録する
- 取引回数、金額に応じてキャッシュバック率を設定できるものとする。イメージは、航空会社の会員ステイタス。所定の取引回数、金額を満たすとキャッシュバック率がアップする

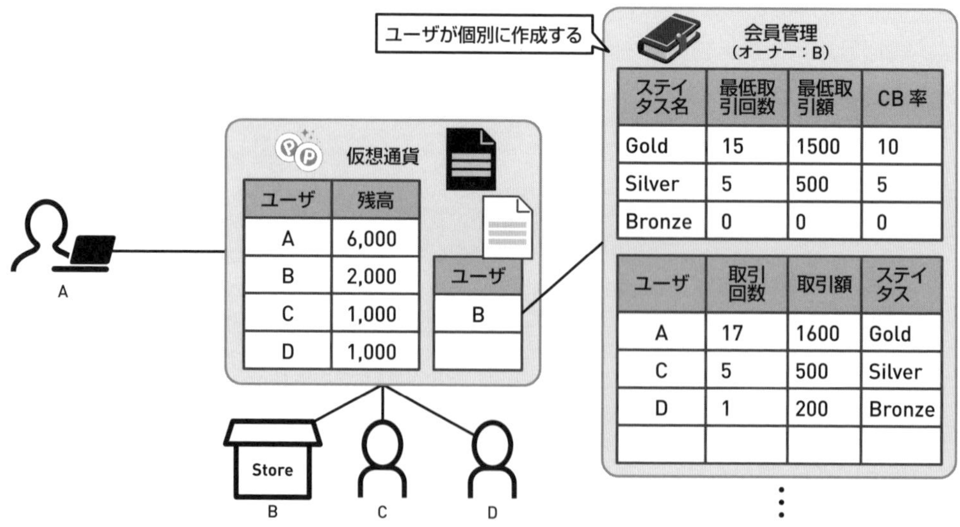

4.4.2 コントラクトの作成

会員管理機能付きの仮想通貨のコントラクトは次の通りです。これまでは、仮想通貨コントラクトの

ソースを変更してきましたが、今回は所有者管理用コントラクトと会員管理用のコントラクトを追加しました。所有者管理用コントラクトはオーナーアドレスの管理に特化したコントラクトで、オーナーアドレスの状態変数、オーナー権限の移転メソッドや修飾子を宣言したものです。solidityのコントラクトはオブジェクト指向の「継承」が使用できますので、所有者管理機能を汎化したコントラクトを作成してコードの見通しをよくしてみました。会員管理用コントラクトは会員ごとの取引履歴や会員ステイタスを管理するためのコントラクトになります。

▶ 仮想通貨コントラクト (OreOreCoin)

```
pragma solidity ^0.4.8;

// 所有者管理用コントラクト
contract Owned {
  // 状態変数
  address public owner;      // オーナーアドレス

  // オーナーの移転時のイベント
  event TransferOwnership(address oldaddr, address newaddr);

  // オーナー限定メソッド用の修飾子
  modifier onlyOwner() { if (msg.sender != owner) throw; _; }

  // コンストラクタ
  function Owned() {
    owner = msg.sender;      // 最初はコントラクト作成アドレスをオーナーとする
  }

  // (1) オーナーの移転
  function transferOwnership(address _new) onlyOwner {
    address oldaddr = owner;
    owner = _new;
    TransferOwnership(oldaddr, owner);
  }
}


// (2) 会員管理用コントラクト
contract Members is Owned {
  // (3) 状態変数の宣言
  address public coin;             // トークン(仮想通貨)アドレス
  MemberStatus[] public status; // 会員ステイタスの配列
  mapping(address => History) public tradingHistory;       // 会員ごとの取引履歴

  // (4) 会員ステイタス用構造体
  struct MemberStatus {
    string name;             // ステイタス名
    uint256 times;           // 最低取引回数
    uint256 sum;             // 最低取引額
    int8 rate;               // キャッシュバック率
  }
  // 取引履歴用構造体
```

```
  struct History {
    uint256 times;          // 取引回数
    uint256 sum;            // 取引額
    uint256 statusIndex;    // ステイタスインデックス
  }

  // (5) トークン限定メソッド用の修飾子
  modifier onlyCoin() { if (msg.sender == coin) _; }

  // (6) トークンアドレスのセット
  function setCoin(address _addr) onlyOwner {
    coin = _addr;
  }

  // (7) 会員ステイタスの追加
  function pushStatus(string _name, uint256 _times, uint256 _sum, int8 _rate)
    onlyOwner
  {
    status.push(MemberStatus({
      name: _name,
      times: _times,
      sum: _sum,
      rate: _rate
    }));
  }

  // (8) 会員ステイタスの内容変更
  function editStatus(uint256 _index, string _name, uint256 _times, uint256 _
sum, int8 _rate)
    onlyOwner
  {
    if (_index < status.length) {
      status[_index].name = _name;
      status[_index].times = _times;
      status[_index].sum = _sum;
      status[_index].rate = _rate;
    }
  }

  // (9) 取引履歴の更新
  function updateHistory(address _member, uint256 _value) onlyCoin {
    tradingHistory[_member].times += 1;
    tradingHistory[_member].sum += _value;
    // 新しい会員ステイタスの決定(取引ごとに実行する)
    uint256 index;
    int8 tmprate;
    for (uint i = 0; i < status.length; i++) {
      // 最低取引回数、取引額を満たし、最もキャッシュバック率が良いステイタスとする
      if (tradingHistory[_member].times >= status[i].times &&
          tradingHistory[_member].sum >= status[i].sum &&
          tmprate < status[i].rate) {
        index = i;
      }
    }
```

```
    tradingHistory[_member].statusIndex = index;
  }

  // (10) キャッシュバック率の取得(所属する会員ステイタスの率とする)
  function getCashbackRate(address _member) constant returns (int8 rate) {
    rate = status[tradingHistory[_member].statusIndex].rate;
  }
}


// (11) 会員管理機能付き仮想通貨
contract OreOreCoin is Owned{
  // 状態変数の宣言
  string public name;                   // トークンの名前
  string public symbol;                 // トークンの単位
  uint8 public decimals;                // 小数点以下の桁数
  uint256 public totalSupply;           // トークンの総量
  mapping (address => uint256) public balanceOf;          // 各アドレスの残高
  mapping (address => int8) public blackList;             // ブラックリスト
  mapping (address => Members) public members;            // 各アドレスの会員情報

  // イベント通知
  event Transfer(address indexed from, address indexed to, uint256 value);
  event Blacklisted(address indexed target);
  event DeleteFromBlacklist(address indexed target);
  event RejectedPaymentToBlacklistedAddr(address indexed from, address indexed
to, uint256 value);
  event RejectedPaymentFromBlacklistedAddr(address indexed from, address indexed
to, uint256 value);
  event Cashback(address indexed from, address indexed to, uint256 value);

  // コンストラクタ
  function OreOreCoin(uint256 _supply, string _name, string _symbol, uint8 _
decimals) {
    balanceOf[msg.sender] = _supply;
    name = _name;
    symbol = _symbol;
    decimals = _decimals;
    totalSupply = _supply;
  }

  // アドレスをブラックリストに登録する
  function blacklisting(address _addr) onlyOwner {
    blackList[_addr] = 1;
    Blacklisted(_addr);
  }

  // アドレスをブラックリストから削除する
  function deleteFromBlacklist(address _addr) onlyOwner {
    blackList[_addr] = -1;
    DeleteFromBlacklist(_addr);
  }

  // 会員管理コントラクトを設定する
```

```
  function setMembers(Members _members) {
    members[msg.sender] = Members(_members);
  }

  // 送金
  function transfer(address _to, uint256 _value) {
    // 不正送金チェック
    if (balanceOf[msg.sender] < _value) throw;
    if (balanceOf[_to] + _value < balanceOf[_to]) throw;

    // ブラックリストに存在するアドレスには入出金不可
    if (blackList[msg.sender] > 0) {
      RejectedPaymentFromBlacklistedAddr(msg.sender, _to, _value);
    } else if (blackList[_to] > 0) {
      RejectedPaymentToBlacklistedAddr(msg.sender, _to, _value);
    } else {
      // (12) キャッシュバックの額を計算(宛先ごとの会員情報のレートを使用)
      uint256 cashback = 0;
      if(members[_to] > address(0)) {
        cashback = _value / 100 * uint256(members[_to].getCashbackRate(msg.
sender));
        members[_to].updateHistory(msg.sender, _value);
      }

      balanceOf[msg.sender] -= (_value - cashback);
      balanceOf[_to] += (_value - cashback);

      Transfer(msg.sender, _to, _value);
      Cashback(_to, msg.sender, cashback);
    }
  }
}
```


プログラム解説

(1) オーナーの移転

```
  function transferOwnership(address _new) onlyOwner {
    address oldaddr = owner;
    owner = _new;
    TransferOwnership(oldaddr, owner);
  }
```

オーナーアドレスを変更するためのメソッドです。onlyOwner によって、現在のオーナーアドレスのみが実行できるよう制限します。また、イベント通知によって新旧のアドレスを記録します。

(2) 会員管理用コントラクトの宣言

```
contract Members is Owned {
```

管理者管理機能を利用するため、Owned をスーパーコントラクトとしたサブコントラクトとして宣言します。

(3) 状態変数の宣言

```
address public coin;            // トークン(仮想通貨)アドレス
MemberStatus[] public status; // 会員ステイタスの配列
mapping(address => History) public tradingHistory;      // 会員ごとの取引履歴
```

オーナーと同様に、特定のアドレスからのみ許可するメソッドを作成するため、トークン（仮想通貨）のアドレス用の変数として､coin を宣言します。会員ステイタスは構造体の配列で管理します。ここで、ユーザが自由に設定できるよう可変長の配列とします。会員ごとの取引履歴は残高などと同様に key を address 型とした mapping 型の変数とします。value の History は取引履歴用の構造体です。

(4) 構造体

```
// 会員ステイタス用構造体
struct MemberStatus {
  string name;              // ステイタス名
  uint256 times;            // 最低取引回数
  uint256 sum;              // 最低取引額
  int8 rate;                // キャッシュバック率
}
// 取引履歴用構造体
struct History {
  uint256 times;            // 取引回数
  uint256 sum;              // 取引額
  uint256 statusIndex;      // ステイタスインデックス
}
```

会員ステイタス用の構造体 MemberStatus と、取引履歴用の構造体 History を宣言します。MemberStatus の要素は、ステイタス名、最低取引回数、最低取引額、キャッシュバック率です。最低取引回数と最低取引額の両方を満たすと、キャッシュバック率が適用されます。構造体 History の要素は、取引回数、取引額、現在のステイタスを示すインデックスです。つまり、ある会員のキャッシュバック率を求めるためには、まず tradingHistory から、会員のアドレスに対応した History 構造体の statusIndex を取得し､それを会員ステイタス構造体の配列 statusのインデックスとしてキャッシュバック率 rate を求めることになります。

(5) トークン限定メソッド用の修飾子

```
modifier onlyCoin() { if (msg.sender == coin) _; }
```

onlyOwner と同様に､予めアドレスを登録したトークンからのみ実行できるメソッドで利用するため、onlyCoin 修飾子を宣言します。ここで、onlyOwner ではアドレスが異なると例外を throw しましたが、onlyCoin では、例外を throw せずに同じアドレスなら実行可能とします。

(6) トークンアドレスのセット

```
function setCoin(address _addr) onlyOwner {
  coin = _addr;
}
```

トークンアドレスのセット用メソッドです。オーナーのみ実行可能とします。

(7) 会員ステイタスの追加

```
function pushStatus(string _name, uint256 _times, uint256 _sum, int8 _rate)
  onlyOwner
{
  status.push(MemberStatus({
    name: _name,
    times: _times,
    sum: _sum,
    rate: _rate
  }));
}
```

動的配列であるstatusの末尾に、新しい会員ステイタス構造体を追加します。これもオーナー専用メソッドです。

(8) 会員ステイタスの内容変更

```
function editStatus(uint256 _index, string _name, uint256 _times, uint256 _
sum, int8 _rate)
  onlyOwner
{
  if (_index < status.length) {
    status[_index].name = _name;
    status[_index].times = _times;
    status[_index].sum = _sum;
    status[_index].rate = _rate;
  }
}
```

一度登録した会員ステイタスの編集用のメソッドです。こちらもオーナー専用メソッドです。

(9) 取引履歴の更新

```
function updateHistory(address _member, uint256 _value) onlyCoin {
  tradingHistory[_member].times += 1;
  tradingHistory[_member].sum += _value;
  // 新しい会員ステイタスの決定(取引ごとに実行する)
  uint256 index;
  int8 tmprate;
```

```
    for (uint i = 0; i < status.length; i++) {
      // 最低取引回数、取引額を満たし、最もキャッシュバック率が良いステイタスとする
      if (tradingHistory[_member].times >= status[i].times &&
          tradingHistory[_member].sum >= status[i].sum &&
          tmprate < status[i].rate) {
            index = i;
      }
    }
    tradingHistory[_member].statusIndex = index;
  }
```

予めアドレスをセットしたトークンからのみ実行可能な取引履歴更新用のメソッドです。取引回数と取引額を更新してから、新しい会員ステイタスを決定します。新しい会員ステイタスは、登録されている会員ステイタスの配列（長さ status.length）において、最低取引回数、取引額を満たした、最もキャッシュバック率の大きいものとします。

(10) キャッシュバック率の取得(所属する会員ステイタスの率とする)

```
  function getCashbackRate(address _member) constant returns (int8 rate) {
    rate = status[tradingHistory[_member].statusIndex].rate;
  }
```

引数で指定されたアドレスのキャッシュバック率を取得するためのメソッドです。当該アドレスの取引履歴のインデックスが指す会員ステイタスのキャッシュバック率を返します。ここで、値を返すときにはメソッドの宣言に returns を指定して返すデータの型を指定します。返し方は二種類あり、この例のように、戻り値の変数に値を入れる方法と、return の後に返す値を指定する方法があります。ふたつ目の方法で書き換えると以下のようになります。

```
  function getCashbackRate(address _member) constant returns (int8) {
    return status[tradingHistory[_member].statusIndex].rate;
  }
```

また、複数の値を返すこともできます。例えば、3 つの uint を返すコードは、次のようになります。

```
  function getValues() constant returns (uint, uint, uint) {
    return (1, 2, 3);
  }
```

そしてもうひとつ、"constant" キーワードについて説明します。状態変数を変更しない場合には、constant を指定してください。指定することで、メソッドの応答をすぐに得られるようになります。ちょっと細かい話になりますが、メソッドを実行するコマンドが、sendTransaction ではなく、call になります。また、Browser-Solidity では、constant なメソッドはボタンの色が変わります。

(11)　トークン（仮想通貨）コントラクト

```
contract OreOreCoin is Owned{
```

会員管理コントラクトと同様にトークンコントラクトも Owned コントラクトのサブコントラクトとします。それに伴い、これまで状態変数として持っていた owner や onlyOwner 修飾子は Owned コントラクト側でも宣言しているため、削除します。

(12)　キャッシュバックの額を計算（宛先ごとの会員情報のレートを使用）

```
    uint256 cashback = 0;
    if(members[_to] > address(0)) {
      cashback = _value / 100 * uint256(members[_to].getCashbackRate(msg.
sender));
      members[_to].updateHistory(msg.sender, _value);
    }
```

キャッシュバック率を会員管理コントラクトの getCashbackRate メソッドで取得し、キャッシュバック額を決定します。その後、updateHistory メソッドを実行して取引履歴を更新します。

4.4.3 コントラクトの実行

作成したコントラクトを Browser-Solidity を使用して動かしてみましょう。前提と手順は以下の通りです。ここで、会員ステイタスは、「Bronze」、「Silver」、「Gold」の 3 つとします。最初は Bronze で、そこから取引を継続していくと Bronze から Silver、Silver から Gold へとランクアップすることとします。

前提：（基本的な仮想通貨と同じです）

- 使用するアドレスは、A,B のふたつです。

なお、本節で使用する各ユーザのアドレス情報は以下の通りです。適宜、読者の皆さんの環境のアドレスに読み替えて動作確認を行ってください。

No.	ユーザ	アドレス	備考
1	A	"0x1ce2b113adf2c05e0dc0d2afe1537fb07e31d838"	accounts[0]
2	B	"0x9a59c3e83c1d6f354f61d31f8dc34cc90444be98"	accounts[1]

- 作成するトークンの情報は以下の通りです。

  発行量：10,000

  名前："OreOreCoin"

  単位："oc"

  小数点以下の桁数：0

• 作成する会員ステイタスは次の三種類です。

No.	ステイタス名	最低取引回数	最低取引額	キャッシュバック率
1	Bronze	0	0	0%
2	Silver	5	500	5%
3	Gold	15	1500	10%

手順：

① ユーザ A が会員管理コントラクト（Members）を作成します。

② 会員ステイタスを登録します。

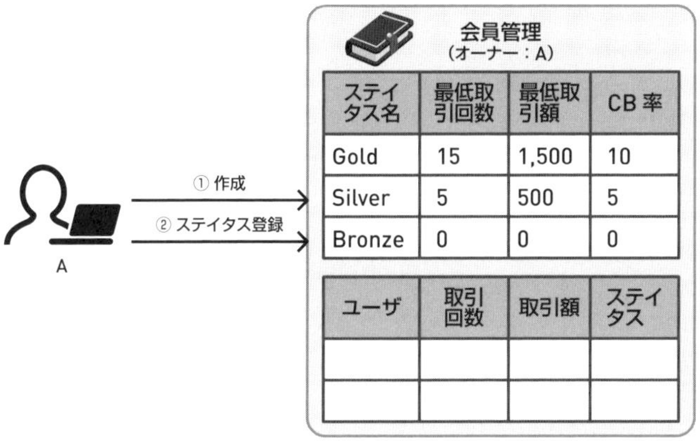

③ 会員管理コントラクトのオーナーを、ユーザ B にします。

④ ユーザ A がトークン（OreOreCoin）を作成します。

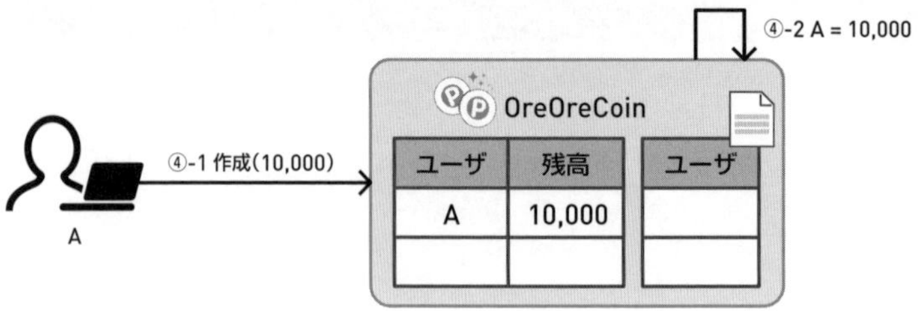

⑤ ユーザ B が、トークンに会員管理コントラクトをセットします。

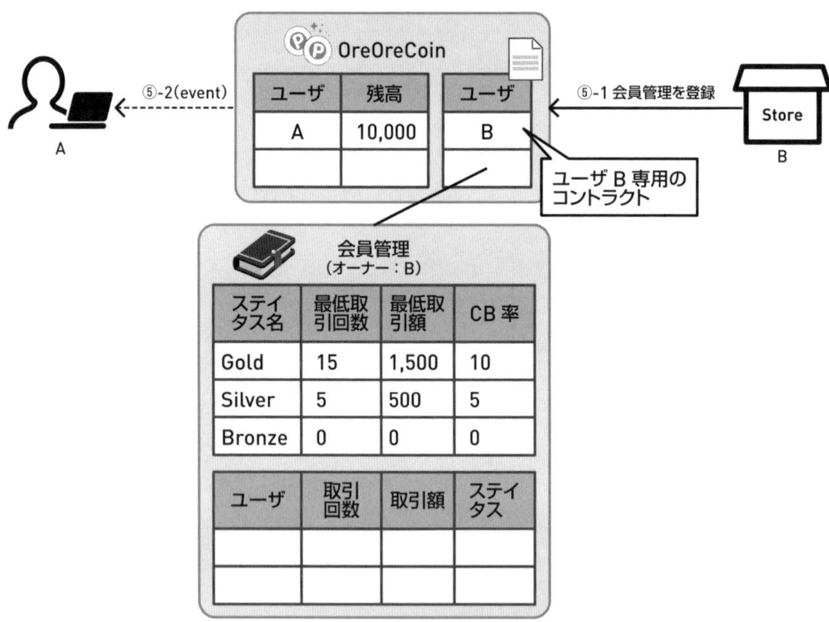

⑥ ユーザ A からユーザ B に送金（2,000）します。

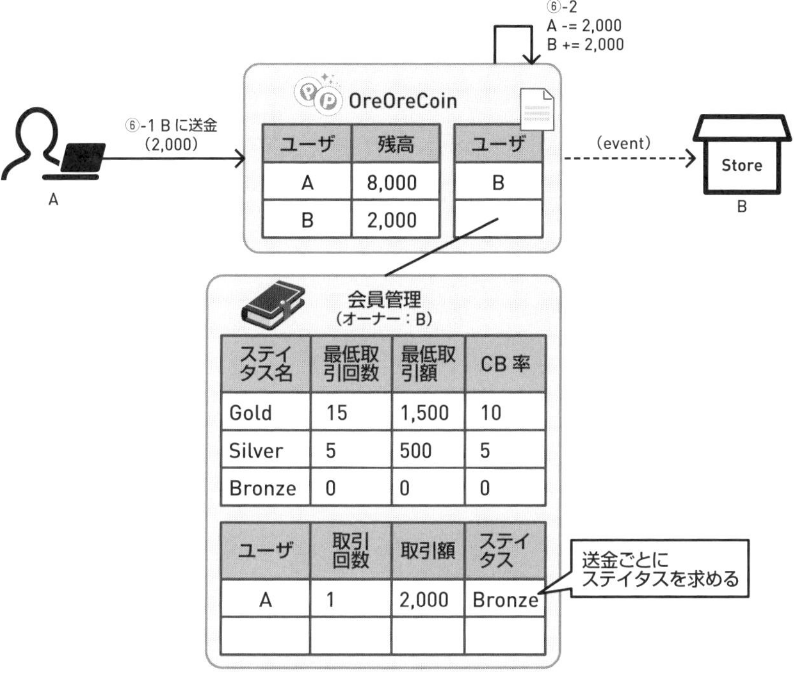

⑦ ユーザ A からユーザ B への送金（100）を 4 回行います。

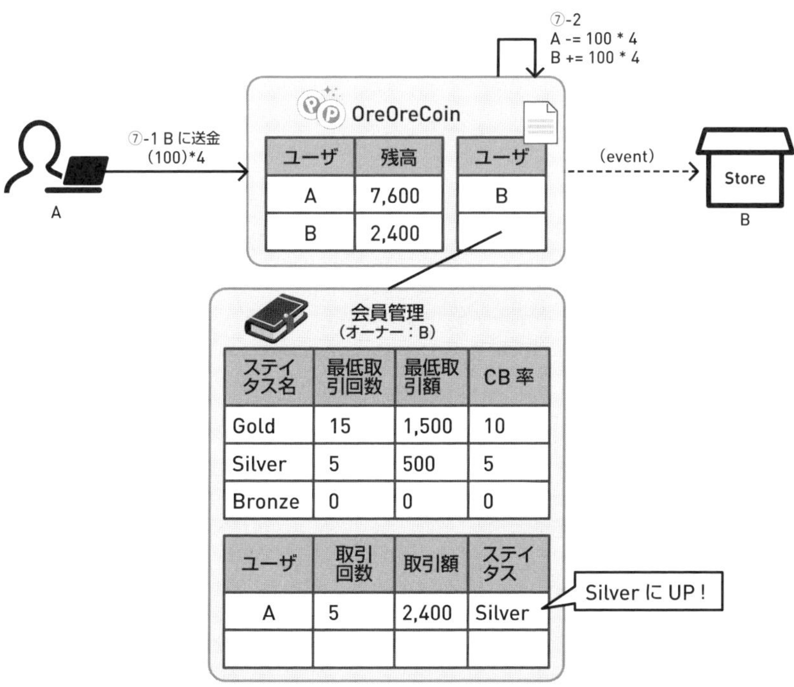

基礎編
1
2
3
実践編
4
5
6
A

⑧ ユーザ A からユーザ B に送金（1,000）します。

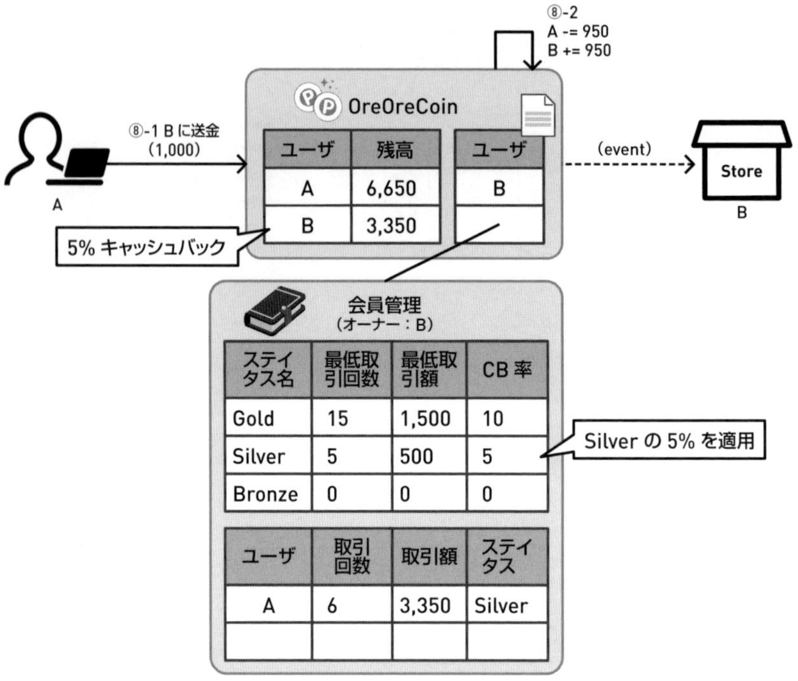

続いて、Browser-Solidity を使用して実際に動作確認してみましょう。

① ユーザ A が会員管理コントラクト（Members）を作成します。ここで、Browser-Solidity は、エディット領域に書かれたコントラクトに対応してボタン等が増減します。Members コントラクトを探して「Create」をクリックします。なお、Members コントラクトのアドレスは、⑤で使用しますので、メモ帳などにコピペしておいてください。

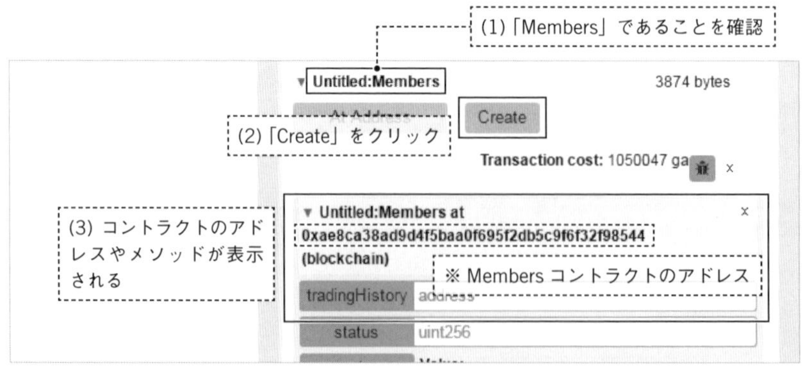

Members コントラクトのオーナーアドレスがユーザ A であることを確認します。状態変数 owner の値がユーザ A のアドレスであることを確認してください。

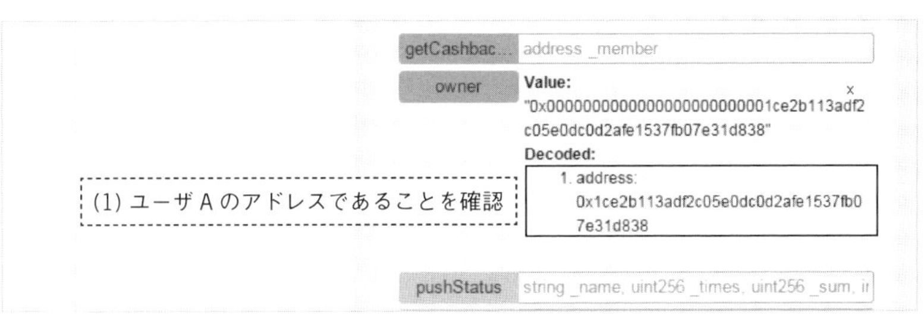

② 会員ステイタスを作成しましょう。次の値を入力し、「pushStatus」をクリックします。
「"Bronze",0,0,0」
「"Silver",5,500,5」
「"Gold",15,1500,10」

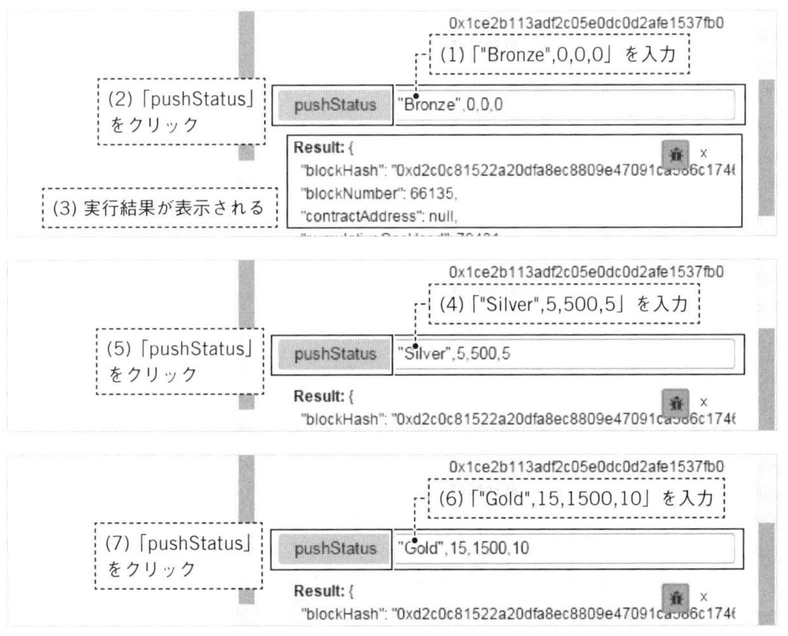

③ Membersコントラクトのオーナーを、ユーザAからユーザBに変更しましょう。ユーザBのアドレスを入力して「transferOwnership」をクリックします。実行後、イベント（Transfer Ownership）が通知されることを確認します。

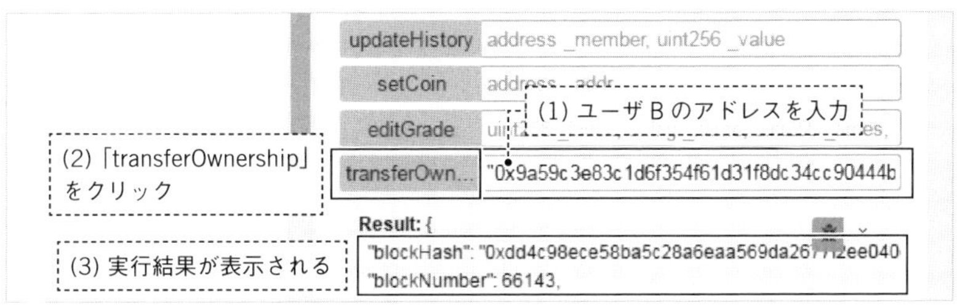

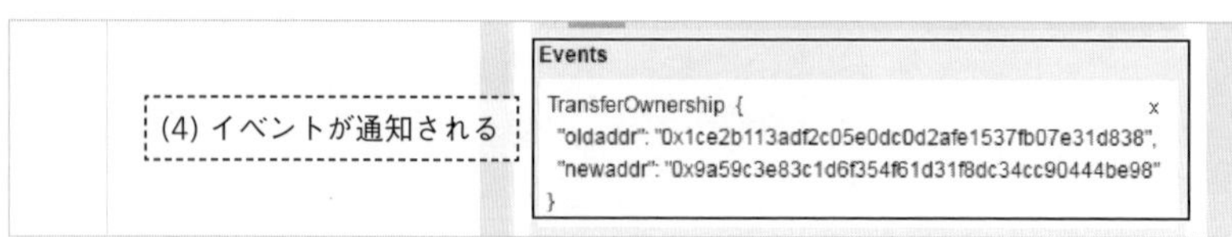

状態変数「owner」をクリックし、表示されるアドレスがユーザBのアドレスであることを確認します。

④ ユーザAがトークン（OreOreCoin）を作成します。OreOreCoinコントラクトに、これまでと同じく「10000, "OreOreCoin", "oc", 0」と入力して、「Create」ボタンをクリックします。OreOreCoinコントラクトのアドレスも⑤で使用しますので、メモ帳などにコピペしておいてください。

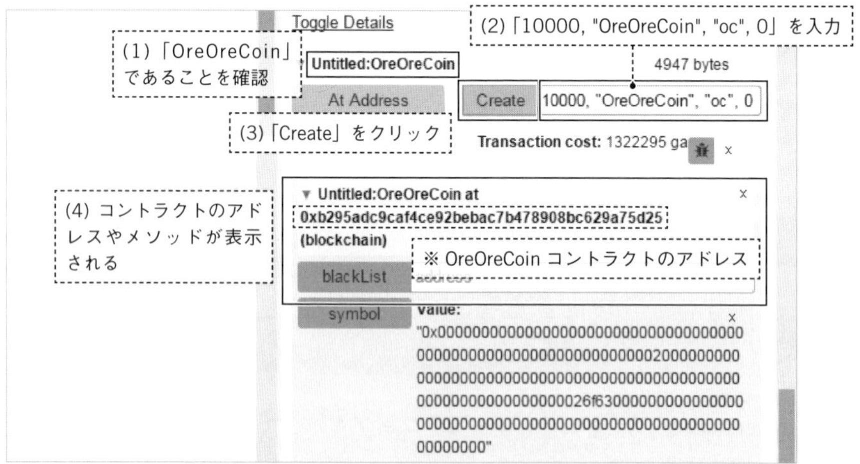

⑤ ユーザBが、OreOreCoinコントラクトにMembersコントラクトをセットします。アカウントをユーザBに変更し、Membersコントラクトのアドレスを入力して「setMembers」をクリックします。

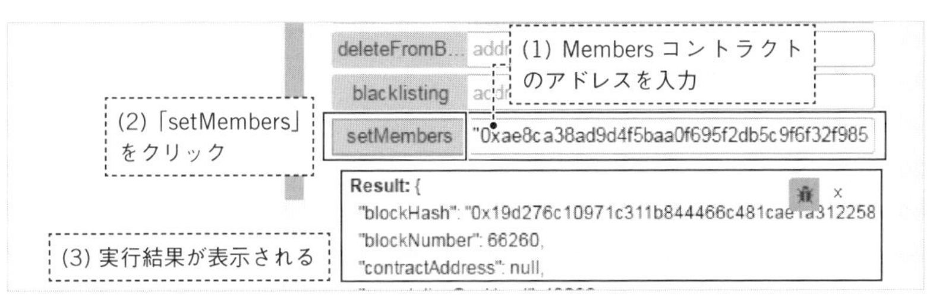

Members コントラクトに OreOreCoin コントラクトのアドレスをセットします。OreOreCoin コントラクトのアドレスを入力して「setCoin」をクリックします。

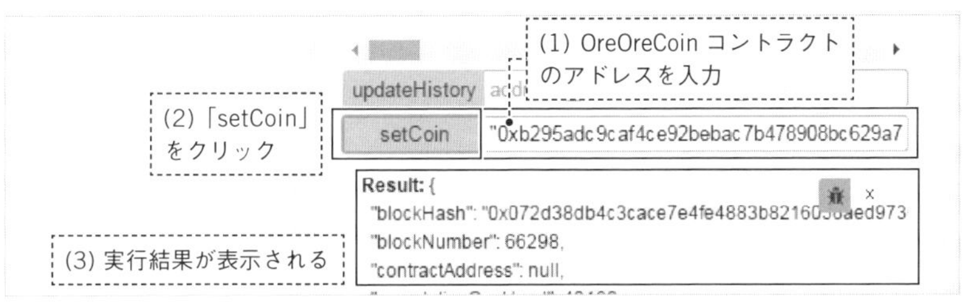

⑥ ユーザ B の Members コントラクトの準備ができましたので、いよいよユーザ A からユーザ B に送金しましょう。まずは、操作ユーザをユーザ A に変更します。

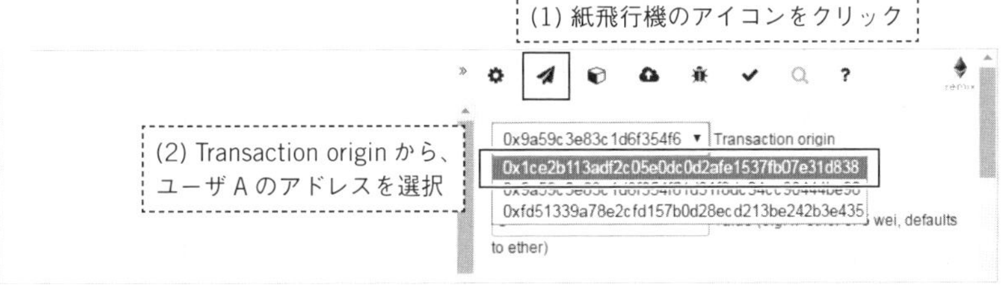

ユーザ B のアドレスと送金額（2,000）を入力し、「transfer」をクリックします。実行後、イベント通知が行われることを確認します。

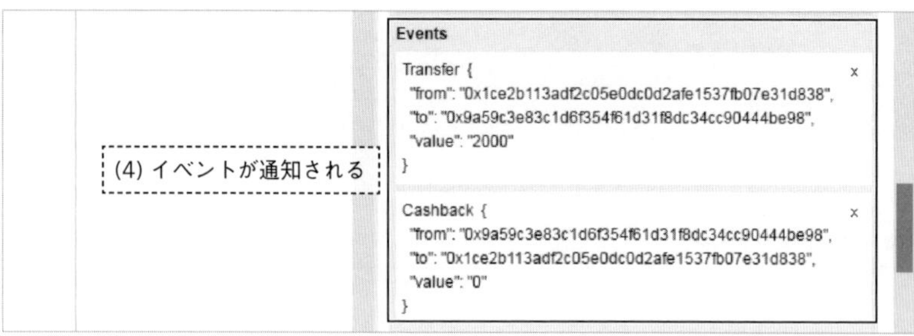

Membersコントラクトでユーザ Aの取引履歴が更新されることを確認します。ユーザ Aのアドレスを入力して「tradingHistory」をクリックします。

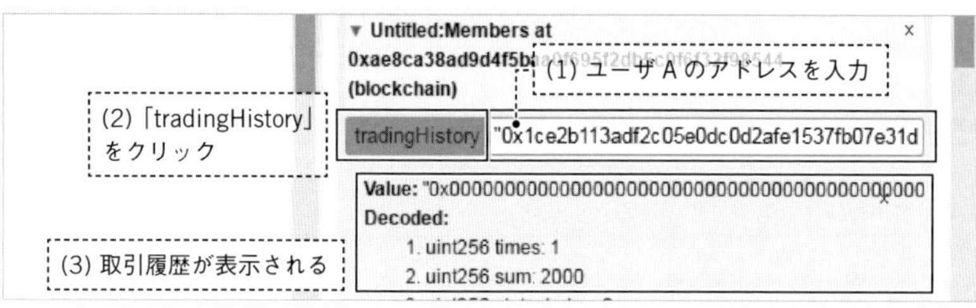

⑦ ユーザ Aの会員ステイタスを「Silver」にしましょう。Silverは最低取引回数「5」、最低取引額「500」です。取引額は満たしていますので、取引回数を増やしましょう。ユーザ Aからユーザ Bへの送金（100）を4回行います。

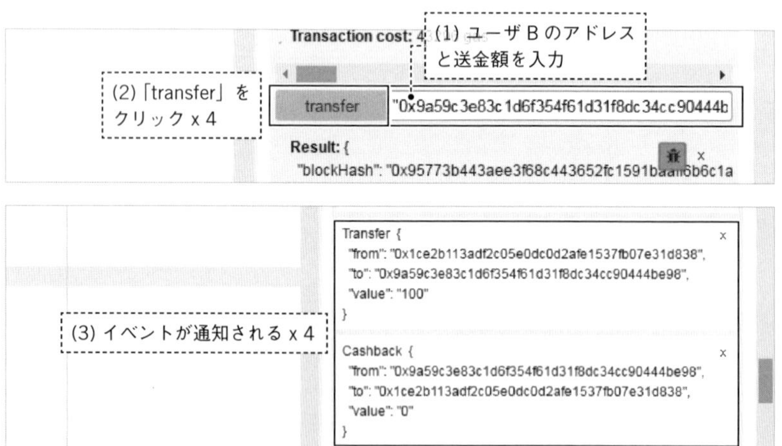

Membersコントラクトでユーザ Aのステイタスインデックスが更新されることを確認します。ユーザ Aのアドレスを入力して「tradingHistory」をクリックします。statusindexが1になりました！

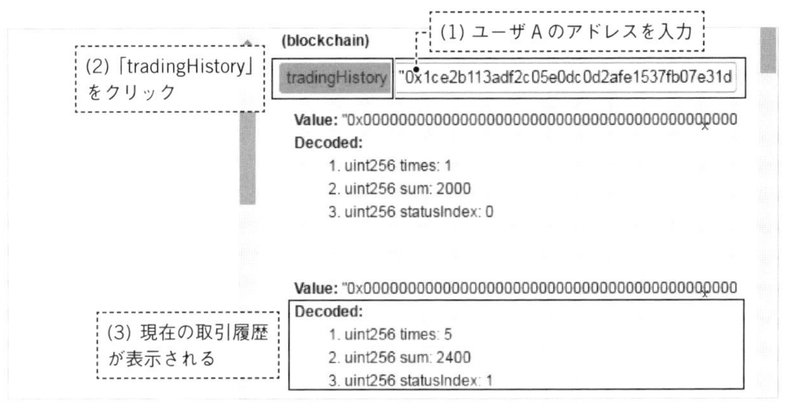

⑧ それではユーザAからユーザBに送金してキャッシュバックされることを確認しましょう。ユーザBのアドレスと送金額（1,000）を入力して「transfer」をクリックします。実行後、イベント（Cashback）が通知され、valueが送金額（1,000）×キャッシュバック率（5%）で50であることを確認します。

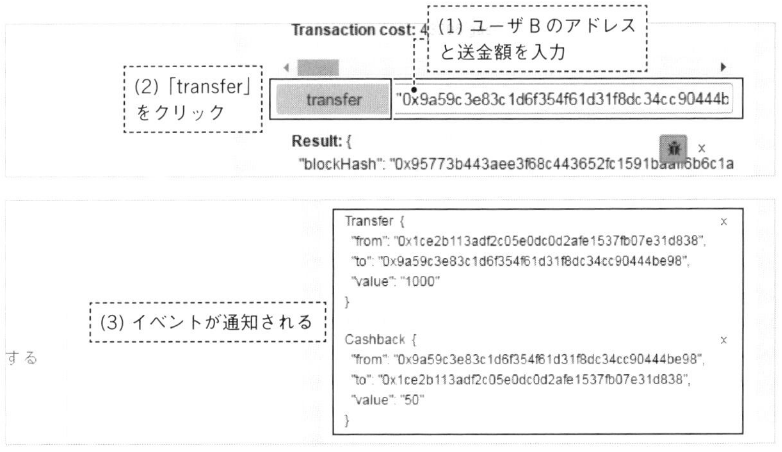

ユーザA,Bの残高を確認します。ユーザAの残高は、10,000 - 2,000 - 100 × 4 - 1,000 + 50で6,650。ユーザBの残高は、2,000 + 100 × 4 + 1,000 - 50で3,350です。

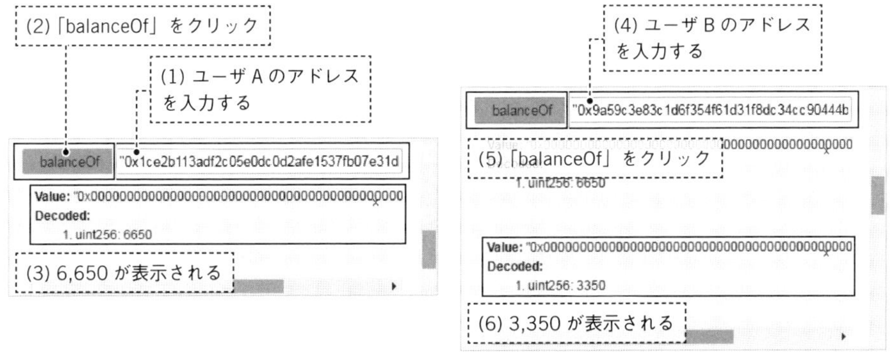

以上です。

5 トークンのクラウドセール

読者の皆さんは「クラウドセール」という言葉をご存知でしょうか。クラウドセールとは、独自のトークンを、ビットコインやEther等の仮想通貨払いで売りに出す資金調達手段です。株式のIPO（Initial Public Offering）になぞらえて、ICO（Initial Coin Offering）とも呼ばれています。

これまで作成したトークンでは、作成直後はオーナーが全額保有します。そしてオーナーが、他ユーザに送金することで、トークンの利用者が増えていっています。トークン＝お金と考えると、無償で配布はしないと思いますので、オーナーは、ブロックチェーンの外の世界でトークンを販売する仕組み（例えば、現金や電子マネー、クレジットカードによるによる入金を確認する等）を作り、販売していると思われます。この仕組みを、スマートコントラクトで実現しましょう。本書では、Etherの入金に応じてトークンを配布するコントラクトを作成します。

4.5.1 コントラクトの概要

コントラクトの概要は次の通りです。

- トークン（OreOreCoin）を、期間と目標額を設定し、クラウドファンディングの形式（クラウドセール）で販売します。期間内に目標額を達成することで、資金提供者はトークンを、クラウドセールの実施者はEtherを手に入れることができます
- クラウドセールの開始直後にEtherを入金した人には、特典として通常よりも多くトークンを配布することにします
- 提供可能トークン量を予め設定しておき、その量まで販売可能とします

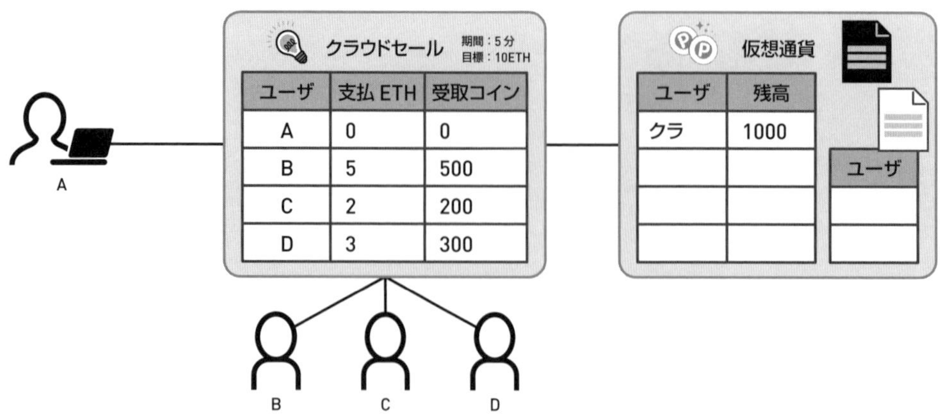

4.5.2 コントラクトの作成

クラウドセールコントラクトは次の通りです。ここには紙面の都合上、クラウドセールのコントラクトだけ掲載しましたが、動作確認のためには、セール対象のトークンのコントラクトが必要です。4.4.2項のコントラクトに続けて、Crowdsale コントラクトを貼り付けてください。

▶ クラウドセールコントラクト（Crowdsale）

```
pragma solidity ^0.4.8;

/* 省略 */

// (1) クラウドセール
contract Crowdsale is Owned {
  // (2) 状態変数
  uint256 public fundingGoal;        // 目標金額
  uint256 public deadline;           // 期限
  uint256 public price;              // トークンの基準価格
  uint256 public transferableToken; // 転送可能トークン
  uint256 public soldToken;          // 販売済みトークン
  uint256 public startTime;          // 開始時刻
  OreOreCoin public tokenReward;     // 支払いに使用するトークン
  bool public fundingGoalReached;    // 目標到達フラグ
  bool public isOpened;              // クラウドセールオープンフラグ
  mapping (address => Property) public fundersProperty;   // 資金提供者の資産情報

  // (3) 資産情報構造体
  struct Property {
    uint256 paymentEther;       // 支払ったETH
    uint256 reservedToken;      // 受け取るトークン
    bool withdrawed;            // 引き出し済みフラグ
  }

  // (4) イベント通知
  event CrowdsaleStart(uint fundingGoal, uint deadline, uint transferableToken,
address beneficiary);
  event ReservedToken(address backer, uint amount, uint token);
  event CheckGoalReached(address beneficiary, uint fundingGoal, uint
amountRaised, bool reached, uint raisedToken);
  event WithdrawalToken(address addr, uint amount, bool result);
  event WithdrawalEther(address addr, uint amount, bool result);

  // (5) 修飾子
  modifier afterDeadline() { if (now >= deadline) _; }

  // (6) コンストラクタ
  function Crowdsale (
    uint _fundingGoalInEthers,
    uint _transferableToken,
    uint _amountOfTokenPerEther,
```

```
    OreOreCoin _addressOfTokenUsedAsReward
  ) {
    fundingGoal = _fundingGoalInEthers * 1 ether;
    price = 1 ether / _amountOfTokenPerEther;
    transferableToken = _transferableToken;
    tokenReward = OreOreCoin(_addressOfTokenUsedAsReward);
  }

  // (7) 無名関数(ETH受け取り)
  function () payable {
    // 開始前または期限切れの場合は例外
    if (!isOpened || now >= deadline) throw;

    // 受け取ったETHと販売予定トークン
    uint amount = msg.value;
    uint token = amount / price * (100 + currentSwapRate()) / 100;
    // 販売予定トークンの確認(予定数を超える場合は例外)
    if (token == 0 || soldToken + token > transferableToken) throw;
    // 資金提供者の資産情報を更新する
    fundersProperty[msg.sender].paymentEther += amount;
    fundersProperty[msg.sender].reservedToken += token;
    soldToken += token;
    ReservedToken(msg.sender, amount, token);
  }

  // (8) 開始(トークンが予定数以上あるなら開始)
  function start(uint _durationInMinutes) onlyOwner {
    if (fundingGoal == 0 || price == 0 || transferableToken == 0 ||
        tokenReward == address(0) || _durationInMinutes == 0 || startTime != 0)
{
      throw;
    }
    if (tokenReward.balanceOf(this) >= transferableToken) {
      startTime = now;
      deadline = now + _durationInMinutes * 1 minutes;
      isOpened = true;
      CrowdsaleStart(fundingGoal, deadline, transferableToken, owner);
    }
  }

  // (9) 交換レート(開始時刻からの経過時間が小さいほどお得)
  function currentSwapRate() constant returns(uint) {
    if (startTime + 3 minutes > now) {
      return 100;
    } else if (startTime + 5 minutes > now) {
      return 50;
    } else if (startTime + 10 minutes > now) {
      return 20;
    } else {
      return 0;
    }
  }

  // (10) 残り時間(分単位)と目標との差額(eth単位),トークン確認用メソッド
```

```
  function getRemainingTimeEthToken()
    constant returns(uint min, uint shortage, uint remainToken)
  {
    if(now < deadline) {
      min = (deadline - now) / (1 minutes);
    }
    shortage = (fundingGoal - this.balance) / (1 ether);
    remainToken = transferableToken - soldToken;
  }

  // (11) 目標到達確認(期限後に実施可能)
  function checkGoalReached() afterDeadline {
    if (isOpened) {
      // 集まったETHと目標ETHを比較
      if (this.balance >= fundingGoal) {
        fundingGoalReached = true;
      }
      isOpened = false;
      CheckGoalReached(owner, fundingGoal, this.balance, fundingGoalReached, 
soldToken);
    }
  }

  // (12) オーナー用の引き出しメソッド(セール終了後に実行可能)
  function withdrawalOwner() onlyOwner {
    if (isOpened) throw;

    // 目標達成：etherと余ったトークン, 目標未達：トークン
    if (fundingGoalReached) {
      // ether
      uint amount = this.balance;
      if (amount > 0) {
        bool ok = msg.sender.call.value(amount)();
        WithdrawalEther(msg.sender, amount, ok);
      }
      // 余ったトークン
      uint val = transferableToken - soldToken;
      if (val > 0) {
        tokenReward.transfer(msg.sender, transferableToken - soldToken);
        WithdrawalToken(msg.sender, val, true);
      }
    } else {
      // トークン
      uint val2 = tokenReward.balanceOf(this);
      tokenReward.transfer(msg.sender, val2);
      WithdrawalToken(msg.sender, val2, true);
    }
  }

  // (13) 資金提供者用の引き出しメソッド(セール終了後に実行可能)
  function withdrawal() {
    if (isOpened) return;

    // 既に引き出し済みの場合は例外を投げる
```

```
    if (fundersProperty[msg.sender].withdrawed) throw;

    // 目標達成：トークン, 目標未達：ether
    if (fundingGoalReached) {
      if (fundersProperty[msg.sender].reservedToken > 0) {
        tokenReward.transfer(msg.sender, fundersProperty[msg.sender].
reservedToken);
        fundersProperty[msg.sender].withdrawed = true;
        WithdrawalToken(
          msg.sender,
          fundersProperty[msg.sender].reservedToken,
          fundersProperty[msg.sender].withdrawed
        );
      }
    } else {
      if (fundersProperty[msg.sender].paymentEther > 0) {
        if (msg.sender.call.value(fundersProperty[msg.sender].paymentEther)()) {
          fundersProperty[msg.sender].withdrawed = true;
        }
        WithdrawalEther(
          msg.sender,
          fundersProperty[msg.sender].paymentEther,
          fundersProperty[msg.sender].withdrawed
        );
      }
    }
  }
}
```


プログラム解説

(1) クラウドセールコントラクトの宣言

```
contract Crowdsale is Owned {
```

オーナーアドレスをクラウドセール成功時の送信先アドレスとするため、Owned コントラクトのサブコントラクトとします。

(2) 状態変数

```
  uint256 public fundingGoal;         // 目標金額
  uint256 public deadline;            // 期限
  uint256 public price;               // トークンの基準価格
  uint256 public transferableToken;   // 転送可能トークン
  uint256 public soldToken;           // 販売済みトークン
  uint256 public startTime;           // 開始時刻
  OreOreCoin public tokenReward;      // 支払いに使用するトークン
  bool public fundingGoalReached;     // 目標到達フラグ
  bool public isOpened;               // クラウドセールオープンフラグ
  mapping (address => Property) public fundersProperty;   // 資金提供者の資産情報
```

クラウドセールの目標金額、期限、トークンの基準価値などクラウドセールに必要な変数の他、目標達成フラグといった変数も宣言します。資金提供者が支払ったEtherやそれによって配布するトークンといった資産情報管理用の変数は、addressをkeyとしたmappingとします。なお、solidityでは日付用のデータ型はありません。uint型の変数にunix時間（エポック秒1970年1月1日0時0分0秒からの秒数）を入れて自分で必要な処理を行います。定番の使い方は、ある基準となる値を入れておき、都度、その値とnow（現在のブロックのタイムスタンプ）との比較を行うといったものです。

(3)　資産情報構造体

```
struct Property {
  uint256 paymentEther;      // 支払ったETH
  uint256 reservedToken;     // 受け取るトークン
  bool withdrawed;           // 引き出し済みフラグ
}
```

資金提供者が支払ったEther、その対価として受け取るトークン、クラウドセール終了後にEtherまたはトークンを引き出したか否かのフラグを管理するための構造体です。

(4)　イベント通知

```
  event CrowdsaleStart(uint fundingGoal, uint deadline, uint transferableToken, 
address beneficiary);
  event ReservedToken(address backer, uint amount, uint token);
  event CheckGoalReached(address beneficiary, uint fundingGoal, uint 
amountRaised, bool reached, uint raisedToken);
  event WithdrawalToken(address addr, uint amount, bool result);
  event WithdrawalEther(address addr, uint amount, bool result);
```

クラウドセールの開始、支払ったEtherと受け取るトークン量、クラウドセール終了後の目標到達結果、トークンまたはEtherの引き出しといったイベントを通知します。

(5)　修飾子

```
modifier afterDeadline() { if (now >= deadline) _; }
```

クラウドセール終了後にのみ実行可能なメソッドを宣言するための修飾子です。現在時刻を表すnow（＝ブロックのタイムスタンプ）とデッドラインを比較し、nowがデッドラインよりも大きい場合にメソッドを実行可能とします。

(6)　コンストラクタ

```
function Crowdsale (
  uint _fundingGoalInEthers,
  uint _transferableToken,
  uint _amountOfTokenPerEther,
```

```
    OreOreCoin _addressOfTokenUsedAsReward
  ) {
    fundingGoal = _fundingGoalInEthers * 1 ether;
    price = 1 ether / _amountOfTokenPerEther;
    transferableToken = _transferableToken;
    tokenReward = OreOreCoin(_addressOfTokenUsedAsReward);
  }
```

目標額、用意するトークン量、トークンの価格、トークンのアドレスを引数とします。ここで、トークンの価格は、1ether あたりのトークン量で指定します。つまり、1ether で 10 oc と交換するのであれば、10 を指定し、100 oc と交換するのであれば、100 を指定します。コンストラクタの引数にトークンのアドレスがあるため、クラウドセールよりも先にトークンをデプロイしておく必要があります。

(7) 無名関数（Ether 受け取り）

```
  function () payable {
    // 開始前または期限切れの場合は例外
    if (!isOpened || now >= deadline) throw;

    // 受け取ったETHと販売予定トークン
    uint amount = msg.value;
    uint token = amount / price * (100 + currentSwapRate()) / 100;
    // 販売予定トークンの確認(予定数を超える場合は例外)
    if (token == 0 || soldToken + token > transferableToken) throw;
    // 資金提供者の資産情報を更新する
    fundersProperty[msg.sender].paymentEther += amount;
    fundersProperty[msg.sender].reservedToken += token;
    soldToken += token;
    ReservedToken(msg.sender, amount, token);
  }
```

名前の無いメソッドです。fallback 関数とも言います。このコントラクトアドレスに Ether が送金されると呼ばれます。payable を付けることで Ether を受け付けることができます。このメソッドでは、クラウドセール中の送金を受け付け、送信アドレス msg.sender の資産情報として、Ether の額、交換可能なトークン量を加算します。交換可能なトークン量は、currentSwapRate() の結果を考慮して決定します。そして、トークンの在庫を確認し、販売可能数量を超える場合は例外を投げ、超えない場合は、イベント（ReservedToken）通知を行います。

(8) クラウドセールの開始メソッド

```
  function start(uint _durationInMinutes) onlyOwner {
    if (fundingGoal == 0 || price == 0 || transferableToken == 0 ||
        tokenReward == address(0) || _durationInMinutes == 0 || startTime != 0)
{
      throw;
    }
    if (tokenReward.balanceOf(this) >= transferableToken) {
      startTime = now;
```

```
    deadline = now + _durationInMinutes * 1 minutes;
    isOpened = true;
    CrowdsaleStart(fundingGoal, deadline, transferableToken, owner);
  }
}
```

クラウドセールを開始するためのメソッドです。引数はクラウドセールの期間（分単位）です。コンストラクタで指定されたトークン（tokenReward）の残高（balanceOf(this)）が販売可能トークン（transferableToken）よりも多いことが確認できたらクラウドセール開始とします。この処理は、目標の資金が集まった場合には、必ず資金提供者に約束したトークンを渡すための仕組みです。今回は、前もって販売可能なトークンを用意しましたが、トークンを配布する際に造幣する方法などもあります。startTime には now を設定し、deadline には、now に期間を加算した数値を設定します。そしてオープンフラグをたて、クラウドセール開始イベントを通知します。

(9)　交換レート（開始時刻からの経過時間が小さいほどお得）

```
function currentSwapRate() constant returns(uint) {
  if (startTime + 3 minutes > now) {
    return 100;
  } else if (startTime + 5 minutes > now) {
    return 50;
  } else if (startTime + 10 minutes > now) {
    return 20;
  } else {
    return 0;
  }
}
```

交換可能なトークン量を決定するための係数を返すメソッドです。資金集めを促すため、開始してからより早期に資金提供してくれた人に通常よりも多くのトークンを発行するための仕組みです。開始から 3 分以内では、100% 追加、5 分で 50%、10 分で 20%、それ以降は追加なしとします。今回は皆さんが動作確認する際にも値が変化することを確認してもらうために、このように短い時間としていますが、実際にクラウドセールする場合には、minutes ではなく、hours や days に変更してください。このメソッドは、状態変数を変更しないため、constant を付けています。

(10)　残り時間（分単位）と目標との差額（eth 単位），トークン確認用メソッド

```
function getRemainingTimeEthToken()
  constant returns(uint min, uint shortage, uint remainToken)
{
  if(now < deadline) {
    min = (deadline - now) / (1 minutes);
  }
  shortage = (fundingGoal - this.balance) / (1 ether);
  remainToken = transferableToken - soldToken;
}
```

クラウドセールの残り時間を取得するためのメソッドです。残り時間（分単位）、目標額と調達できた額の差額（ether 単位）、在庫のトークン量の３つを返します。こちらも状態変数は変更しないため constant です。

（11） 目標到達確認（期限後に実施可能）

```
  function checkGoalReached() afterDeadline {
    if (isOpened) {
      // 集まったETHと目標ETHを比較
      if (this.balance >= fundingGoal) {
        fundingGoalReached = true;
      }
      isOpened = false;
      CheckGoalReached(owner, fundingGoal, this.balance, fundingGoalReached,
 soldToken);
    }
  }
```

期限経過後に目標額に届いたのか否か、１回だけ確認できるメソッドとなります。達成したときには fundingGoalReached を true にします。処理が実行されると isOpened が false になります。また、結果はイベントで通知されます。

（12） オーナー用の引き出しメソッド（セール終了後に実行可能）

```
  function withdrawalOwner() onlyOwner {
    if (isOpened) throw;

    // 目標達成：etherと余ったトークン，目標未達：トークン
    if (fundingGoalReached) {
      // ether
      uint amount = this.balance;
      if (amount > 0) {
        bool ok = msg.sender.call.value(amount)();
        WithdrawalEther(msg.sender, amount, ok);
      }
      // 余ったトークン
      uint val = transferableToken - soldToken;
      if (val > 0) {
        tokenReward.transfer(msg.sender, transferableToken - soldToken);
        WithdrawalToken(msg.sender, val, true);
      }
    } else {
      // トークン
      uint val2 = tokenReward.balanceOf(this);
      tokenReward.transfer(msg.sender, val2);
      WithdrawalToken(msg.sender, val2, true);
    }
  }
```

クラウドセール後のオーナー専用の引き出しメソッドです。クラウドセールの結果により、余ったトークンや集まったetherを自分宛に送金します。ここで、etherの送金にはaddress.send()ではなく、address.call.value(amount)()を使用します。理由は、address.send()には、最低限のgasしか設定されていないため、受け取り相手がコントラクトだった場合などにガス欠となり失敗することがあるためです。また、いずれの手段であってもmsg.sender以外に送金する場合にはセキュリティに十分注意してください[*6]。

(13) 資金提供者用の引き出しメソッド（セール終了後に実行可能）

```
  function withdrawal() {
    if (isOpened) return;

    // 既に引き出し済みの場合は例外を投げる
    if (fundersProperty[msg.sender].withdrawed) throw;

    // 目標達成：トークン，目標未達：ether
    if (fundingGoalReached) {
      if (fundersProperty[msg.sender].reservedToken > 0) {
        tokenReward.transfer(msg.sender, fundersProperty[msg.sender].
reservedToken);
        fundersProperty[msg.sender].withdrawed = true;
        WithdrawalToken(
          msg.sender,
          fundersProperty[msg.sender].reservedToken,
          fundersProperty[msg.sender].withdrawed
        );
      }
    } else {
      if (fundersProperty[msg.sender].paymentEther > 0) {
        if (msg.sender.call.value(fundersProperty[msg.sender].paymentEther)()) {
          fundersProperty[msg.sender].withdrawed = true;
        }
        WithdrawalEther(
          msg.sender,
          fundersProperty[msg.sender].paymentEther,
          fundersProperty[msg.sender].withdrawed
        );
      }
    }
  }
```

クラウドセール後に資金提供者が実行するメソッドです。目標達成の場合はトークンを、目標未達の場合は提供したEtherを引き出します。いずれにしても引き出した内容はイベントで通知されます。引き出しの際にwithdrawedをtrueにすることで、資金提供者は1回だけこのメソッドを実行できます。

＊6　https://solidity.readthedocs.io/en/latest/security-considerations.html

4.5.3 コントラクトの実行

作成したコントラクトを Browser-Solidity を使用して動かしてみましょう。前提と手順は以下の通りです。クラウドセールで販売する仮想通貨コントラクトは、これまで作成してきたものとします。クラウドセールは、目標 10 ether とし、1 ether = 100 oc で、最大 5,000 oc を売りに出します。また、セール期間は、動作確認のため 15 分とします。そして、クラウドセールの開始直後は通常よりも多くのトークンと引き換え可能とする仕組みも実装します。送金のタイミングを変更して実行してみて、引き換え可能なトークンの数量が変化することを確認してみてください。購入したトークンはクラウドセール終了後に目標達成した場合のみ引き出し可能で、目標未達成のときは投資した Ether が戻ってきます。

前提：

- 使用するアドレスは、A,B,C の 3 つです。

なお、本節で使用する各ユーザのアドレス情報は以下の通りです。適宜、皆さんの環境のアドレスに読み替えて動作確認を行ってください。

No.	ユーザ	アドレス	備考
1	A	"0x1ce2b113adf2c05e0dc0d2afe1537fb07e31d838"	accounts[0]
2	B	"0x9a59c3e83c1d6f354f61d31f8dc34cc90444be98"	accounts[1]
3	c	"0xfd51339a78e2cfd157b0d28ecd213be242b3e435"	accounts[2]

- 作成するトークンの情報は以下の通りです。

  発行量：10,000

  名前："OreOreCoin"

  単位："oc"

  小数点以下の桁数：0

- 開催するクラウドセールの情報は以下の通りです。

  目標金額：10 ether

  期限：15 分

  トークンの価格：1 / 100 ether ※ 1 ether で 100 oc

  準備するトークン：5,000 oc

  早期特典

  - 開始から 3 分未満：100% 追加（通常の 2 倍）
  - 開始から 5 分未満：50% 追加（通常の 1.5 倍）
  - 開始から 10 分未満：20% 追加（通常の 1.2 倍）

    ※それ以降は追加なし（0%）

手順：

① ユーザAがトークン（OreOreCoin）を作成します。

② ユーザAがクラウドセール（Crowdsale）を作成します。

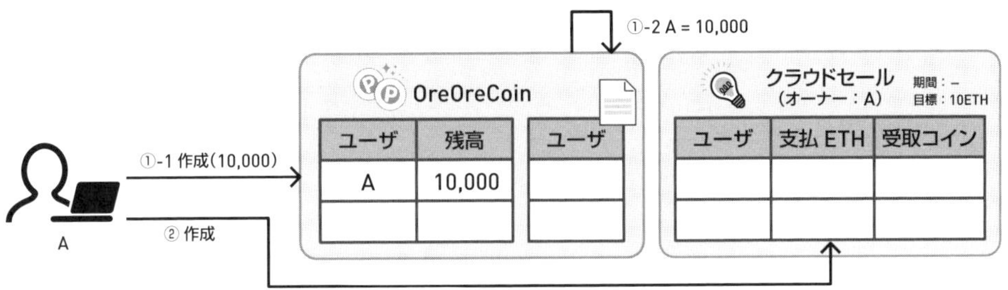

③ ユーザAがクラウドセールアドレスに送金（5,000）します。

④ ユーザAがクラウドセールの期間を設定します。

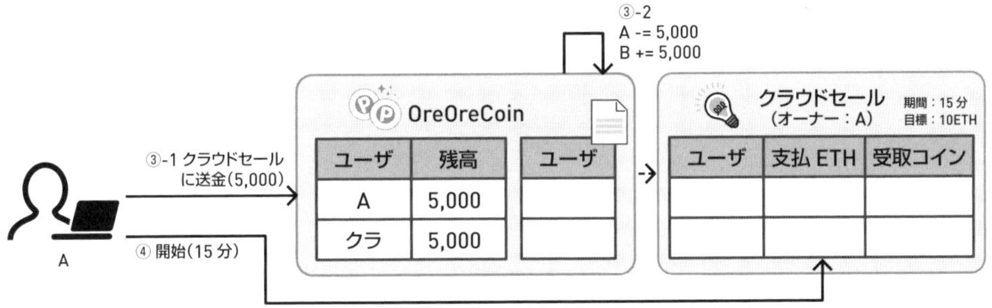

⑤ ユーザBがクラウドセールアドレスに送金（5 ether）します。

⑥ ユーザCがクラウドセールアドレスに送金（5 ether）します。

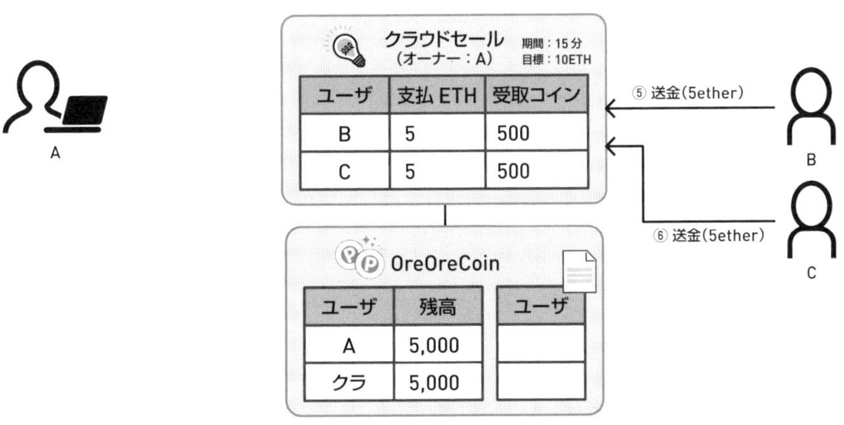

⑦ 期限後に目標到達確認を行い、目標達成であることを確認します。

⑧ ユーザAが投資された資金を引き出します。その際、Ether（10 ether）と余ったトークンがユーザAに送金されます。

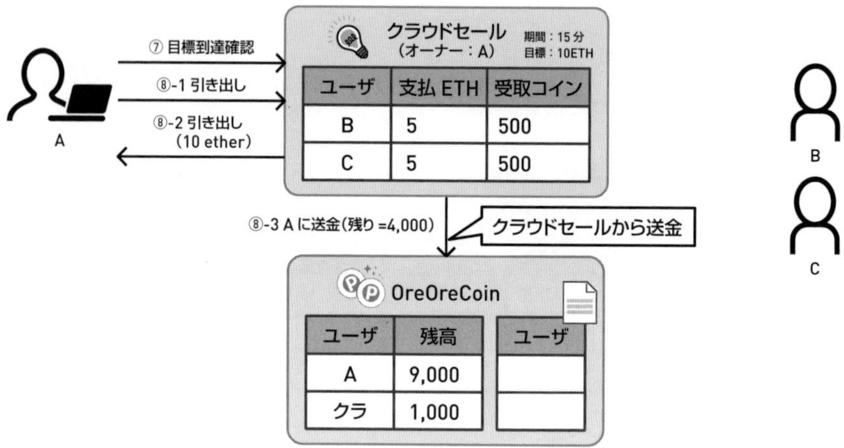

⑨ ユーザ B,C が購入したトークンを引き出します。

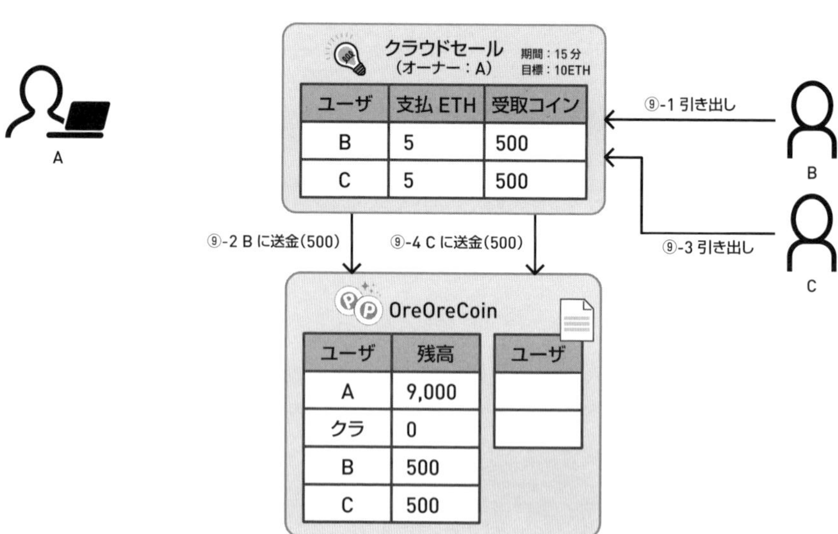

以上が正常系の確認手順です。同様に、期限内に目標額を達成できない場合も確認します。以下は、ユーザ C が投資を行わなかった場合の手順です。

① 上記手順①～④を実行します。

② ユーザ B がクラウドセールアドレスに送金（5 ether）します。

③ 期限後に目標到達確認を行います。

④ ユーザ A がトークンを引き出します。ユーザ A のトークンの残高が、トークン作成時に指定した発行量に戻ります。

⑤ ユーザ B が投資した資金（5 ether）を引き出します。

続いて、Browser-Solidity を使用して実際に動作確認してみましょう。

① ユーザAがトークン（OreOreCoin）を作成します。OreOreCoinコントラクトに、これまでと同じく「10000, "OreOreCoin", "oc", 0」と入力し、「Create」ボタンをクリックします。②でOreOreCoinコントラクトのアドレスを使用しますので、メモ帳などにコピペしておいてください。

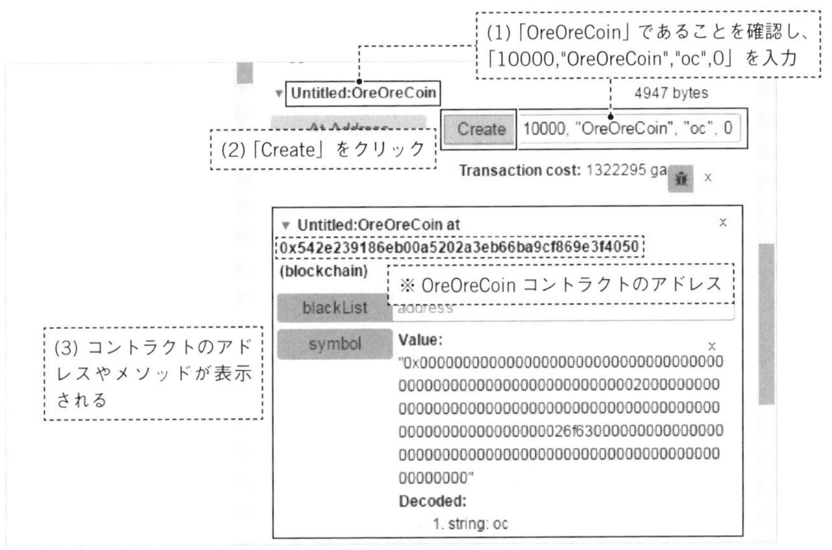

② 続いてユーザAがクラウドセール（Crowdsale）を作成します。ここで先ほど作成したOreOreCoinコントラクトのアドレスを使用します。「10, 5000, 100, "OreOreCoinコントラクトのアドレス"」と入力し、「Create」ボタンをクリックします。

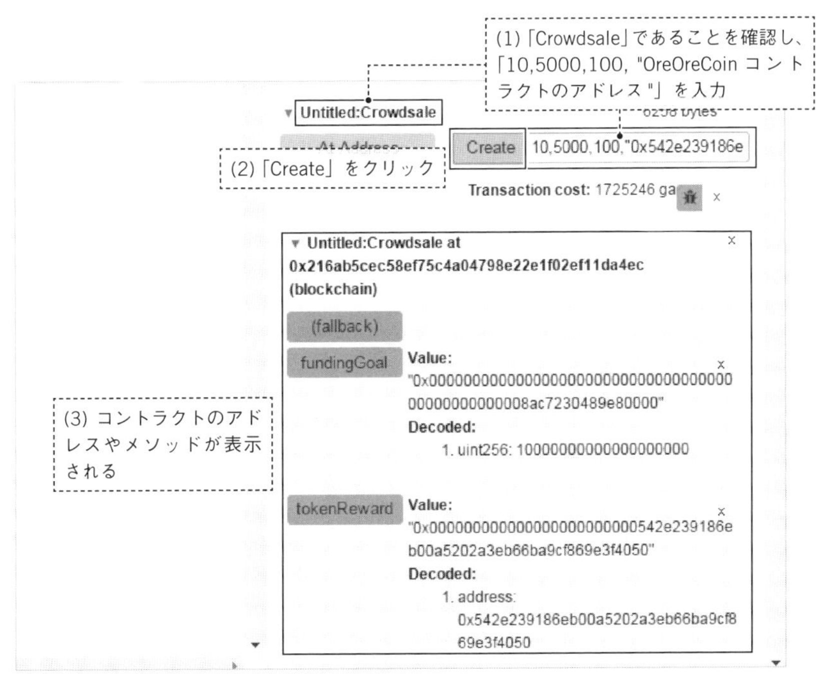

③ ユーザAがトークンをクラウドセールアドレスに送金します。送金額は、クラウドセール作成時に指定した2番目の引数の値（5,000）です。「"Crowdsale コントラクトのアドレス", 5000」と入力し、「transfer」をクリックします。無事送金に成功するとイベントが通知されます。

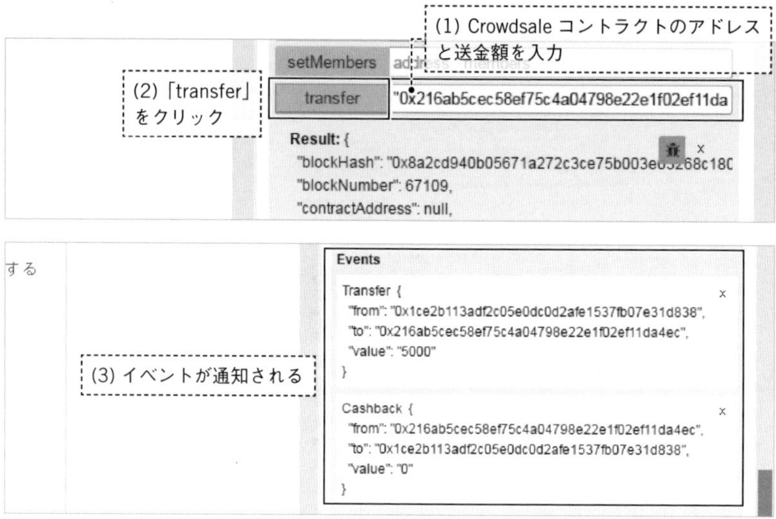

(1) Crowdsale コントラクトのアドレスと送金額を入力
(2)「transfer」をクリック
(3) イベントが通知される

④ ユーザAがクラウドセールの期間を指定してクラウドセールを開始します。指定する期間が分単位であることに注意して入力し、「start」をクリックしてください。start メソッド内では、トークンの残高が Create 時に指定された値以上のであることをチェックし、指定値以上を確認できると CrowdsaleStart イベントを通知します。

(1) クラウドセールの期間を入力
(2)「start」をクリック
(3) イベントが通知される

⑤ ユーザBがクラウドセールアドレスに送金（5 ether）します。Geth のコンソールで、ユーザBの残高を確認し、不足しているようであればユーザAから送金しておいてください。また、ユーザBのアカウントのアンロックを行ってください。

ユーザ B（accounts[1]）をアンロックします。

```
> personal.unlockAccount(eth.accounts[1], "パスフレーズ", 0)
true
```

残高を確認します。

```
> web3.fromWei(eth.getBalance(eth.accounts[1]), "ether")
0
```

残高が送金額よりも少ない場合には、accounts[0] から送金しておきます。

```
> eth.sendTransaction({from: eth.accounts[0], to: eth.accounts[1], value: web3.
toWei(20, "ether")})
"0xaa6607d440ad560fce6d5e906a099af75eefdd99d34d31810a196745135d9720"
```

トランザクション実行後に再び残高を確認します。

```
> web3.fromWei(eth.getBalance(eth.accounts[1]), "ether")
20
```

アンロック後に操作ユーザをユーザ B に変更、Value に「5 ether」と入力して「(fallback)」をクリックします。イベント（ReservedToken）が通知されたら、送金額とトークン量を確認します。

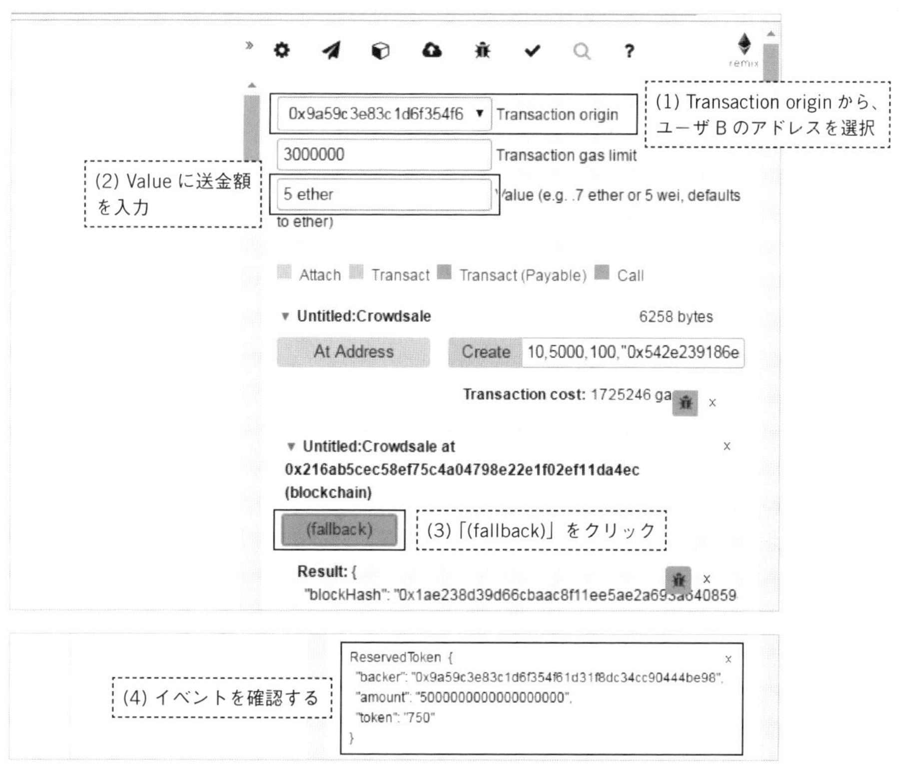

⑥ 次は、ユーザCがクラウドセールアドレスに送金（5 ether）します。⑤の手順を参考に、まずはユーザCについてもGethのコンソールで残高確認（不足時はユーザAから送金）し、アカウントのアンロック操作を行ってください。そしてBrowser-Solidity上でユーザを切り替えてCrowdsaleコントラクトに送金（Valueに送金額を入力して「(fallback)」をクリック）してください。

ReservedTokenイベントの" token "を確認してみましょう。今回、筆者の環境ではユーザBのtokenは750、ユーザCのtokenは500でした。なぜ異なるのか、それは前に説明したとおり、tokenの値が④のクラウドセール開始からの経過時間で変わるからです。対応するコードは、4.5.2.（9）になります。

⑦ クラウドセール終了後に目標到達確認を行いましょう。まずは操作ユーザをユーザAに戻してValueを0とします。Valueを0にすることを忘れると、例外がスローされますのでご注意ください。その後「checkGoalReached」をクリックします。checkGoalReachedメソッドは、afterDeadline修飾子が宣言されていますので、④で指定したクラウドセールの期間経過後にのみ実行可能なメソッドです。実行されるとイベント（CheckGoalReached）が通知され、目標結果を確認できます。今回は、" reached "がtrueであることから達成であることが確認できます。

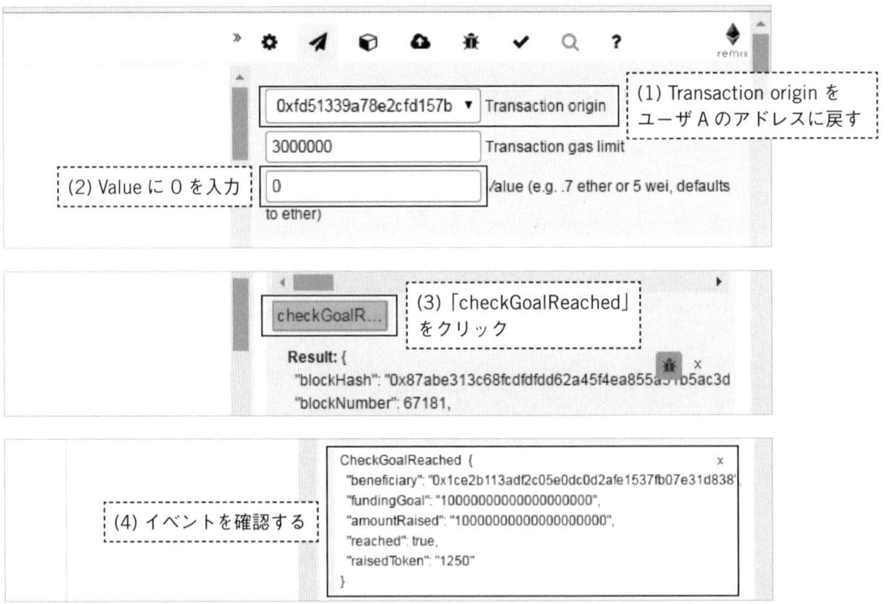

⑧ それではまず、ユーザAで投資された資金を引き出してみましょう。投資された資金は、CheckGoalReachedイベントのamountRaisedで確認できます。今回の手順では10 etherになります。また、引き出し時に余ったトークンもユーザAに送金されます。支払い予定のトークンはraisedTokenから確認できます。今回は1,250ですので、余ったトークンは、5,000 - 1,250で3,750になります。引き出し用のメソッド「withdrawalOwner」をクリックします。

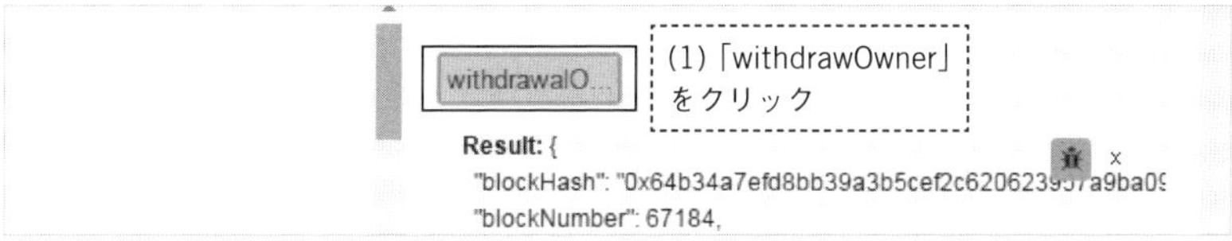

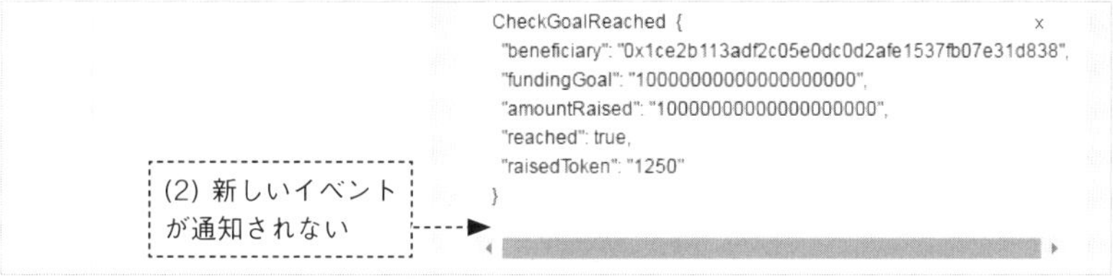

withdrawalO...
(1)「withdrawOwner」をクリック
Result: {
"blockHash": "0x64b34a7efd8bb39a3b5cef2c62062393 7a9ba0
"blockNumber": 67184,

CheckGoalReached {
"beneficiary": "0x1ce2b113adf2c05e0dc0d2afe1537fb07e31d838",
"fundingGoal": "10000000000000000000",
"amountRaised": "10000000000000000000",
"reached": true,
"raisedToken": "1250"
}
(2) 新しいイベントが通知されない

ここで、筆者の環境では accounts[0] の残高とトークンは変わらず、新しいイベントも通知されませんでした。Geth のログレベル（--verbosity）を詳細（6）にして確認したところ、ガス欠になり失敗していました。Browser-Solidity の問題のようです。皆さんの環境ではいかがでしょうか。

執筆時点の Geth のコンソールで以下のコマンドを実行する*7 と、cnt という名前のコントラクトにアクセスできるオブジェクトを生成できます。

```
var cnt = eth.contract(ABI_DEF).at(ADDRESS);
```

ABI_DEF は、Browser-Solidity の Interface で、ADDRESS は、Crowdsale コントラクトのアドレスになります。まず、Crowdsale コントラクトの下の Interface をクリックして、内容をメモ帳などにコピペしておいてください。

}
Bytecode
6060604052341561000c57fe5b604051608
スをオーナーとする
(1) Interface をクリックして「Ctrl」+「C」
[{"constant":false,"inputs":[],"name":"chec
var _fundingGoalInEthers = /* var
var _transferableToken = /* var of
var _amountOfTokenPerEther = /* va

上記書式のコマンドを作ったら、Geth のコンソールに貼り付けてください。

```
> var cnt = eth.contract([{"constant":false,"inputs":[],"name":"checkGoalReac
hed","outputs":[],"payable":false,"type":"function"},{"constant":false,"inpu
ts":[],"name":"withdrawalOwner","outputs":[],"payable":fa
(省略)
ndexed":false,"name":"oldaddr","type":"address"},{"indexed":false,"name":"newad
dr","type":"address"}],"name":"TransferOwnership","type":"event"}]).at("0x216ab
5cec58ef75c4a04798e22e1f02ef11da4ec");
undefined
```

＊7　これは実行する文ではなく、構文となります。

続いて withdrawalOwner メソッドを実行します。

```
> cnt.withdrawalOwner.sendTransaction({from:eth.accounts[0]})
"0x4cabf292235487201fdc95979165a47578ccb0aec0675a61c94c7e1cf2a99c04"
```

数十秒後、Browser-Solidity に Crowdsale のイベント（WithdrawalEther, WithdrawalToken）が通知されます。また、OreOreCoin のイベント（Transfer, Cashback）も通知されます。

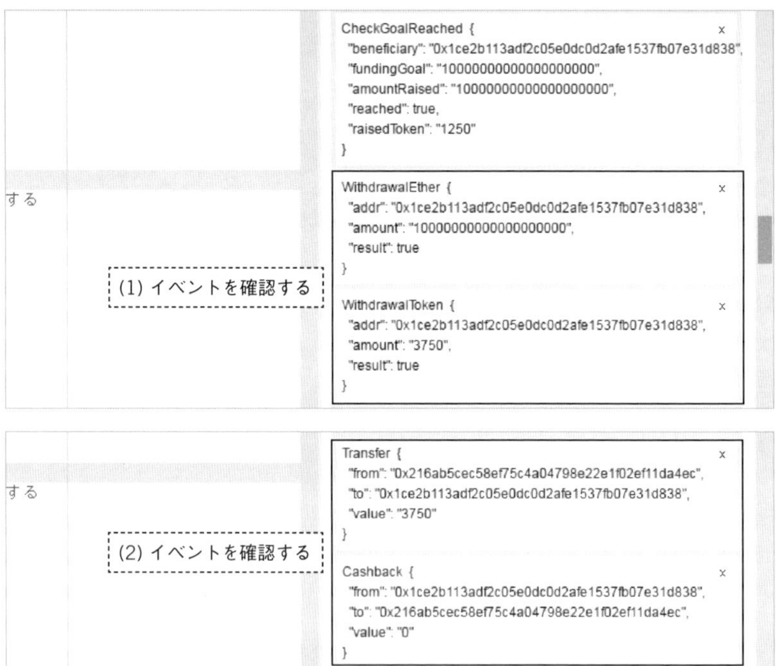
CheckGoalReached {
"beneficiary": "0x1ce2b113adf2c05e0dc0d2afe1537fb07e31d838",
"fundingGoal": "10000000000000000000",
"amountRaised": "10000000000000000000",
"reached": true,
"raisedToken": "1250"
}
WithdrawalEther {
"addr": "0x1ce2b113adf2c05e0dc0d2afe1537fb07e31d838",
"amount": "10000000000000000000",
"result": true
}
(1) イベントを確認する
WithdrawalToken {
"addr": "0x1ce2b113adf2c05e0dc0d2afe1537fb07e31d838",
"amount": "3750",
"result": true
}
Transfer {
"from": "0x216ab5cec58ef75c4a04798e22e1f02ef11da4ec",
"to": "0x1ce2b113adf2c05e0dc0d2afe1537fb07e31d838",
"value": "3750"
}
(2) イベントを確認する
Cashback {
"from": "0x1ce2b113adf2c05e0dc0d2afe1537fb07e31d838",
"to": "0x216ab5cec58ef75c4a04798e22e1f02ef11da4ec",
"value": "0"
}

ユーザ A のトークンの残高が余ったトークン量（3,750）だけ増加したことを確認します。今回は最初に 5,000 送金したので、10,000 - 5,000 + 3,750 で、8,750 になります。

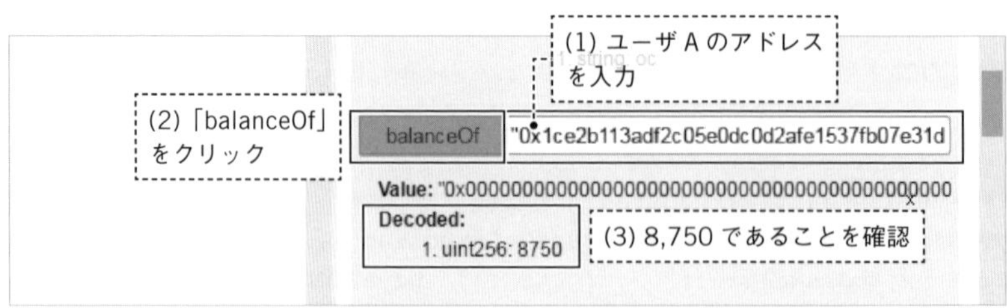
(1) ユーザ A のアドレスを入力
(2)「balanceOf」をクリック
balanceOf
"0x1ce2b113adf2c05e0dc0d2afe1537fb07e31d
Value: "0x0000000000000000000000000000000000000000000
Decoded:
1. uint256: 8750
(3) 8,750 であることを確認

CHAPTER 4-5 トークンのクラウドセール

⑨ ユーザBが購入したトークンを引き出します。こちらも執筆時点のBrowser-Solidityではガス欠となってしまいますので、Gethのコンソールからwithdrawalメソッドを実行します。

```
> cnt.withdrawal.sendTransaction({from:eth.accounts[1]})
```

オーナーによる引き出しと同様に、数十秒後、Browser-SolidityのCrowdsaleにイベント（WithdrawalToken）が、OreOreCoinにイベント（Transfer, Cashback）が通知されます。

トークンの残高を確認します。ユーザBのアドレスを入力し、「balanceOf」をクリックします。

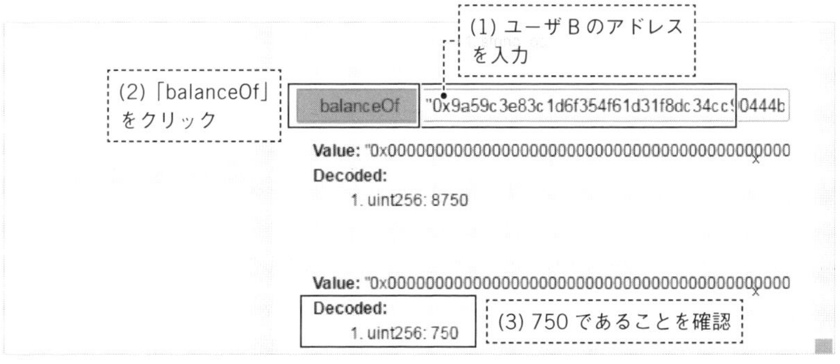

同様に、ユーザCでも引き出しメソッドを実行してイベントの発生と残高を確認してください。

```
> cnt.withdrawal.sendTransaction({from:eth.accounts[2]})
```

次は、期限内に目標額を達成できない場合も確認してみましょう。ユーザBのみ投資し、ユーザCは投資を行わなかった、として動作確認します。

① 一旦、Browser-Solidityをクリアします。エディタ領域を操作または新しいファイルを作成してコードを貼り付けてから、先ほどの手順①～④を実行してください。

② ユーザBが5 ether送金します。イベントを確認すると、tokenが通常の2倍である1,000となりました。このように、開始直後に送金すると通常よりも多くのtokenを受け取ることができます。

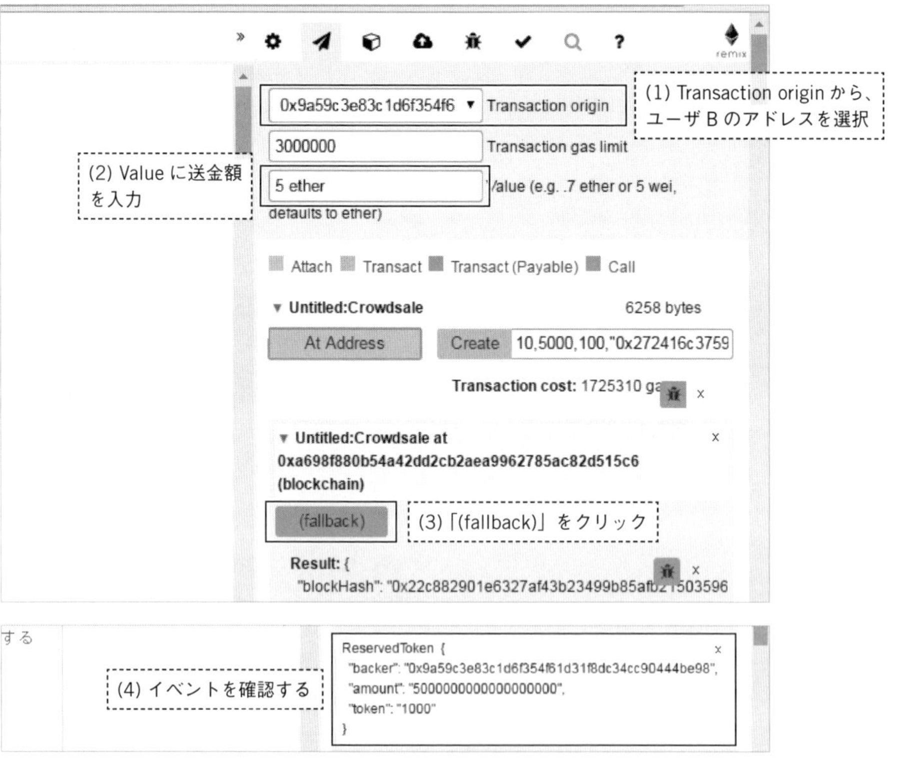

③ しばらく放置し、クラウドセール終了後に目標到達確認を行いましょう。まずは、操作ユーザをユーザAにしてValueを0にします。そして、「checkGoalReached」をクリックし、イベント（CheckGoalReached）が通知され、目標未達（false）であることを確認します。

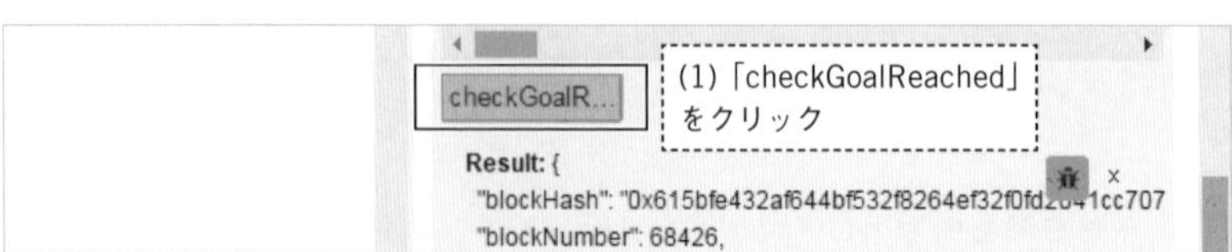

(2) イベントを確認する

```
CheckGoalReached {
  "beneficiary": "0x1ce2b113adf2c05e0dc0d2afe1537fb07e31d838",
  "fundingGoal": "10000000000000000000",
  "amountRaised": "5000000000000000000",
  "reached": false,
  "raisedToken": "1000"
}
```

④ ユーザAがトークンを引き出します。ここでは、前述の通り、Gethのコンソールから実行してください[*8]。実行後、イベント（WithdrawalToken、Transfer、Cashback）が通知されることを確認します。

(1) イベントを確認する
WithdrawalToken {
"addr": "0x1ce2b113adf2c05e0dc0d2afe1537fb07e31d838",
"amount": "5000",
"result": true
}
する
(2) イベントを確認する
Transfer {
"from": "0xa698f880b54a42dd2cb2aea9962785ac82d515c6",
"to": "0x1ce2b113adf2c05e0dc0d2afe1537fb07e31d838",
"value": "5000"
}
Cashback {
"from": "0x1ce2b113adf2c05e0dc0d2afe1537fb07e31d838",
"to": "0xa698f880b54a42dd2cb2aea9962785ac82d515c6",
"value": "0"
}

⑤ ユーザBでも同様に投資した資金を引き出します。Gethコンソールでコマンドを実行してください。イベント（WithdrawalEther）が通知されることを確認します。

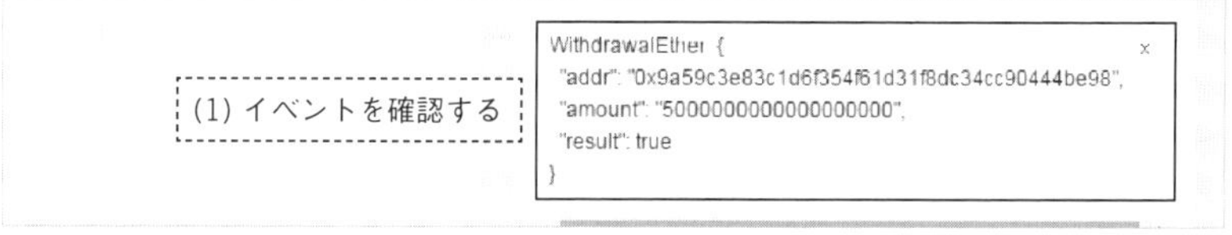

(1) イベントを確認する
WithdrawalEther {
"addr": "0x9a59c3e83c1d6f354f61d31f8dc34cc90444be98",
"amount": "5000000000000000000",
"result": true
}

以上です。

＊8　先の手順⑧にあたります。Browser-Solidityで実行できるのであれば、Browser-Solidityから実行してください。

6 トークンと ETH のエスクロー

続いては「エスクロー」です。まずエスクローについてですが、Wikipedia によると

- エスクロー（escrow）とは、商取引の際に信頼の置ける第三者を仲介させて取引の安全を担保する第三者預託である。

とあります。この「信頼の置ける第三者」をコントラクトで実現します。ここでは、例として、トークンと Ether を交換するコントラクトを作成します。

4.6.1 コントラクトの概要

コントラクトの概要は次の通りです。

- 期間と金額を設定し、最も早く設定金額以上の資金 (Ether) を提供したユーザに所定のトークンを送金します
- 期間内に設定金額以上の資金が提供されない場合は、取引失敗として当初の持ち主にトークンを戻します
- 基本的にはクラウドセールと同様です。ここでは、トークンと Ether を交換していますが、一部変更することでトークンとトークンの交換なども同様に行うことができます

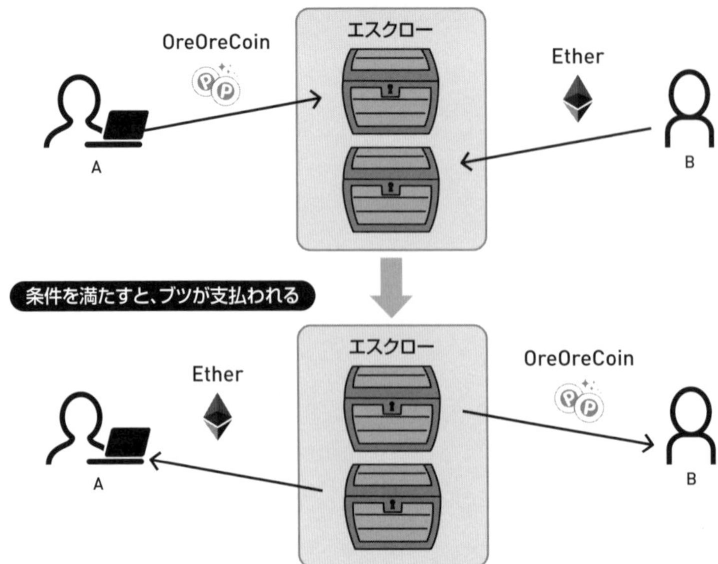

4.6.2 コントラクトの作成

エスクローコントラクトは次の通りです。ここにはエスクローのコントラクトだけ掲載しましたが、動作確認のためには、エスクロー対象のトークンのコントラクトが必要です。4.4.2 項のコンストラクトに続けて、Escrow コントラクトを貼り付けてください。

▶ エスクローコントラクト（Escrow）

```
pragma solidity ^0.4.8;

(省略)

// (1) エスクロー
contract Escrow is Owned{
  // (2) 状態変数
  OreOreCoin public token;              // トークン
  uint256 public salesVolume;           // 販売量
  uint256 public sellingPrice;          // 販売価格
  uint256 public deadline;              // 期限
  bool public isOpened;                 // エスクローオープンフラグ

  // (3) イベント通知
  event EscrowStart(uint salesVolume, uint sellingPrice, uint deadline, address 
beneficiary);
  event ConfirmedPayment(address addr, uint amount);

  // (4) コンストラクタ
  function Escrow (OreOreCoin _token, uint256 _salesVolume, uint256 _
priceInEther) {
    token = OreOreCoin(_token);
    salesVolume = _salesVolume;
    sellingPrice = _priceInEther * 1 ether;
  }

  // (5) 無名関数(ETH受け取り)
  function () payable {
    // 開始前または期限切れの場合は例外
    if (!isOpened || now >= deadline) throw;

    // 販売価格未満の場合は例外
    uint amount = msg.value;
    if (amount < sellingPrice) throw;

    // 送信者にトークンを転送し、エスクローをオープンフラグをfalseにする
    token.transfer(msg.sender, salesVolume);
    isOpened = false;
    ConfirmedPayment(msg.sender, amount);
  }

  // (6) 開始(トークンが予定数以上あるなら開始)
```

```
  function start(uint256 _durationInMinutes) onlyOwner {
    if (token == address(0) || salesVolume == 0 || sellingPrice == 0 || deadline
!= 0) throw;
    if (token.balanceOf(this) >= salesVolume){
      deadline = now + _durationInMinutes * 1 minutes;
      isOpened = true;
      EscrowStart(salesVolume, sellingPrice, deadline, owner);
    }
  }

  // (7) 残り時間確認用メソッド(分単位)
  function getRemainingTime() constant returns(uint min) {
    if(now < deadline) {
      min = (deadline - now) / (1 minutes);
    }
  }

  // (8) 終了
  function close() onlyOwner {
    // トークンをオーナーに転送
    token.transfer(owner, token.balanceOf(this));
    // コントラクトを破棄(当該コントラクトが保持するETHはオーナーに送金される)
    selfdestruct(owner);
  }
}
```


プログラム解説

(1) コントラクトの宣言

```
contract Escrow is Owned{
```

トークンを売りに出す側のアドレスをオーナーアドレスとして使用するため、Owned コントラクトのサブコントラクトとします。

(2) 状態変数

```
  OreOreCoin public token;          // トークン
  uint256 public salesVolume;       // 販売量
  uint256 public sellingPrice;      // 販売価格
  uint256 public deadline;          // 期限
  bool public isOpened;             // エスクローオープンフラグ
```

トークンの販売量、価格、期限とエスクローのオープンフラグを宣言します。deadline はクラウドセールと同様に start メソッドで初期化し、その後は now との差分で比較します。

(3) イベント通知

```
  event EscrowStart(uint salesVolume, uint sellingPrice, uint deadline, address beneficiary);
  event ConfirmedPayment(address addr, uint amount);
```

エスクローの開始と、受け付けた支払いをイベント通知します。

(4) コンストラクタ

```
  function Escrow (OreOreCoin _token, uint256 _salesVolume, uint256 _priceInEther) {
    token = OreOreCoin(_token);
    salesVolume = _salesVolume;
    sellingPrice = _priceInEther * 1 ether;
  }
```

売りに出すトークンのアドレス、トークン量、価格を引数とします。トークンのアドレスが引数として必要なため、エスクローよりも先にトークンをデプロイしておく必要があります。

(5) 無名関数（ETH受け取り）

```
  function () payable {
    // 開始前または期限切れの場合は例外
    if (!isOpened || now >= deadline) throw;

    // 販売価格未満の場合は例外
    uint amount = msg.value;
    if (amount < sellingPrice) throw;

    // 送信者にトークンを転送し、エスクローをオープンフラグをfalseにする
    token.transfer(msg.sender, salesVolume);
    isOpened = false;
    ConfirmedPayment(msg.sender, amount);
  }
```

fallback関数です。クラウドセールでも使用した関数です。受信したetherが販売価格に達していない場合は、金額を受け取らないために例外をthrowします。受け付けた額が販売価格以上の場合は、msg.senderにトークンを送信してオープンフラグをfalseにし、受け付けイベントを通知します。

(6) 開始（トークンが予定数以上あるなら開始）

```
  function start(uint256 _durationInMinutes) onlyOwner {
    if (token == address(0) || salesVolume == 0 || sellingPrice == 0 || deadline != 0) throw;
    if (token.balanceOf(this) >= salesVolume){
      deadline = now + _durationInMinutes * 1 minutes;
      isOpened = true;
```

```
    EscrowStart(salesVolume, sellingPrice, deadline, owner);
  }
}
```

考え方はクラウドセールと同様です。売りに出しているトークンを、このコントラクトアドレスが保有していることを確認してからエスクローを開始します。

(7) 残り時間確認用メソッド(分単位)

```
function getRemainingTime() constant returns(uint min) {
  if(now < deadline) {
    min = (deadline - now) / (1 minutes);
  }
}
```

エスクローの残り時間を取得するためのメソッドです。デッドラインと現在時刻の差分を分単位で返します。

(8) 終了

```
function close() onlyOwner {
  // トークンをオーナーに転送
  token.transfer(owner, token.balanceOf(this));
  // コントラクトを破棄(当該コントラクトが保持するETHはオーナーに送金される)
  selfdestruct(owner);
}
```

オーナーがコントラクトを終了させるためのメソッドです。このコントラクトが保有するトークンとEther をオーナーに送金します。トークンを transfer した後に、selfdestruct でオーナーに Ether を送金し、当該コントラクトを破棄します。

4.6.3 コントラクトの実行

作成したコントラクトを Browser-Solidity を使用して動かしてみましょう。エスクローで Ether と交換する仮想通貨コントラクトは、これまで作成してきた OreOreCoin を使用します。今回は 2,000 oc を 10 ether と交換するエスクローとします。期間は、動作確認のため 15 分とします。10 ether 受け取ると即時、2,000 oc 送金します。取引成立もしくは時間切れの場合はオーナーはエスクローを終了させ、Ether または OreOreCoin を引き出します。また、10 ether 未満の送金は例外とします。

前提：

- 使用するアドレスは、A,B,C の 3 つです。

なお、本節で使用する各ユーザのアドレス情報は以下の通りです。適宜、読者の皆さんの環境のアドレスに読み替えて動作確認を行ってください。

No.	ユーザ	アドレス	備考
1	A	"0x1ce2b113adf2c05e0dc0d2afe1537fb07e31d838"	accounts[0]
2	B	"0x9a59c3e83c1d6f354f61d31f8dc34cc90444be98"	accounts[1]
3	c	"0xfd51339a78e2cfd157b0d28ecd213be242b3e435"	accounts[2]

- 作成するトークンの情報は以下の通りです。

  発行量：10,000

  名前："OreOreCoin"

  単位："oc"

  小数点以下の桁数：0

- 作成するエスクローの情報は以下の通りです。

  目標金額：10 ether

  期限：15 分

  準備するトークン：2,000 oc

手順：

① ユーザ A がトークン（OreOreCoin）を作成します。

② ユーザ A がエスクロー（Escrow）を作成します。

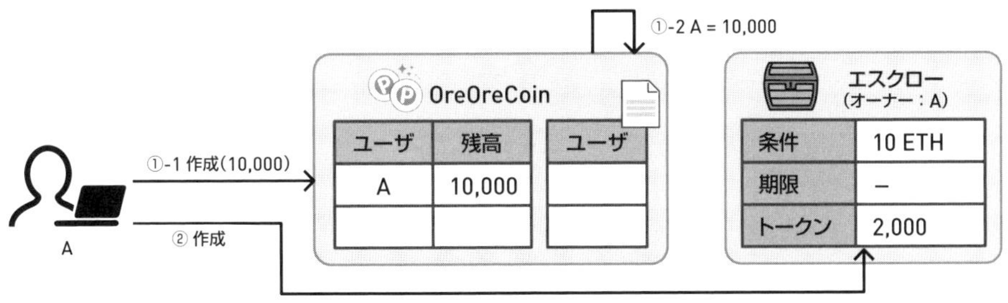

③ ユーザ A がエスクローアドレスに送金（2,000）します。

④ ユーザ A がエスクローの期間を設定します。

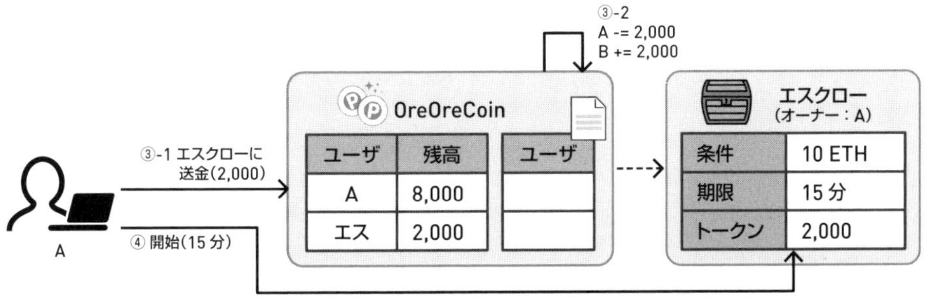

⑤ ユーザ B がエスクローに送金（5 ether）します。ですが、設定金額未満のため、例外となります。

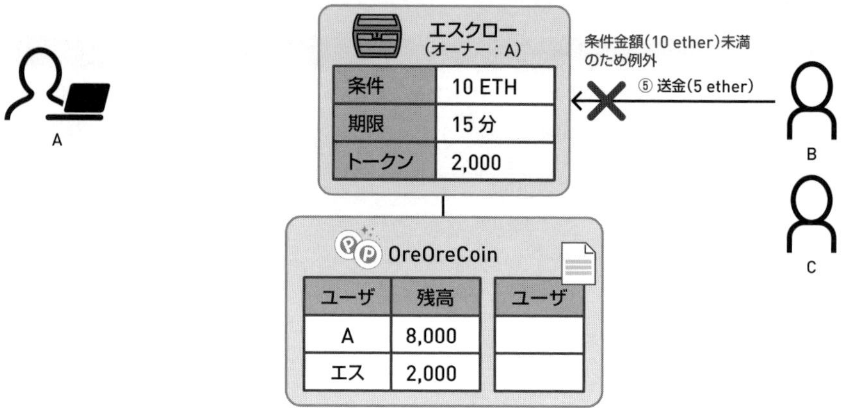

⑥ ユーザ C がエスクローに送金（10 ether）します。今度は設定金額以上のため問題なく受け付けられ、トークン（2,000）が C に送金されます。

⑦ ユーザ A が投資された資金を引き出します。

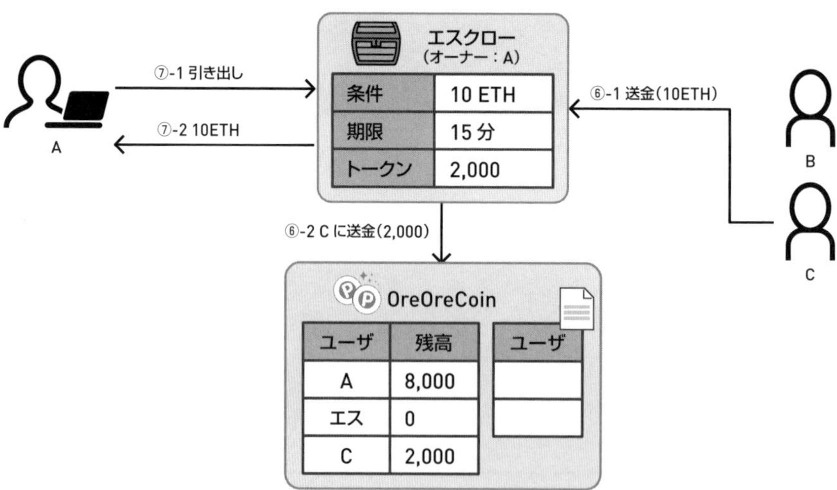

同様に、成立前にオーナーがエスクローをクローズした場合も確認します。

① 上記手順①～④を実行します。

② ユーザ A がエスクローを終了します。ユーザ A のトークンの残高が、トークン作成時に指定した発行量に戻ります。

なお、終了処理によってコントラクトが破棄されますので、終了処理後は、全てのメソッドが失敗します。

続いて、Browser-Solidity を使用して実際に動作確認してみましょう。

① ユーザAがトークン（OreOreCoin）を作成します。これまでと同じく、全て半角で「10000, "OreOreCoin", "oc", 0」と入力し、「Create」ボタンをクリックします。エスクローコントラクトの作成時にOreOreCoinのアドレスを使用しますので、メモ帳などにコピペしておいてください。

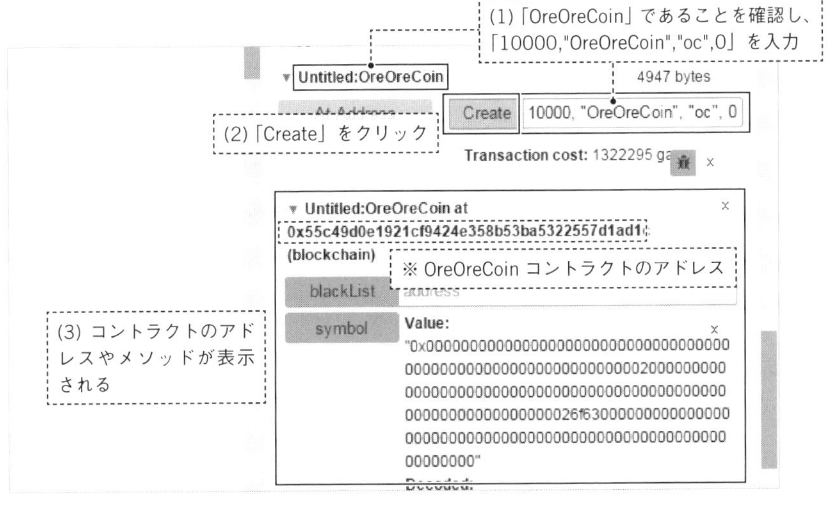

② ユーザAがエスクロー（Escrow）を作成します。ここで先ほど作成したトークンのアドレスを使用します。「"OreOreCoinコントラクトのアドレス", 2000, 10」と入力し、「Create」ボタンをクリックします。

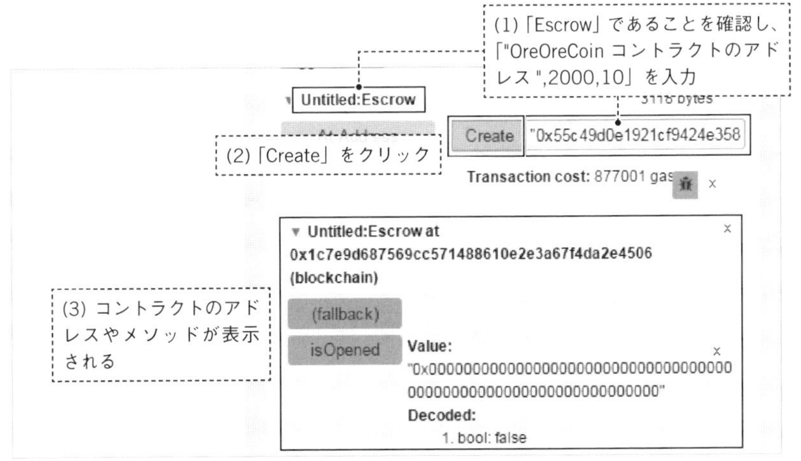

③ ユーザAがトークンをエスクローアドレスに送金します。送金額は、エスクロー作成時に指定した2番目の引数の値（2000）です。先ほど作成したエスクローコントラクトのアドレスと送金額を入力し、「transfer」をクリックします。無事送金に成功するとイベントが通知されます。

④ ユーザAがエスクローの期間を指定して、エスクローを開始します。指定する期間が分単位であることに注意して入力し、「start」をクリックしてください。startメソッド内では、トークンの残高がCreate時に指定された値以上のであることをチェックし、指定値以上であることを確認できるとEscrowStartイベントを通知します。

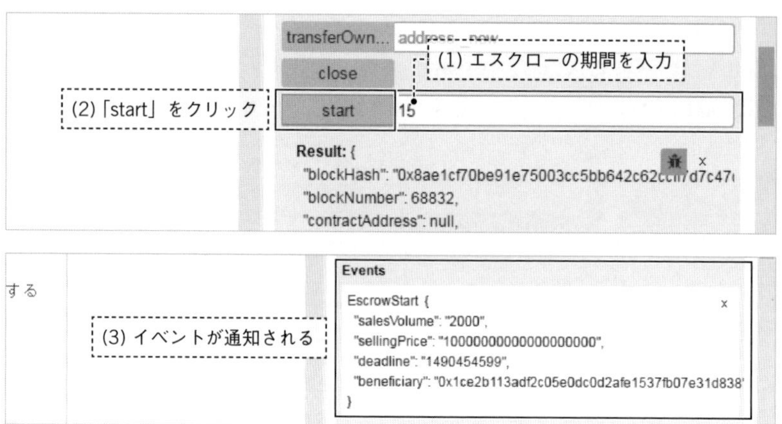
transferOwn...
close
(1) エスクローの期間を入力
(2)「start」をクリック
start
15
Result: {
"blockHash": "0x8ae1cf70be91e75003cc5bb642c62
"blockNumber": 68832,
"contractAddress": null,
Events
EscrowStart {
(3) イベントが通知される
"salesVolume": "2000",
"sellingPrice": "1000000000000000000",
"deadline": "1490454599",
"beneficiary": "0x1ce2b113adf2c05e0dc0d2afe1537fb07e31d838"
}

⑤ ユーザBがエスクローに送金（5 ether）します。送金前にユーザBのアンロックをする必要があります。4.5.3の⑤を参考にアンロックと残高確認、必要であれば送金しておいてください。操作ユーザをユーザBに切り替え、Valueに5 etherと入力して「(fallback)」をクリックしてください。数秒後、例外が表示されます。今回のエスクローは10 etherのため、それ未満の振り込みは拒否するため例外をスローします。

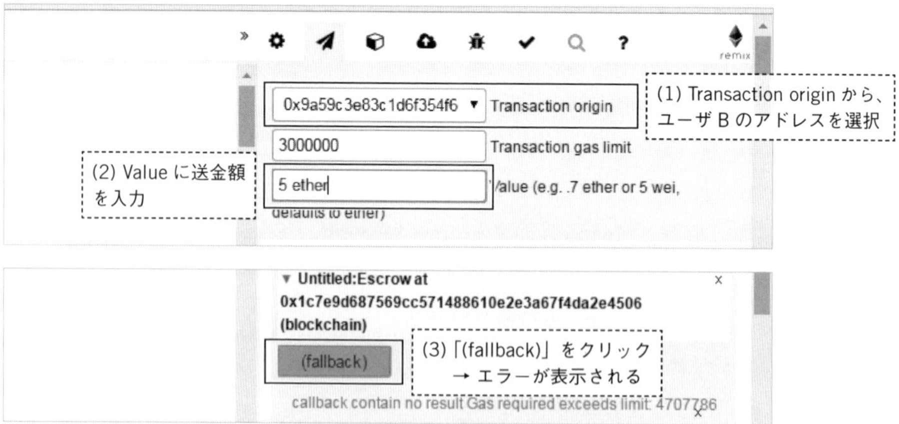
0x9a59c3e83c1d6f354f6
Transaction origin
(1) Transaction origin から、
ユーザBのアドレスを選択
3000000
Transaction gas limit
(2) Valueに送金額
を入力
5 ether
Value (e.g. .7 ether or 5 wei,
defaults to ether)
Untitled:Escrow at
0x1c7e9d687569cc571488610e2e3a67f4da2e4506
(blockchain)
(fallback)
(3)「(fallback)」をクリック
→ エラーが表示される
callback contain no result Gas required exceeds limit: 4707786

⑥ 今度は、ユーザCがエスクローに送金します。送金額は10 etherとします。ユーザBと同じくアンロックと残高確認をしてください。操作ユーザをユーザCに切り替えValueに10 etherと入力して「(fallback)」をクリックします。今度は無事受け付けられ、イベント（ConfirmedPayment、Transfer）が通知されます。

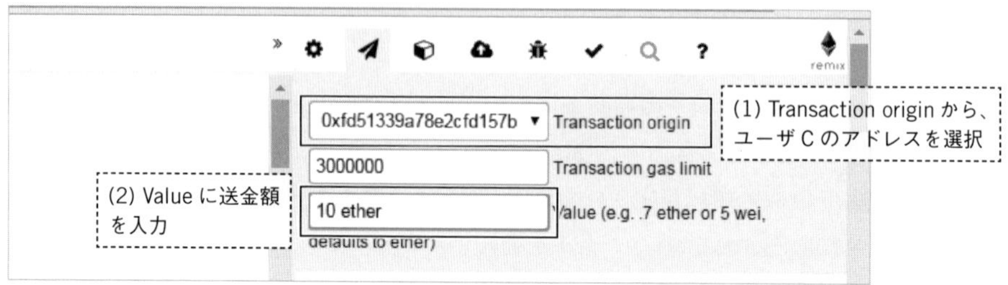
0xfd51339a78e2cfd157b
Transaction origin
(1) Transaction origin から、
ユーザCのアドレスを選択
3000000
Transaction gas limit
(2) Valueに送金額
を入力
10 ether
Value (e.g. .7 ether or 5 wei,
defaults to ether)

基礎編

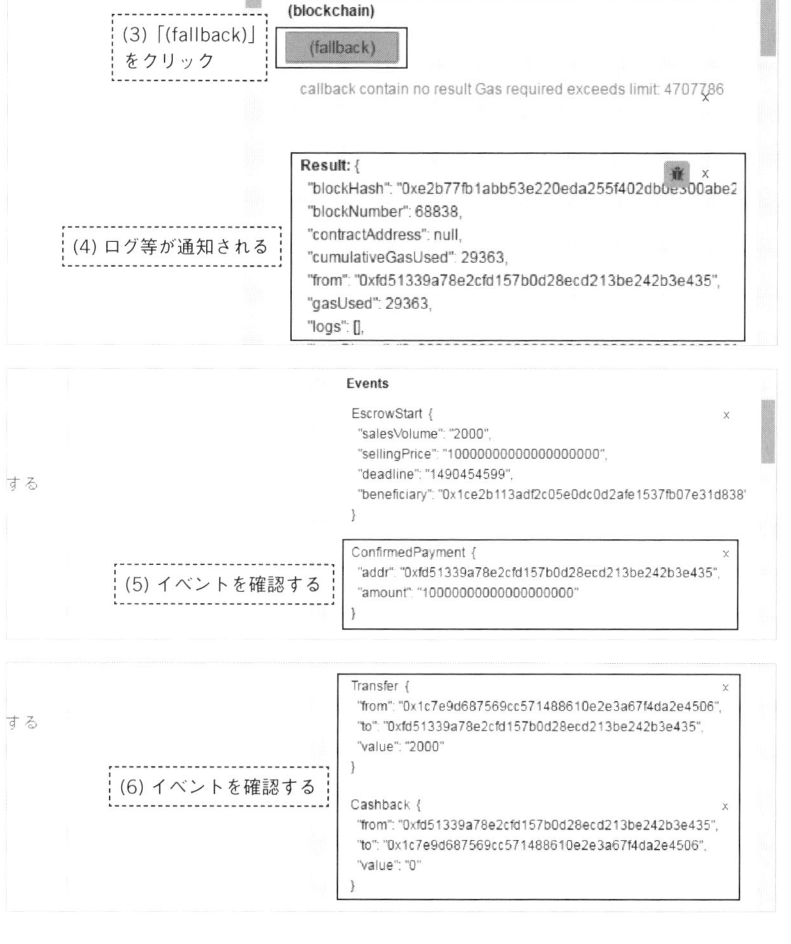
(blockchain)
(3)「(fallback)」をクリック
(fallback)
callback contain no result Gas required exceeds limit: 4707786
Result: {
"blockHash": "0xe2b77fb1abb53e220eda255f402db0e300abe2
"blockNumber": 68838,
"contractAddress": null,
"cumulativeGasUsed": 29363,
"from": "0xfd51339a78e2cfd157b0d28ecd213be242b3e435",
"gasUsed": 29363,
"logs": [],
(4) ログ等が通知される
Events
EscrowStart {
"salesVolume": "2000",
"sellingPrice": "1000000000000000000",
"deadline": "1490454599",
"beneficiary": "0x1ce2b113adf2c05e0dc0d2afe1537fb07e31d838"
}
ConfirmedPayment {
"addr": "0xfd51339a78e2cfd157b0d28ecd213be242b3e435",
"amount": "1000000000000000000"
}
(5) イベントを確認する
Transfer {
"from": "0x1c7e9d687569cc571488610e2e3a67f4da2e4506",
"to": "0xfd51339a78e2cfd157b0d28ecd213be242b3e435",
"value": "2000"
}
Cashback {
"from": "0xfd51339a78e2cfd157b0d28ecd213be242b3e435",
"to": "0x1c7e9d687569cc571488610e2e3a67f4da2e4506",
"value": "0"
}
(6) イベントを確認する

⑦ ユーザAが投資された資金を引き出しましょう。操作ユーザをユーザAに戻し、Valueに0を入力してから「close」をクリックしてください。

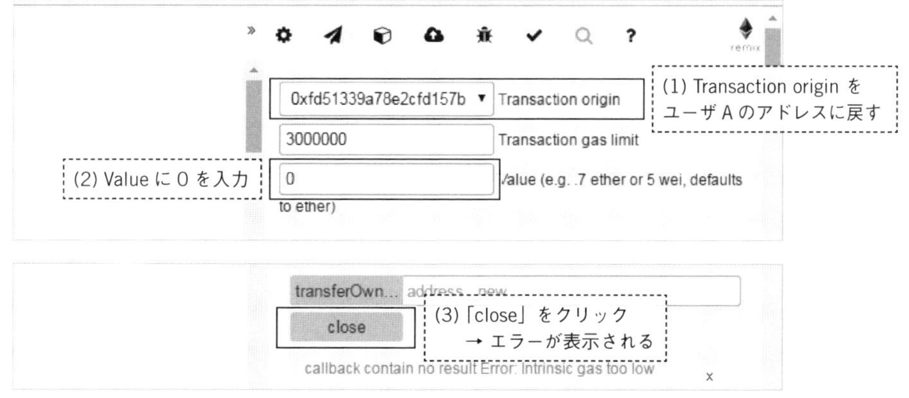
0xfd51339a78e2cfd157b
Transaction origin
(1) Transaction origin をユーザAのアドレスに戻す
3000000
Transaction gas limit
(2) Value に 0 を入力
0
Value (e.g. .7 ether or 5 wei, defaults to ether)
transferOwn...
close
(3)「close」をクリック → エラーが表示される
callback contain no result Error: Intrinsic gas too low

ここでエラーが表示される場合は、4.5.3. ⑧を参考にして、Geth のコンソールから次のコマンドを実行してください*9。

```
> cnt.close.sendTransaction({from:eth.accounts[0]})
```

しばらく待機すると、Browser-Solidity にイベント（Transfer）が通知されます。

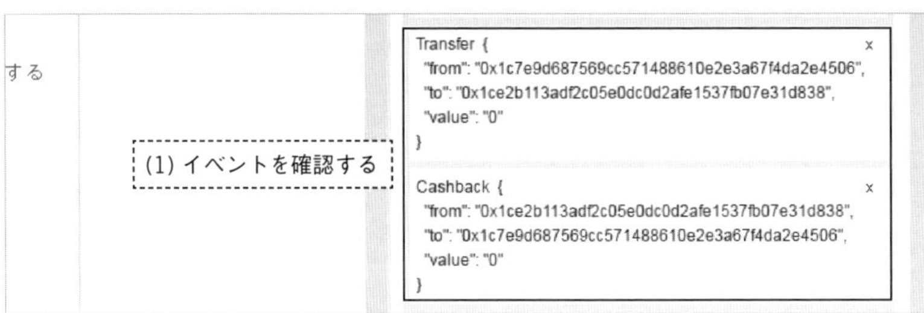

する
(1) イベントを確認する
Transfer {
"from": "0x1c7e9d687569cc571488610e2e3a67f4da2e4506",
"to": "0x1ce2b113adf2c05e0dc0d2afe1537fb07e31d838",
"value": "0"
}
Cashback {
"from": "0x1ce2b113adf2c05e0dc0d2afe1537fb07e31d838",
"to": "0x1c7e9d687569cc571488610e2e3a67f4da2e4506",
"value": "0"
}

ユーザ A が保有する Ether が増えたことを Geth のコンソールで確認します。コマンドは以下となります。ただし、ユーザ A が accounts[0] の場合は、随時マイニングの報酬が追加されてしまいます。

```
> web3.fromWei(eth.getBalance(eth.accounts[0]), "ether")
```

今度は、エスクローの成立前（スタート後、取引なし）にオーナーがクローズした場合を確認します。

① 一旦、Browser-Solidity をクリアします。エディタ領域を操作または新しいファイルを作成してコードを貼り付けてから、先ほどの手順①～④を実行してください。

② 取引をせずに、ユーザ A がエスクローを終了します。「close」をクリックしてください。

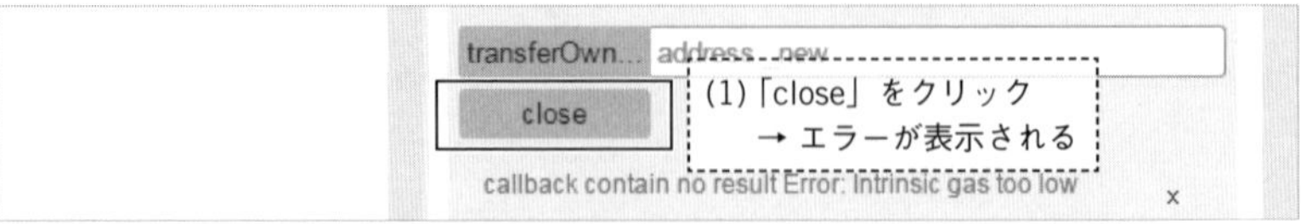

transferOwn...
address _new
close
(1)「close」をクリック
→ エラーが表示される
callback contain no result Error: Intrinsic gas too low

エラーとなった場合は、4.5.3. ⑧を参考にして、Geth のコンソールから次のコマンドを実行してください。

＊9　ABI や ADDRESS を使用して cnt オブジェクトを作成してください。

```
> cnt.close.sendTransaction({from:eth.accounts[0]})
```

しばらく待機すると、Browser-Solidity にイベント（Transfer）が通知されます。ユーザ A のトークンの残高が、トークン作成時に指定した発行量に戻ったことを確認します。

(1) イベントを確認する
Transfer {
"from": "0x1ade6428d6d9602dff7c1c8ff85b15359856684",
"to": "0x1ce2b113adf2c05e0dc0d2afe1537fb07e31d838",
"value": "2000"
}
Cashback {
"from": "0x1ce2b113adf2c05e0dc0d2afe1537fb07e31d838",
"to": "0x1ade6428d6d9602dff7c1c8ff85b15359856684",
"value": "0"
}

以上です。

まとめ

本章では、「仮想通貨」を題材としたコントラクトを作成してきました。最初はシンプルな仮想通貨から始めて、ブラックリスト、キャッシュバック、会員管理と徐々に機能を追加して、クラウドセールやエスクローといった、Ether とトークンの交換を実現するスマートコントラクトを作成しました。

ブラックリストでは、リストに載っているアドレスへの送受信を拒否しましたが、ブラックリストとは逆に、リストに載っているアドレスへの送受信だけを許可するホワイトリストも面白いのかなと思います。このホワイトリストの使いどころとしては、例えば、地方自治体における町おこしの一環で、ホワイトリストに登録済みの屋台（のアドレス）にしか送金できない仮想通貨といったものが考えられます。また、こういったリストへの登録についても、ある期限までに指定された額以上の Ether を振り込んだアドレスを登録する、といったことも実現できますね。アイデアしだいでもっと面白いことができそうです。是非、実装してみてください。

1 存在証明について

5.1.1 存在証明の概要

ブロックチェーンの話にもかかわらず、存在証明の話が突然出てきて困惑する方もいるかと思いますが、実はブロックチェーンと存在証明は相性がいいものなのです。順を追って説明していきます。存在証明とは、そのものが確かに存在すると証明することです。そもそもなぜ存在証明が必要なのでしょうか？

人の存在証明として代表的な例を挙げると、運転免許証、健康保険被保険者証、戸籍証明書、パスポート、マイナンバーカードなど本人確認をするための証明書が挙げられます。これらがないと、本人が何者なのか証明できず各々のサービスを受けることができません。日本では、主に本人確認を要求される次のような場面で提示が求められることがあります。

- 一般的なお店の会員入会手続き・会員証の更新や再発行の手続き
- 病院や駅など公共機関利用時の手続き
- 金融機関における口座開設の手続き
- 公的書類の交付、戸籍に関する届け出、転入・転出などの手続き
- 海外旅行をする際の入出国審査手続き
- 自宅以外の宅配便の受け取り、遺失物の受け取り手続き
- 就業時の手続き
- 年齢確認が必要な居酒屋等の飲食店利用時、タバコやアルコール飲料の購入時、くじ購入時

法人の存在証明で例を挙げると、登記簿の抄本、印鑑登録証明書などが挙げられます。人、法人共通して言える存在証明としてわかりやすい例でいうと契約書などが挙げられます。

現代人にとって、存在証明を行うことは必須であることがわかります。その他、以下のような存在証明もありますので簡単に例を挙げておきます。

- 不動産登記簿
- 車の所有権証明書と車両登録証明書
- 骨董品、美術品、宝石、ブランド品の鑑定書
- 犬や猫、馬などの血統書
- DNA 鑑定書
- 精神鑑定書
- 卒業証明書
- SSL 証明書
- 月の土地証明書

- 電車の遅延証明書
- 恋愛証明書
- 成績証明書
- 銃砲所持許可証
- 独身証明書

存在証明書を作るのは一手間かかりますが、一度作ってしまえばさまざまなものに利用することが可能です。仮にブロックチェーンのネットワーク上でなんらかの存在証明を作れば、世界中どこからでもすぐに閲覧でき、国際ブランドのクレジットカードのように世界中のあらゆるサービスにつながる可能性を秘めています。世界中とのビジネスにつながれるということは、テロ対策、マネロン対策、経歴詐称対策、などにも応用できる可能性を秘めています。

また、存在証明で大切なのは、どのようなものなのかではなく、「誰が」発行しているかです。全く知らない人が、「この人は信用できる人です」と言っても信用できないでしょう。ただ、近年、シェアビジネスが流行してきたこともあり、存在証明の在り方も少し変わりつつあります。例えば、全く知らない人でも100人が「この人はこういう技能をもっている、信頼をおける」といったら、その信頼・信用も「お金が大きく動かないかゆいところに手が届くようなサービス」では、存在証明として利用できる価値があるように思えます。少し観点は異なりますが、Amazonや価格.comなどの口コミ評価を参考にしている方はピンとくるかと思います。

ブロックチェーンのソフトウェアによっても異なりますが、さらに技術的な観点も説明しておきます。

ブロックチェーンはデータの登録にはネットワークの通信やマイニングで時間がかかりますが、一度登録してしまえば（更新、削除はしにくいものの）参照するのは早いという特性をもっています。運転免許証やパスポートなどのように作るのは時間がかかりますが、作ってしまえば提示するだけでサービスを受けられるといったものと似ています。

また、とある事業者が作った存在証明書があったとしましょう。その事業者がなくなってしまったときに、その存在証明書を保証する機関が不在となってしまい、サーバも停止してしまい、データ自体もなくなってしまいます。ブロックチェーンのネットワーク上にその存在証明データを格納しておけば、そのブロックチェーンに大きなバグなどない、かつ、世界中で対象のブロックチェーンを動かす人が0にならない限り、半永久的に保管することが可能となります。

5章では、比較的簡単なプログラムではありますが、最終的に「この人はこういう学校を出て、こういう企業をわたり歩いてきた。それは、学校や企業が保証してくれている」というサービスのコアを作る事例を説明します。

5.1.2 存在証明にブロックチェーンを使う意義

信頼情報をシェアすることで見えてくるメリットは「ビジネスの加速化」です。例えば、以下の図のようにルームシェアサービスで借り主を評価する仕組みがあったとします。そのルームシェアサービスの評価が、カーシェアビジネスの貸し主にも閲覧することができたらどうでしょうか？ 今までは、「借り主が全く知らない人だとコワい」という理由で機会損失していたところに信頼情報を閲覧ができることで、シェアの機会が増え、ビジネスが加速する可能性があります。

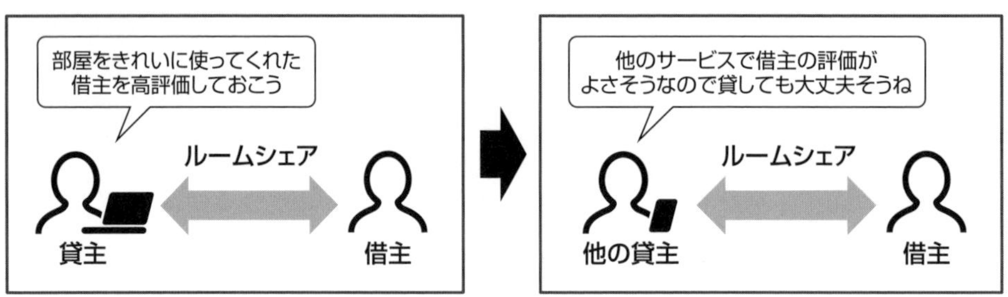

一見、ブロックチェーンでなくてもよいのではないかと疑問を持つ方もいらっしゃるかと思います。まさにその通りでケースバイケースだと私は考えています。ブロックチェーンを利用するメリットとしては、一般的なクライアントサーバシステムにおける「データベースサーバ（のデータ保管機能の一部）」と「外部接続サーバ（の外部通信機能）」と「バックアップサーバ（のバックアップ機能）」を兼ねたような構成になるため、「外部事業者との連携がスムーズにいき、ビジネスが加速する」という見方ができると思います。例えば、以下のような４つのサービスを連携するといった場合、従来型の一般的なクライアントサーバシステムでは、各社異なったWebAPIのインターフェース仕様で各々に対応することになります。ルームシェアサービス事業者は、カーシェアサービス、ブランド品シェアサービス、知識・スキルシェアサービスそれぞれの対応が必要になるでしょう。まだ数少ないからよいですが、サービスが増えてくると苦しくなるかもしれませんし、新規参入の事業者が入りづらいという課題が出てきます。一方、ブロックチェーン利用時は、最初に共通のスマートコントラクトを設計・開発し、ブロックチェーンに登録することで、新規参入の事業者はブロックチェーンのソフトウェアを立ち上げるだけで済みます。

一般的なクライアントサーバシステム

ルームシェア
サービス
外部接続サーバ
データベースサーバ
バックアップサーバ

カーシェア
サービス
外部接続サーバ
データベースサーバ
バックアップサーバ

外部接続サーバ
データベースサーバ
バックアップサーバ
ブランド品シェア
サービス

外部接続サーバ
データベースサーバ
バックアップサーバ
知識・スキルシェア
サービス

ブロックチェーン利用

ルームシェア
サービス
Blockchain

カーシェア
サービス
Blockchain

Blockchain
ブランド品シェア
サービス

Blockchain
知識・スキルシェア
サービス

信頼情報は、さまざまな場面で共有することでビジネスの加速化を進めることができるかもしれません。

他にも企業や人の財務状態をシェアすることで近年問題となっている改ざんなどが防止できると考えられます。

一見よさそうに見えるが …

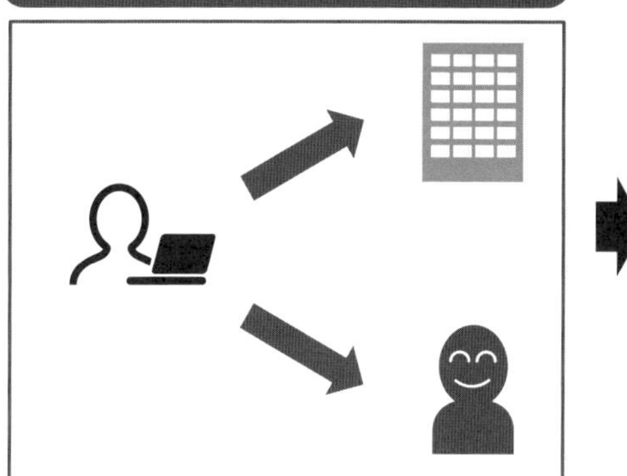

本当は …

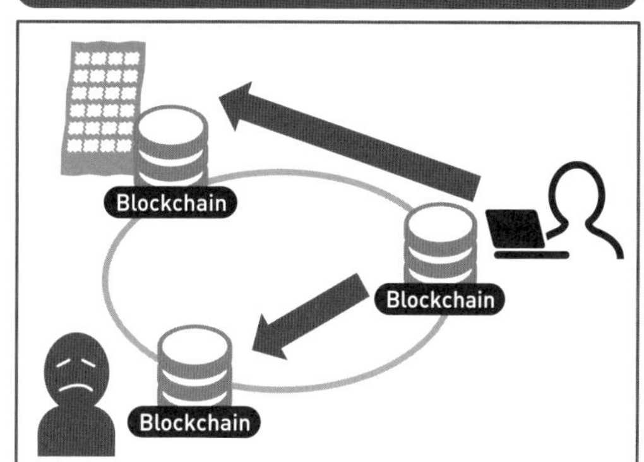

さらに取引相手の「信用調査」にも応用することができます。上記の左図のように、一見、問題にないと思われる企業や人が、右図のように実際は借金まみれだった、ということが少なからずあるかと思います。

すでに企業間、グループ間などですでに「信用情報」を共有して、不正取引が行われないように抑止しているところはあるかと思いますが、ここにブロックチェーンを使い可視化しチェックを行ううことも可能となります。

現在の仕組みでは、信用調査を行うにもそれなりの費用がかかっているため、反社情報を含め信頼情報をブロックチェーンを利用し複数企業で共有することで、費用削減が見込める可能性があります。

よりグローバル化が進むと、国境を越える信用調査の頻度も多くなりますが、現状のシステムでは詳細な調査することは難しく、費用もかかるためブロックチェーンを導入するというのは面白い取り組みになるかもしれません。少し話題はそれますが、ブロックチェーンが広まることでパナマ文書のような国境を越えた不透明な資金の流れも可視化、チェックできる可能性があります。

2 文字列格納コントラクト

5.2.1 データの格納先

存在証明のデータをブロックチェーンに実際に書き込んでいくにあたり、ポイントがあります。それは、ブロックチェーン上に格納するデータは、「貴重かつデータ容量が小さいものにする」ということです。仮に大きいデータ量（1 トランザクションあたり数百 K バイト、1M バイト以上）をパブリックブロックチェーンに格納するとすると各々のノード（PC やサーバ）のディスク容量を圧迫するだけでなく、手数料をたくさん費やします。ブロックチェーンに書き込む存在証明を行うデータは最小限に抑え、外部に持たせてもよさそうな属性データなどは別のもので管理しましょう。例えば、存在証明を行う機関をどのように管理するかというと、存在証明機関を特定する ID（Ethereum のアドレスなど）はブロックチェーンで管理し、存在証明機関の名前や住所、電話番号などはデータベースやファイルで管理します。また、存在証明するデータ自体のデータ量が大きいものは（例えば、指紋の画像データや声紋の音声データなど）、外部のデータベースやストレージを使います。MySQL や PostgreSQL などのデータベース、IPFS(The InterPlanetary File System) などの P2P ストレージが挙げられます。このときには、他人に書き換えられていないことを証明するためにブロックチェーンにハッシュ値を書き込むことで管理します。例えば、テキストファイルであれば、テキストファイルの文字列をシリアライズ化（一行）し、その文字列にハッシュ関数をかけて特定の値を発行し、その値をブロックチェーンに書き込むといったことです。

5.2.2 データの格納方法

スマートコントラクトでデータを格納するときには、一覧系（表形式）のデータを保持したくなるかと思いますが、ブロックチェーンは元々、非集権化を目指して作られた経緯もあり、一般的なクライアントサーバシステムにあるような管理者機能（ユーザ情報閲覧、モノやお金の取引閲覧など）を作りこむための機能は充実しておりません。例えば、管理者がユーザを検索するときに一括検索するような機能はありませんし、名前や住所のあいまい検索を行うようなときには、DB の SQL でいう文字列検索（Like 検索など含め）がデフォルト機能としてないため、外部に持たせるか作りこみが必要となります。

Solidity で一覧系のデータを格納するのは、Mapping 関数を利用するか、配列を利用するかどちらかになります。Mapping 関数は、他のプログラミング言語でいう連想配列のようなもので、複数のキーから特定の値を取得することに向いているでしょう。配列は、配列の数などカウントする関数 (length) が元々用意されていて操作しやすいですが、数千、数万データをためるには向いていないと思います。

大量のデータを格納するときは、Mapping 関数を利用し、ちょっとしたマスタ系（区分 :001,002,003 のような）は、配列を利用する、といった使い分けが必要になります。

5.2.3 文字列格納コントラクトの説明

それでは、基本的な機能を持つ文字列格納コントラクトを作成してみましょう。文字列を格納するためのキー (Key) を設定し、そのキーに対して、値 1（Value1）と値 2（value2）を格納してみましょう。各々の状態変数と値のイメージは以下のようになります。

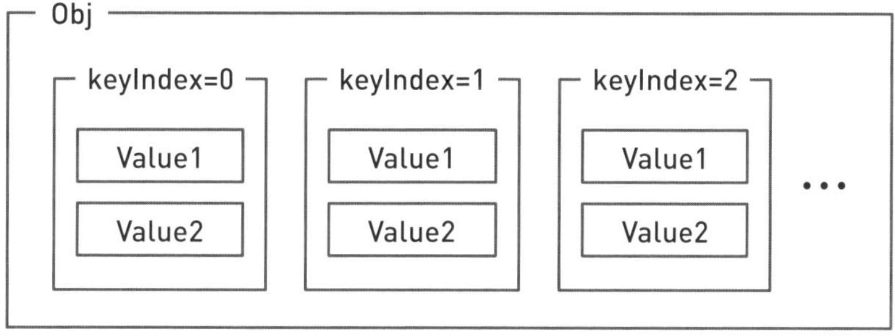

キーバリューストアのコントラクトは次の通りです。

▶ キーバリューストアのコントラクト (KeyValueStore)

```
pragma solidity ^0.4.8;

// 文字列格納コントラクト
contract KeyValueStore {
    // キーの状態変数定義
    uint256 keyIndex;
    // 値の状態変数定義
    struct values {
        string value1;
        string value2;
    }
    // (1) キーと値のマッピング定義
    mapping (uint256 => values) Obj;
    // (2) キーに対する値1と値2を登録する関数
    function setValue(string _value1, string _value2) constant returns (uint256)
{
        Obj[keyIndex].value1 = _value1;
        Obj[keyIndex].value2 = _value2;
        keyIndex++;
        return keyIndex;
    }
    // (3) キーに対応する値1を取得する関数
    function getValue1(uint _key) constant returns (string) {
        return Obj[_key].value1;
    }
    // (4) キーに対応する値2を取得する関数
    function getValue2(uint _key) constant returns (string) {
        return Obj[_key].value2;
```

```
    }
}
```

プログラム解説

(1)　状態変数の宣言

keyIndex は文字列を格納するときのキーとなります。シーケンシャルな状態変数で、データを格納する場所を表すキーとなります。そのためデータが登録されるたびに 0 → 1 → 2 → 3… と番号がシーケンシャルにカウントされていきます。

mapping 型についてですが、他言語でいう連想配列にあたります。

mapping(_KeyType => _ValueType) の形で宣言します。

今回は、keyIndex をキーとして、String 型を要素とした、Obj という名前の変数を宣言しました。

(2)　キーに対する値 1 と値 2 を登録する関数

setValue(登録したい値 1、登録したい値 2) という形式で利用します。

登録が完了すると keyIndex を返却します。

(3)　キーに対応する値 1 を取得する関数

getValue1((2) で取得する keyIndex) で登録した値 1 を取り出します。

(4)　キーに対応する値 2 を取得する関数

getValue2((2) で取得する keyIndex) で登録した値 2 を取り出します。

5.2.4　文字列格納コントラクトの実行

Ethereum で文字列を格納する場合は、数値を格納する場合と比較して、Gas が多くかかります。これは、独自のコインやチケット、クーポンなどのようにアドレスと数値を管理するだけでなく、文字列を格納するため、その分、各々の Ethereum のノードのメモリとディスク領域を多く消費するためです。

Browser Solidity を利用した場合、大きなデータを扱うといった特殊なケースで、手数料（Gas）を柔軟に指定ができないこともあるため、今回は純粋なコマンドラインで実行することにします。Browser Solidity は、エディタとして利用し、文法チェックのみに利用します。

なお、コマンドラインで実施する場合に気を付ける点をしては、スペースや改行の扱いです。ルール上半角スペースが入ってはいけないところに入ってしまうと、コントラクトのコンパイルや登録がうまくいきません。もし、コンパイルや登録がうまくいかない場合は、Solidity のバージョン確認を行うと共に、コントラクトを Browser Solidity で文法チェックしたり、改めてコマンドをテキストエディタに貼り付けて確認するのがよいと思います。

また、「Solidity Documentation」の「Style Guide」（http://solidity.readthedocs.io/en/develop/style-guide.html）を事前に確認しておくと見直しするときに楽になります。

以下のコード例は、前述したコードから文字コードを気にすることがないようコメント行を削除したものとなります。

文字コードを UTF-8 で KeyValueStore.sol プログラムを作成いただければコメント行が入っていても問題ありません。

①任意の場所にコントラクトプログラムを配置します。

```
$ vi KeyValueStore.sol

pragma solidity ^0.4.8;
contract KeyValueStore {
    uint256 keyIndex;
    struct values {
        string value1;
        string value2;
    }
    mapping (uint256 => values) Obj;
    function setValue(string _value1, string _value2) constant returns (uint256)
{
        Obj[keyIndex].value1 = _value1;
        Obj[keyIndex].value2 = _value2;
        keyIndex++;
        return keyIndex;
    }
    function getValue1(uint _key) constant returns (string) {
        return Obj[_key].value1;
    }
    function getValue2(uint _key) constant returns (string) {
        return Obj[_key].value2;
    }
}
```

②コントラクトプログラムのビルド用 Data 部を出力します。

```
$ solc -o ./ --bin --optimize KeyValueStore.sol
$ cat KeyValueStore.bin

6060604052341561000c57fe5b5b61048a8061001c6000396000f30060606060405263ffffffff60e0
60020a600035041663159c825681146100375780634914 60cf146100ca578063ec86cfad1461015d
575bfe5b341561003f57fe5b61004a600435610202565b60408051602080825283518183015283 51
91928392908301918501908083838215610090575b805182526020831115610090576 01f19909201
91602091820191016100705 65b50505090509081019060 1f1680156100bc5780820380516001836 0
2003610100 0a031916815260200191505b509250505060405180910390f35b34156100d257fe5b61
004a6004356102a9565b604080516020808252835181830152835191928392908301918501908083
83821561009057 5b805182526020831115610090576 01f1990920191602091820191016100705 65b
50505090509081019060 1f1680156100bc578082038051600183602003610100 0a03191681526020
0191505b509250505060405180910390f35b341561016557fe5b6101f0600480803590602001908 2
018035906020019080806 01f0160208091040260200160405190810160405280939291908181526 0
2001838380828437505060408051602060 1f89358b018035918201839004830284018301909452 80
83529799988101979196509182019450925082915084018382808284375094965061035295505050
```

```
505050565b6040805191825251908190036020019 0f35b61020a6103ac565b600082815260016020
```

③コントラクトの情報を取得します。

```
$ solc --abi KeyValueStore.sol

======= KeyValueStore.sol:KeyValueStore =======
Contract JSON ABI
[{"constant":true,"inputs":[{"name":"_key","type":"uint256"}],"name":"getValue1
","outputs":[{"name":"","type":"string"}],"payable":false,"type":"function"},{"
constant":true,"inputs":[{"name":"_key","type":"uint256"}],"name":"getValue2","
outputs":[{"name":"","type":"string"}],"payable":false,"type":"function"},{"con
stant":true,"inputs":[{"name":"_value1","type":"string"},{"name":"_value2","typ
e":"string"}],"name":"setValue","outputs":[{"name":"","type":"uint256"}],"payab
le":false,"type":"function"}]
```

④ Geth を起動します。

```
$ geth --networkid 4649 --nodiscover --maxpeers 0 --datadir /home/eth/data_
testnet console 2>> /home/eth/data_testnet/geth.log
```

⑤コントラクト登録者のロックを解除します。

```
> personal.unlockAccount(eth.accounts[0], "パスフレーズ", 0)
true
```

⑥コントラクトをブロックチェーンに登録します。

```
> keyvaluestoreContract = web3.eth.contract([{"constant":true,"inputs":[{"
name":"_key","type":"uint256"}],"name":"getValue1","outputs":[{"name":"","
type":"string"}],"payable":false,"type":"function"},{"constant":true,"inpu
ts":[{"name":"_key","type":"uint256"}],"name":"getValue2","outputs":[{"name":"
","type":"string"}],"payable":false,"type":"function"},{"constant":true,"inpu
ts":[{"name":"_value1","type":"string"},{"name":"_value2","type":"string"}],"na
me":"setValue","outputs":[{"name":"","type":"uint256"}],"payable":false,"type":
```

```
"function"}]);
```

0x を Data 部の頭に入れて 16 進数であることを明確にします。

```
> keyvaluestore = keyvaluestoreContract.new({from: eth.accounts[0], data:
'0x6060604052341561000c57fe5b5b61048a8061001c6000396000f30060606060405263ffffffff6
0e060020a600035041663159c82568114610037578063491460cf146100ca578063ec86cfad14610
15d575bfe5b341561003f57fe5b61004a600435610202565b604080516020808252835181830152
835191928392908301918501908083838215610090575b805182526020831115610090576O1f19909
20191602091820191016100070565b505050905090810190601f1680156100bc578082038051600183
6020036101000a031916815260200191505b509250505060405180910390f35b34156100d257fe5
b61004a6004356102a9565b6040805160208082528351818301528351919283929083019185019O8
08383821561O090575b805182526020831115610090576O1f199092019160209182019101610070S
65b505050905090810190601f1680156100bc578082038051600183602003610100Oa03191681526
0200191505b509250505060405180910390f35b341561016557fe5b6101f0600480803590602001 9
08201803590602001908080601f016020809104026020016040519081016040528093929190818 15
2602001838380828437505060408051602060 1f89358b01803591820183900483028401830190945
28083529799988101979196509182019450925082915084018382808284375094965061035295505
050505050565b604080519182525190819003602001 90f35b61020a6103ac565b600082815260016
0208181526040928390208054845160029482161561010002600019019091169390930460 1f81018
39004830284018301909452838352919290830182828015610 29c5780601f1061027157610100808
354040283529160200191610 29c565b820191906000526020600020905b8154815290600101906O2
00180831161027f57829003601f168201915b50505050509050 5b919050565b6102b16103ac5
65b600082815260016020818152604092839020820180548451600294821615610100026000190 19
0911693909304601f8101839004830284018301909452838352919290830182828015610 29c57806
01f1061027157610100808354040283529160200191610 29c565b82019190600052602060002090 5
b8154815290600101906020018083116102 7f57829003601f168201915b50505050509050 5b91905
0565b6000805481526001602090815260408220845161037192860190610 3be565b506000805481 5
2600160208181526040909220845161039893919092019190850190610 3be565b50506000805460 0
101908190555b92915050565b604080516020810190915260008152905 65b8280546001816001161
5610100020316600290049060005260206000209060 1f016020900481019282601f106103ff57805
160ff1916838001178555561042c565b828001600101855558215 61042c579182015b828111561042
c578251825559160200191906001019061041 1565b5b506104399291506104 3d565b5090565b61045
b91905b808211156104395760008155600101610443565b5090565b905600a165627a7a72305820d
437567e7ca43a6998e08ca897d9584d062ecc585ac6feeb65ac1670ef1208c40029', gas: 30000
00})
```

⑦マイニングを開始します。

```
> miner.start(1)
```

⑧コントラクトがブロックチェーンに登録されることを確認します。

```
> keyvaluestore
{
  abi: [{
  ～（割愛）～
  }],
  address: "0xca52acf1c62b6057b07eb7def93984d1216d1338",
  transactionHash: "0xeaeac0b545ef950cae021214f6d1bc46f8233e64c69444075f0c0f7a6
7a68183",
```

```
  allEvents: function(),
  getValue1: function(),
  getValue2: function(),
  setValue: function()
}
```

⑨コントラクトにアクセスするための変数を定義します。

```
> contractObj = eth.contract(keyvaluestore.abi).at(keyvaluestore.address)
```

⑩コントラクト登録者のロックを解除します。

```
> personal.unlockAccount(web3.eth.accounts[0])
```

⑪ブロックチェーン上の KeyValueStore コントラクトに値 1 と値 2 を登録します。

```
> contractObj.setValue.sendTransaction("これは値1です","これは値2です",{from:eth.
accounts[0]})
"0x92fb845abef2d9513f90a6706abafe16844d419e9338c9e7c7756beb2772cca9"
```

⑫⑪のトランザクションがマイニングされたか確認します。

```
> eth.getTransaction("0x92fb845abef2d9513f90a6706abafe16844d419e9338c9e7c7756beb
2772cca9")
```

⑬値 1 を参照します。

```
> contractObj.getValue1.call(0,{from:eth.accounts[0]})
"これは値1です"
```

⑭値 2 を参照します。

```
> contractObj.getValue2.call(0,{from:eth.accounts[0]})
"これは値2です"
```

⑮再度コントラクトにアクセスする場合の変数定義の仕方は以下の通りです。

```
> contractObj = eth.contract([{"constant":true,"inputs":[{"name":"_key","type":"
uint256"}],"name":"getValue1","outputs":[{"name":"","type":"string"}],"payable"
:false,"type":"function"},{"constant":true,"inputs":[{"name":"_key","type":"uin
t256"}],"name":"getValue2","outputs":[{"name":"","type":"string"}],"payable":fa
lse,"type":"function"},{"constant":true,"inputs":[{"name":"_value1","type":"str
ing"},{"name":"_value2","type":"string"}],"name":"setValue","outputs":[{"name":
"","type":"uint256"}],"payable":false,"type":"function"}]).at("0xca52acf1c62b60
57b07eb7def93984d1216d1338")
```

プログラム実行解説

項番	説明
①	コントラクトプログラムを定義します。 vim や Emacs、各々得意なエディタを利用していただいてかまいません。ただし、文字コードは UTF-8 にしてください。日本語のコメントは抜いていますが、コメントが入っていても大丈夫です。

②	コントラクトプログラムのビルド用 Data 部を出力します。
	$ solc -o [出力先] --bin --optimize [コンパイル対象の Solidity プログラム]
	--bin は、出力結果を 16 進数にするもので、--optimize は、最適化するオプションです。
	$ solc --help と打つと、利用できるオプションが確認できます。
	また、「Solidity Documentation」の「Using the compiler」（http://solidity.readthedocs.io/en/develop/using-the-compiler.html）に説明が記載されていますので一度目を通しておくとよいでしょう。

③	コントラクトの情報を取得します。 $ solc --abi [コンパイル対象の Solidity プログラム] --abi は、対象のコントラクトの ABI 情報を取得します。ABI 情報とはいわば、対象のプログラムのインターフェース仕様書のようなものです。どのような関数があってどのような引数をとるのか明示するものです。Ethereum を停止させて、再起動する際にもこの ABI 情報を利用して、以前作ったコントラクトの操作を行うことになるため重要な情報となります。
④	Geth を起動します。 2 章で説明している通りの方法で起動します。 $ geth --networkid 4649 --nodiscover --maxpeers 0 --datadir /home/eth/data_testnet console 2>> /home/eth/data_testnet/geth.log
⑤	コントラクト登録者のロックを解除します。 いくつかオプションがあるので使い分けを行っていただければと思います。 > personal.unlockAccount(" アドレス ") > personal.unlockAccount(" アドレス ", " パスワード ") > personal.unlockAccount(" アドレス ", " パスワード ", " アンロックする時間 (秒) : デフォルト 5 分 ")
⑥	コントラクトをブロックチェーンに登録します。 > keyvaluestoreContract(任意の変数) = web3.eth.contract(③で取得した ABI 情報); > keyvaluestore = keyvaluestoreContract.new({ 実行するアカウント , data: '0x[②で取得したデータ]', gas: 3000000}) gas: 3000000 は「5.3.4 登録可能なデータ量」で説明します。
⑦	マイニングを開始します。
⑧	コントラクトがブロックチェーンに登録されることを確認します。 > eth.getTransaction(" ⑥で得られたトランザクション結果のハッシュ値 ") コントラクトを登録するときやコントラクトを利用してデータを登録すると、必ずトランザクションハッシュ値が返却されます。このトランザクションハッシュ値で実行されたか（マイニングされたか）確認することができます。実行前には blockNumber には値が入っていませんが、実行されるとどのブロック番号のときに実行されたかを示すブロック番号が入ります。
⑨	コントラクトにアクセスするための変数を定義します。
⑩	コントラクト登録者のロックを解除します。⑤と同じです。
⑪	ブロックチェーン上の KeyValueStore コントラクトに値 1 と値 2 を登録します。 $ contractObj.[登録関数].sendTransaction(登録関数の引数 , 実行アカウント)
⑫	⑪のトランザクションがマイニングされたか否かを確認します。
⑬	値 1 を参照します。 $ contractObj.[参照関数].call(参照関数の引数 , 実行アカウント)
⑭	値 2 を参照します。 再度コントラクトにアクセスする場合の変数定義の仕方です。
⑮	PC をログアウトした後などに再度コントラクトにアクセスするときの方法です。

3 コントラクト作成時の TIPS

5.3.1 個人情報の扱い

ブロックチェーンでアプリケーションを作るとき、必ずといっていいほど悩むポイントが、個人情報の扱いです。当たり前のことですが、パブリックブロックチェーンに個人情報を記録してしまうと、対象のブロックチェーンのノードに参加しているユーザが、他人の個人情報を閲覧することができてしまう可能性があります。

考え方としては、以下のふたつが一般的だと思います。ひとつ目は、個人情報に暗号をかけて他の人には見えないように工夫することです。ふたつ目は、従来のシステムのようにブロックチェーンは使わず、外部のデータベースやストレージを利用することです。

ひとつ目の暗号化を行いブロックチェーンに記録する方法はまだ未成熟であり、本格的に行うと期間もコストもかかるため、ビジネスの世界で行われているケースは少ないはずです。ふたつ目の外側で管理することが一般的です。マスタ系（個人情報など）はデータベースに格納し、トランザクション系（取引情報など）は Ethereum に格納する構成が現時点ではベストの方法と言えます。

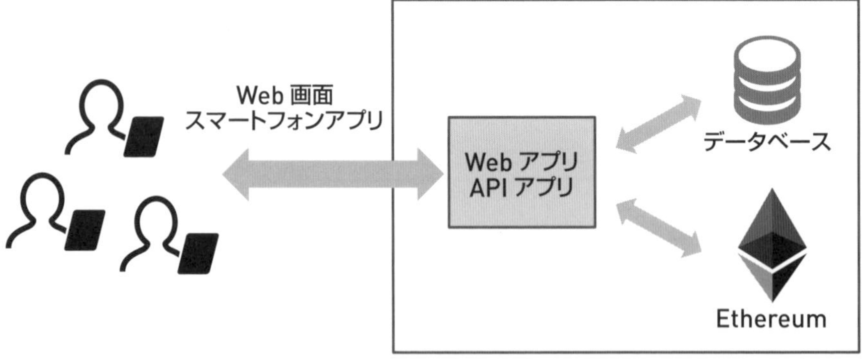

5.3.2 バグの回避

コントラクトを作る際に気を付けなければならないことは、何でしょうか？　取引データを改ざんされないようにブロックチェーン上に保管するといった例を考えて見ましょう。前回のサンプルプログラムと異なり、キーをユーザ ID とプロジェクト ID にしています。仮にそういう業務仕様だとすると、以下のプログラムではバグがあります。

▶ 取引結果ログ格納のコントラクト (TransactionLogNG) … バグを含んだコントラクトコード

```
pragma solidity ^0.4.8;

// (1) 取引ログコントラクトの宣言
contract TransactionLogNG {
    // (2) 格納先定義
    mapping (bytes32 => mapping (bytes32 => string)) public tranlog;
    // (3) トランザクションを登録する
    function setTransaction(bytes32 user_id, bytes32 project_id, string tran_
data) {
        // (4) 登録
        tranlog[user_id][project_id] = tran_data;
    }
    // (5)ユーザ、プロジェクト毎のトランザクションレコードを取得する
    function getTransaction(bytes32 user_id, bytes32 project_id)
                            constant returns (string tran_data) {
        return tranlog[user_id][project_id];
    }
}
```

プログラムを実行してみましょう。

①任意の場所にコントラクトプログラムを配置します。

```
$ vi TransactionLogNG.sol

pragma solidity ^0.4.8;
contract TransactionLogNG {
    mapping (bytes32 => mapping (bytes32 => string)) public tranlog;
    function setTransaction(bytes32 user_id, bytes32 project_id, string tran_
data) {
        tranlog[user_id][project_id] = tran_data;
    }
    function getTransaction(bytes32 user_id, bytes32 project_id)
                            constant returns (string tran_data) {
        return tranlog[user_id][project_id];
    }
}
```

②コントラクトプログラムのビルド用 Data を出力します。

```
$ solc -o ./ --bin --optimize TransactionLogNG.sol
$ cat TransactionLogNG.bin

6060604052341561000c57fe5b5b6104198061001c6000396000f300606060405263ffffffff60e0
60020a600035041663793e4cb6811461003757806386l3eebb146100cd578063a6ba5def14610129
575bfe5b341561003f57fe5b61004d600435602435610lbf565b604080516020808252835181830l
528351919283929083019185019080838382156100935 75b80518252602083111561009357601f19
909201916020918201910161007356 5b5050509050908101906 01f168015610 0bf57808203805160
0183602003610 1000a031916815260200191505b509250505060405180910390f35b34156100d557
```

```
fe5b6040805160206000460443581810135601f81018490048402850184019095528484526101279 4
```

```
ayable":false,"type":"function"},{"constant":true,"inputs":[{"name":"user_id","
type":"bytes32"},{"name":"project_id","type":"bytes32"}],"name":"getTransaction
","outputs":[{"name":"tran_data","type":"string"}],"payable":false,"type":"func
tion"}]);

> tranNg = tranNgContract.new({from: eth.accounts[0], data: '0x60606040523415610
00c57fe5b5b6104198061001c6000396000f300606060405263ffffffff60e060020a60003504166
3793e4cb6811461003757806386l3eebb146100cd578063a6ba5def14610129575bfe5b341561003
f57fe5b61004d600435602435610lbf565b604080516020808252835181830152835191928392908
3019185019080838382156100935775b80518252602083111561009357601f19909201916020918200
19101610073565b505050905090810190601f1680156100bf5780820380516001836020036101000
a031916815260200191505b509250505060405180910390f35b34156100d557fe5b604080516020
6004604435818101356001f81018490048402850184019095528484526101279482359460248035956
0649492939190920191819084018382808284375094965061026095505050505050565b005b34156
1013157fe5b61004d600435602435610228c565b6040805160208082528351818301528351919283929
2908301918501908083838215610093575b80518252602083111561009357601f19909201916020
9182019101610073565b505050905090810190601f1680156100bf57808203805160018360200361
01000a031916815260200191505b509250505060405180910390f35b600060208181529281526040
8082208452918152819020805482516002600183161561010002600019019092169190910460lf810
1859004850282018501909352828152929091908301828280156102585780601f1061022d57610100
08083540402835291602001916102585656b82019190600052602060002090595b815481529060010190
6020018083116102345782900360lf168201915b5050505050815656b600083815260208181526040
80832085845282529091208251610285928401906103356b5b505b505050565b610294610353ba565
b60008381526020818152604080832085845282529182902080548351601f600261010060018516l
502600019019093169290920491820184900484028101840190945280845290918301828280156l0
32d5780601f106103025761010080835404028352916020019161032d565b8201919060005260206
00020905b81548152906001019060200180831161031057829003601f168201915b5050505050905
05b92915050565b828054600181600116156101000203166002900490600052602060002090601f0
160209004810192826010f1061037c57805160ff19168380011785556103a9565b828001600101855
582156103a957918201556b828111156103a9578251825591602001919060010190610388e565b5b506
103b69291506103cc565b5090565b6040805160208101909152600081529056565b6103ea91905b808
21115610336576000815560010161033d2565b5090565b905600a165627a7a723058204f2328b561e
c5ce335ae4b4e03e4aa00fdad8c681bc280a349ccfc343e86e4420029', gas: 3000000},
function(e, contract){console.log(e, contract); if (typeof contract.address !=
'undefined') { console.log('Contract mined! address: ' + contract.address + '
transactionHash: ' + contract.transactionHash); }})
```

⑦マイニングを開始します。

```
> miner.start(1)
```

⑧コントラクトがブロックチェーンに登録されることを確認します。

```
> null [object Object]
Contract mined! address: 0x22718ab2c414c13e34d295193e700b59c27b29fb
transactionHash: 0x055b881da42926c17c5c541e9efa8cb39676bdee0c9ce4ad9e1100585813
874c


> tranNg
{
```

```
  abi: [{
      constant: true,
      inputs: [{...}, {...}],
      name: "tranlog",
      outputs: [{...}],
      payable: false,
      type: "function"
  }, {
      constant: false,
      inputs: [{...}, {...}, {...}],
      name: "setTransaction",
      outputs: [],
      payable: false,
      type: "function"
  }, {
      constant: true,
      inputs: [{...}, {...}],
      name: "getTransaction",
      outputs: [{...}],
      payable: false,
      type: "function"
  }],
  address: "0x22718ab2c414c13e34d295193e700b59c27b29fb",
  transactionHash: "0x055b881da42926c17c5c541e9efa8cb39676bdee0c9ce4ad9e11005858
13874c",
  allEvents: function(),
  getTransaction: function(),
  setTransaction: function(),
  tranlog: function()
```

⑨コントラクトにアクセスするための変数を定義します。

```
> contractObj = eth.contract(tranNg.abi).at(tranNg.address)
```

⑩コントラクト登録者のロックを解除します。

```
> personal.unlockAccount(web3.eth.accounts[0])
```

⑪ブロックチェーン上のTransactionLogコントラクトにトランザクションを登録します。

```
> contractObj.setTransaction.sendTransaction("USER000001","PROJ00000001","2016年
10月27日にAさんからBさんへ1,000円送付",{from:eth.accounts[0]})
"0x6402a3a99c2651d5f2b746021289bdd50106ab4fbda53707be9205caa5fa6d6c"
```

⑫⑪のトランザクションがマイニングされたか確認します。

```
> eth.getTransaction("0x6402a3a99c2651d5f2b746021289bdd50106ab4fbda53707be9205ca
a5fa6d6c")
```

⑬登録したログを参照します。

```
> contractObj.getTransaction.call("USER000001","PROJ00000001",{from:eth.
accounts[0]})
"2016年10月27日にAさんからBさんへ1,000円送付"
```

⑭登録したログを改ざんします。

```
contractObj.setTransaction.sendTransaction("USER000001","PROJ00000001","2017年01
月27日にAさんからBさんへ99円送付",{from:eth.accounts[0]})
"0x492c91f50bee551aa5fa12dbb01a7d40f8a50f3bbe5f7f18e3110de2403bab35"
```

⑮改ざんしたログを確認します。

```
> contractObj.getTransaction.call("USER000001","PROJ00000001",{from:eth.
accounts[0]})
"2017年01月27日にAさんからBさんへ99円送付"
```

⑯再度コントラクトにアクセスする場合の変数定義の仕方は下の通りです。

```
> contractObj = eth.contract([{"constant":true,"inputs":[{"name":"","type":"byte
s32"},{"name":"","type":"bytes32"}],"name":"tranlog","outputs":[{"name":"","typ
e":"string"}],"payable":false,"type":"function"},{"constant":false,"inputs":[{"
name":"user_id","type":"bytes32"},{"name":"project_id","type":"bytes32"},{"name
":"tran_data","type":"string"}],"name":"setTransaction","outputs":[],"payable":
false,"type":"function"},{"constant":true,"inputs":[{"name":"user_id","type":"b
ytes32"},{"name":"project_id","type":"bytes32"}],"name":"getTransaction",
"outputs":[{"name":"tran_data","type":"string"}],"payable":false,"type":"functi
on"}]).at("0x22718ab2c414c13e34d295193e700b59c27b29fb")
```

いかがでしたでしょうか？　ブロックチェーンに登録したデータは改ざんできない、と耳にしたことがある方は驚かれたことでしょう。スマートコントラクトは柔軟性がある分、スマートコントラクトがないブロックチェーンと比較し、制約が緩くなるため、コーディングミスをすると意図しないことができてしまいます。ではどうすればよかったか、以下に業務上正しいコントラクトを記載します。

取引結果ログ格納のコントラクト (TransactionLogOK) … バグがないコントラクトコード

```
pragma solidity ^0.4.8;

// (1) 取引ログコントラクトの宣言
contract TransactionLogOK {
    // (2) 格納先定義
    mapping (bytes32 => mapping (bytes32 => string)) public tranlog;
    // (3) トランザクションを登録する
    function setTransaction(bytes32 user_id, bytes32 project_id, string tran_
data) {
        // (★) すでに登録されている場合は例外にする
        if(bytes(tranlog[user_id][project_id]).length != 0) {
            throw;
```

```
        }
        // (4) 登録
        tranlog[user_id][project_id] = tran_data;
    }
    // (5)ユーザ、プロジェクト毎のトランザクションレコードを取得する
    function getTransaction(bytes32 user_id, bytes32 project_id)
                            constant returns (string tran_data) {
        return tranlog[user_id][project_id];
    }
}
```

実行してみましょう。

①任意の場所にコントラクトプログラムを配置します。

```
$ vi TransactionLogOK.sol
----
pragma solidity ^0.4.8;
contract TransactionLogOK {
    mapping (bytes32 => mapping (bytes32 => string)) public tranlog;
    function setTransaction(bytes32 user_id, bytes32 project_id, string tran_
data) {
        if(bytes(tranlog[user_id][project_id]).length != 0) {
            throw;
        }
        tranlog[user_id][project_id] = tran_data;
    }
    function getTransaction(bytes32 user_id, bytes32 project_id)
                            constant returns (string tran_data) {
        return tranlog[user_id][project_id];
    }
}
----
```

②コントラクトプログラムのビルド用Dataを出力します。

```
$ solc -o ./ --bin --optimize TransactionLogOK.sol
$ cat TransactionLogOK.bin

6060604052341561000c57fe5b5b61044f8061001c6000396000f30060606060405263ffffffff60e0
60020a600035041663793e4cb681146100375780638613eebb146100cd578063a6ba5def14610129
575bfe5b341561003f57fe5b61004d6004356024356101bf565b6040805160208082528351818301
52835191928392908301918501908083838215610093575b80518252602083111561009357601f19
9092019160209182019101610073565b505050905090810190601f1680156100bf57808203805160
01836020036101000a031916815260200191505b509250505060405180910390f35b34156100d557
fe5b604080516020600460443581810135601f810184900484028501840190955284845261012794
82359460248035956064949293919092019181908401838280828437509496506102609550505050
5050565b005b341561013157fe5b61004d6004356024356102c2565b604080516020808252835181
830152835191928392908301918501908083838215610093575b8051825260208311156100935760
1f199092019160209182019101610073565b505050905090810190601f1680156100bf5780820380
516001836020036101000a031916815260200191505b509250505060405180910390f35b60006020
```

```
81815292815260408082208452918152819020805482516002600183161561010002600019019092
1691909104601f8101859004850282018501909352828152929091908301828280156102585780 60
1f1061022d576101008083540402835291602001916102585 65b820191906000526020600020905b
815481529060010190602001808311610 23b5782900360 1f168201915b50505050 5081565b600083
81526020818152604080832085845290915290205460026101006001831615026000190190911604
15610296576000 6000fd5b60008381526020818152604080832085845282529091208251610 2bb92
84019061037156 5b505b5050505 65b6102ca6103f0565b6000838152602081815260408083208584
528252918290208054835160 1f600261010060018516150260001901909316929092049182018490
0484028101840190945280845290918301828280156103635780601f1061033857610100808354 04
0283529160200191610363565b820191906000526020600020905b815481529060010190602001 80
83116103465782900360 1f168201915b50505050509050 5b92915050565b828054600181600116 15
6101000203166002900490600052602060002090601f016020900481019282601f106103b2578051
60ff19168380011785556103df565b8280016001018555821561 03df579182015b8281111561 03df
5782518255916020019190600101906103c4565b5b506103ec9291506104 02565b5090565b604080
516020810190915260008152905 65b61042091905b808211156103ec576000815560010161040856
5b5090565b905600a165627a7a72305820 77fc6dca3d8b8f4abf74e2247e28b0b93a1c4dac40f7e0
977a7bdc86ac8d5bc70029
```

③コントラクトの情報を取得します。

```
$ solc --abi TransactionLogOK.sol

======= TransactionLogOK.sol:TransactionLogOK =======
Contract JSON ABI
[{"constant":true,"inputs":[{"name":"","type":"bytes32"},{"name":"","type":"byt
es32"}],"name":"tranlog","outputs":[{"name":"","type":"string"}],"payable":fals
e,"type":"function"},{"constant":false,"inputs":[{"name":"user_id","type":"byte
s32"},{"name":"project_id","type":"bytes32"},{"name":"tran_data","type":"string
"}],"name":"setTransaction","outputs":[],"payable":false,"type":"function"},{"c
onstant":true,"inputs":[{"name":"user_id","type":"bytes32"},{"name":"project_id
","type":"bytes32"}],"name":"getTransaction","outputs":[{"name":"tran_data","ty
pe":"string"}],"payable":false,"type":"function"}]
```

④ Geth を起動します。

⑤コントラクト登録者のロックを解除します。

```
> personal.unlockAccount(web3.eth.accounts[0])
```

⑥コントラクトをブロックチェーンに登録します。

```
> tranOkContract = web3.eth.contract([{"constant":true,"inputs":[{"name":"","typ
e":"bytes32"},{"name":"","type":"bytes32"}],"name":"tranlog","outputs":[{"name"
:"","type":"string"}],"payable":false,"type":"function"},{"constant":false,"inp
uts":[{"name":"user_id","type":"bytes32"},{"name":"project_id","type":"bytes32"
},{"name":"tran_data","type":"string"}],"name":"setTransaction","outputs":[],"p
ayable":false,"type":"function"},{"constant":true,"inputs":[{"name":"user_id","
type":"bytes32"},{"name":"project_id","type":"bytes32"}],"name":"getTransaction
","outputs":[{"name":"tran_data","type":"string"}],"payable":false,"type":"func
tion"}]);
```

```
> tranOk = tranOkContract.new({from: eth.accounts[0], data: '0x6060604052341561000c57fe5b5b61044f8061001c6000396000f300606060405263ffffffff60e060020a600035041663793e4cb6811461003757806386l3eebb146100cd578063a6ba5def14610129575bfe5b341561003f57fe5b61004d6004356024356101bf565b604080516020808252835181830152835191928392908301918501908083838215610093575b805182526020831115610093576O1f1990920191602091820191016100735656b5050509050908101906O1f1680156100bf5780820380516001836020036101000a031916815260200191505b509250505060405180910390f35b34156100d557fe5b60408051602060046044358181013560lf8101849004840285018401909552848452610127948235946024803595606494929391909201918190840183828082843750949650610260955050505050505b005b341561013157fe5b61004d6004356024356102c2565b6040805160208082528351818301528351919283929083019185019080838382156100093575b80518252602083111561009357601f199092019160209182019101610073565b5050509050908101906O1f1680156100bf5780820380516001836020036101000a031916815260200191505b509250505060405180910390f35b600060208181529281526040808220845291815281902080548251600260018316156101000260001901909216919091046O1f810185900485028201850190935282815292909190830182828015610258578060lf1061022d57610100808354040283529160200191610258565b820191906000526020600020905b8154815290600101906020018083116102 3b57829003601f168201915b5050505050081565b6000838152602081815260408083208584529091529020546002610100600183161502600019019091160415610296576000600Ofd5b60008381526020818152604080832085845282529091208251610 2bb92840190610371565b505b505050565b6102ca6103f0565b6000838152602081815260408083208584528252918290208054835160lf6002610100600185161502600019019093169290920491820184900484028101840190945280845290918301828280156103635780601f1061033857610100808354040283529160200191610363565b820191906000526020600020905b8154815290600101906020018083116103465782900 3601f168201915b5050505050905 05b92915050565b828054600181600116156101000203166002900490600052602060002090601f016020900481019282601f106103b257805160ff1916838001178555610 3df565b828001600101855582156103df579182015b828111156103df578251825591602001919060010190610 3c4565b5b506103ec929150610402565b5090565b604080516020810190915260008152905 65b61042091905b808211156103ec5760008155600101610408565b5090565b905600a165627a7a7230582077fc6dca3d8b8f4abf74e2247e28b0b93a1c4dac40f7e0977a7bdc86ac8d5bc70029', gas: 3000000}, function(e, contract){console.log(e, contract);
if (typeof contract.address != 'undefined') { console.log('Contract mined! address: ' + contract.address + ' transactionHash: ' + contract.transactionHash); }})
```

⑦マイニングを開始します。

```
> miner.start(1)
```

⑧コントラクトがブロックチェーンに登録されることを確認します。

```
> null [object Object]
Contract mined! address: 0xa9147bd3e62a48cc9166ce1ab4f7a04584d8232f
transactionHash: 0xe302e16f52bfa48f171c4cf40d96042217182569371cb271d32c3903d899
c2ea
>
> tranOk
{
  abi: [{
      constant: true,
      inputs: [{...}, {...}],
      name: "tranlog",
```

```
        outputs: [{...}],
        payable: false,
        type: "function"
    }, {
        constant: false,
        inputs: [{...}, {...}, {...}],
        name: "setTransaction",
        outputs: [],
        payable: false,
        type: "function"
    }, {
        constant: true,
        inputs: [{...}, {...}],
        name: "getTransaction",
        outputs: [{...}],
        payable: false,
        type: "function"
    }],
  address: "0xa9147bd3e62a48cc9166ce1ab4f7a04584d8232f",
  transactionHash: "0xe302e16f52bfa48f171c4cf40d96042217182569371cb271d32c3903d8
99c2ea",
  allEvents: function(),
  getTransaction: function(),
  setTransaction: function(),
  tranlog: function()
}
```

⑨コントラクトにアクセスするための変数を定義します。

```
> contractObj = eth.contract(tranOk.abi).at(tranOk.address)
```

⑩コントラクト登録者のロックを解除します。

```
> personal.unlockAccount(web3.eth.accounts[0])
```

⑪ブロックチェーン上の TransactionLog コントラクトにトランザクションを登録します。

```
> contractObj.setTransaction.sendTransaction("USER000001","PROJ00000001","2016年
10月27日にAさんからBさんへ1,000円送付",{from:eth.accounts[0]})
"0x25d012fb8649a131f91a57eced451e97386c97936ef360f20dcd1e86ca9aceee"
```

⑫⑪のトランザクションがマイニングされたか確認します。

```
> eth.getTransaction("0x25d012fb8649a131f91a57eced451e97386c97936ef360f20dcd1e86
ca9aceee")
```

⑬登録したログを参照します。

```
> contractObj.getTransaction.call("USER000001","PROJ00000001",{from:eth.
accounts[0]})
"2016年10月27日にAさんからBさんへ1,000円送付"
```

⑭登録したログを改ざんします。

```
contractObj.setTransaction.sendTransaction("USER000001","PROJ00000001","2017年01
月27日にAさんからBさんへ99円送付",{from:eth.accounts[0]})
"0xa7bf6cf808bd79c9921ca74c4434af0d3b5a1ba60b1e8eaa69b45fa9e6f0b945"
```

⑮改ざんしたログを確認します。

```
> contractObj.getTransaction.call("USER000001","PROJ00000001",{from:eth.
accounts[0]})
"2016年10月27日にAさんからBさんへ1,000円送付"
```

⑯再度コントラクトにアクセスする場合の変数定義の仕方は以下の通りです。

```
> contractObj = eth.contract([{"constant":true,"inputs":[{"name":"","type":"byt
es32"},{"name":"","type":"bytes32"}],"name":"tranlog","outputs":[{"name":"","t
ype":"string"}],"payable":false,"type":"function"},{"constant":false,"inputs":[
{"name":"user_id","type":"bytes32"},{"name":"project_id","type":"bytes32"},{"na
me":"tran_data","type":"string"}],"name":"setTransaction","outputs":[],"payabl
e":false,"type":"function"},{"constant":true,"inputs":[{"name":"user_id","type
":"bytes32"},{"name":"project_id","type":"bytes32"}],"name":"getTransaction","
outputs":[{"name":"tran_data","type":"string"}],"payable":false,"type":"functi
on"}]).at("0xa9147bd3e62a48cc9166ce1ab4f7a04584d8232f")
```

今度は、先ほどと異なり改ざんされていないことが確認できました。

5.3.3 チェック処理

よくある議論として、チェック処理をWebアプリ側（JavaやNode.jsなどで作るサーバサイド側）に持たせるか、ブロックチェーン側に持たせるかというものがあります。

結論から言うと、開発した後、チェック仕様が不変のものについてはブロックチェーン側に持たせます。チェック仕様が不変、可変に関わらずWebアプリにはすべてのチェック処理を組み込んだほうがよいでしょう。

なお、スマートフォンアプリやクライアントアプリから直接ブロックチェーンにアクセスする場合は、チェック仕様が不変、可変に関わらずブロックチェーンにすべてのチェック処理を組み込まなければなりません。一度、コントラクトを登録してしまうと変更するのが容易でないため、十分な考慮が必要です。

そのため、必要に応じてスマートフォンアプリやクライアントアプリとEthereumの間にもAPIアプリを配置するのがよいでしょう。APIアプリは、JavaやPythonなどで簡易なWebAPIサービスを作るか、AWS Lambda で作るのがお勧めです。

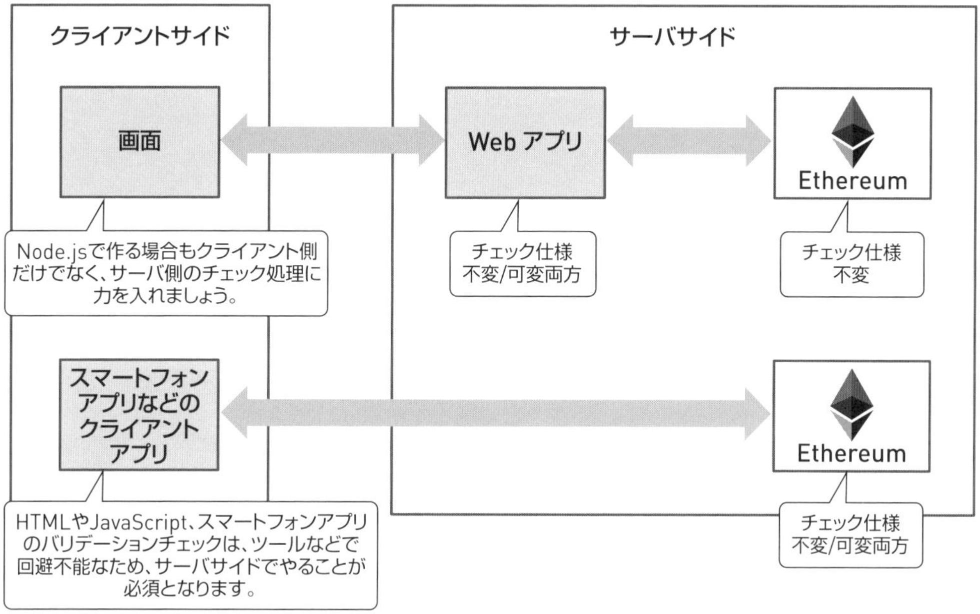

5.3.4 登録可能なデータ量

スマートコントラクトに慣れて開発を進めていくと、登録できるデータ量はどれくらいなのか、疑問が湧くのではないでしょうか。これは、一概には言えません。Ethereum のバージョンアップや Ethereum の経済状況によって、そのときの必要な Gas の量が異なるからです。2.1.4 項「Gas」でも少し話題に触れましたが、Gas Limit（Gas の上限）を超えない文字列の登録であれば一般的な開発に必要なデータ量は十分に確保できます。

少し大きめのデータを登録するときのポイントは、Gas を多めに設定することです。テスト環境では、300 万以上の Gas を設定しておけばよいでしょう。使わなかった Gas は返却されます。多くの開発者が文字列（String）を扱うときに、この設定で苦労しているようです。

5.3.2 の sendTransaction の第 4 引数：{from:eth.accounts[0]}
5.3.3 の sendTransaction の第 4 引数：{from:eth.accounts[0], gas:3000000}

① 5.3.2 で利用したコントラクトに少し大きめのデータを登録します。

```
> personal.unlockAccount(web3.eth.accounts[0])
```

②Gasが足りずにエラーになるパターンは以下の通りです。

```
> contractObj.setTransaction.sendTransaction("USER000002", "PROJ00000001", "XX
XXXXXXXXXXXXXXXXXXXXXXXXXXXXXXXXXXXXXXXXXXXXXXXXXXXXXXXXXX ～(1000文字程度xを入
れてみる)～XXXXXXXXXXXXXXXXXXXXXXXXXXXXXXXXXXXXXXXXXXXXXXXXXXXXXXXXXX",{from:eth.
accounts[0]})
Error: Intrinsic gas too low
    at web3.js:3104:20
    at web3.js:6191:15
    at web3.js:5004:36
    at web3.js:4061:16
    at <anonymous>:1:1
```

③Gasを十分に与えることで成功するパターンは以下の通りです。

```
> contractObj.setTransaction.sendTransaction("USER000002", "PROJ00000001",
"XXXXXXXXXXXXXXXXXXXXXXXXXXXXXXXXXXXXXXXXXXXXXXXXXXXXXXXXXXXX ～(1000文字程度xを
入れてみる)～XXXXXXXXXXXXXXXXXXXXXXXXXXXXXXXXXXXXXXXXXXXXXXXXXXXXXXXXXXX",{from:eth.
accounts[0], gas:3000000})
"0xdaa66fdf7984c961e4b012a39e3dee070aa80d6abacf4ba666003da5da84593d"
```

④登録したデータを確認します。

```
> contractObj.getTransaction.call("USER000002","PROJ00000001",{from:eth.
accounts[0]})
```

なお、実本番のEthereumでGasの上限を確認するには、ethstas（https://ethstats.net/）の「Gas LIMIT」項目で確認することができます。

刻々と値が変化していることが見て取れるかと思います。

4 本人確認サービス

5.4.1 概要

山田太郎さんが現在、転職活動をしていると仮定します。企業の採用担当者は、山田太郎さんが大学に通い、企業に勤めていたか、確認を行いたいと思っています。とある市役所のような行政機関が本人の経歴をスマートコントラクトで管理し閲覧できるようなサービスを作りました。これは、山田太郎さんがどこの大学や会社に所属していたか管理できるものとなります。登場人物としては、コントラクトの管理者、個人とその個人を証明する機関（大学、企業）、その個人の証明を閲覧する人となります。山田さんは企業の採用担当者へ特定の期間、過去の経歴を閲覧できるように設定しました。

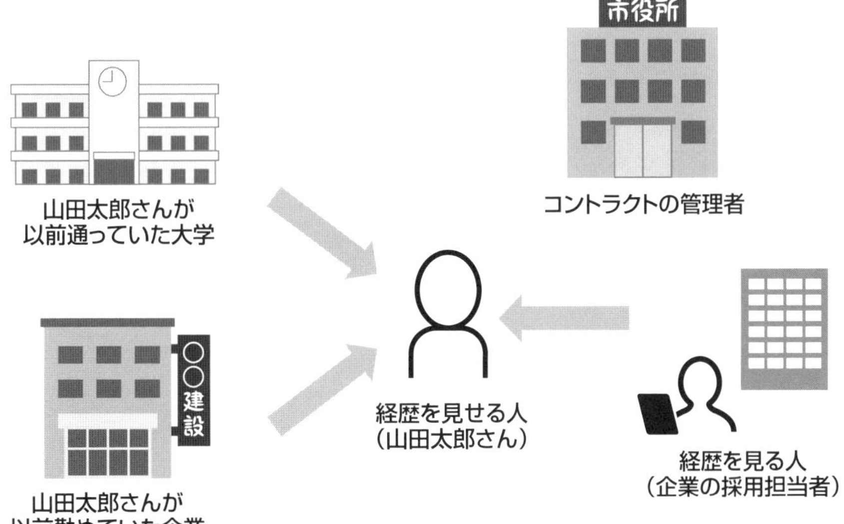

5.4.2 シナリオ

各々以下のようなシナリオを実行します。

No	シナリオ	操作する人	操作内容
1	コントラクトの登録	コントラクトの管理者	・コントラクトを登録します。 ※コンストラクタの使い方を見ていきます。
2	認証組織の登録	山田太郎さんが以前通っていた大学 山田太郎さんが以前勤めていた企業	・認証組織情報を登録します。 ・山田太郎さんが通学、就業していた実績を登録します。 ※フィールドの public について説明します。

3	本人情報の登録	経歴を見せる人（山田太郎さん）	・本人情報を登録します。 ・経歴を見る人に閲覧許可を出します。 ※ブロック番号を用いたアクセス制御を説明します。
4	本人確認情報の閲覧（期限内）	経歴を見る人（企業の採用担当者） コントラクトの管理者	・山田太郎さんの本人確認情報を閲覧します。
5	本人確認情報の閲覧（期限切れ）	経歴を見る人（企業の採用担当者） コントラクトの管理者	・山田太郎さんの本人確認情報を閲覧します。 ※期限が切れた後、閲覧制限の有無を確認します。

本来、実業務に利用するのであれば、各々の属性に暗号化を行ったり、役割毎もしくは機能毎にコントラクトを分割したり、厳重なチェック処理を入れるべきです。今回は、慣れ親しんでもらう、という意味でチェック処理は最小限の範囲にとどめています。

5.4.3 本人確認コントラクトの説明

```
pragma solidity ^0.4.8;

// 本人確認コントラクト
contract PersonCertification {

    // コントラクトの管理者アドレス
    address admin;

    // (1) 閲覧許可情報
    struct AppDetail {
        bool allowReference;
        uint256 approveBlockNo;
        uint256 refLimitBlockNo;
        address applicant;
    }

    // (2) 本人確認情報（山田太郎）
    struct PersonDetail {
        string name;
        string birth;
        address[] orglist;
    }

    // (3) 証明機関情報（学校や企業など）
    struct OrganizationDetail {
        string name;
    }

    // (4) アドレスがキーの閲覧許可情報
    mapping(address => AppDetail) appDetail;

    // (5) アドレスがキーの本人確認情報
```

```
mapping(address => PersonDetail) personDetail;

// (6) アドレスがキーの組織情報
mapping(address => OrganizationDetail) public orgDetail;


// (7) コンストラクタ
function PersonCertification() {
    admin = msg.sender;
}

// ----------------------------------------------------------------
// データ登録関数（set）
// ----------------------------------------------------------------
// (8) 本人情報を登録する
function setPerson(string _name, string _birth) {
    personDetail[msg.sender].name = _name;
    personDetail[msg.sender].birth = _birth;
}

// (9) 組織情報を登録する
function setOrganization(string _name) {
     orgDetail[msg.sender].name = _name;
}

// (10) 組織が人の所属を証明する
function setBelong(address _person) {
    personDetail[_person].orglist.push(msg.sender);
}

// (11) 本人確認情報の参照を許可する
function setApprove(address _applicant, uint256 _span) {
    appDetail[msg.sender].allowReference = true;
    appDetail[msg.sender].approveBlockNo = block.number;
    appDetail[msg.sender].refLimitBlockNo = block.number + _span;
    appDetail[msg.sender].applicant = _applicant;
}

// ----------------------------------------------------------------
// データ取得関数（get）
// ----------------------------------------------------------------
// (12) 本人確認情報を参照する
function getPerson(address _person) public constant returns(
                                    bool _allowReference,
                                    uint256 _approveBlockNo,
                                    uint256 _refLimitBlockNo,
                                    address _applicant,
                                    string _name,
                                    string _birth,
                                    address[] _orglist) {
    // 閲覧許可情報
    _allowReference  = appDetail[_person].allowReference;
    _approveBlockNo  = appDetail[_person].approveBlockNo;
    _refLimitBlockNo = appDetail[_person].refLimitBlockNo;
```

```
        _applicant       = appDetail[_person].applicant;

        // 閲覧を制限する本人情報
        if (((msg.sender == _applicant)
          && (_allowReference == true)
          && (block.number < _refLimitBlockNo))
         || (msg.sender == admin)
         || (msg.sender == _person)) {
            _name    = personDetail[_person].name;
            _birth   = personDetail[_person].birth;
            _orglist = personDetail[_person].orglist;
        }
    }
}
```


プログラム解説

(1) 閲覧許可の情報

allowReference	参照可否 (true：許可、false：不許可)
approveBlockNo	承認時のブロック番号
refLimitBlockNo	閲覧期間終了のブロック番号
applicant	閲覧を許可するアドレス

※複数人には閲覧許可が出せないようにしています。

※誰でも閲覧許可情報を見ることは可能となっています。

(2) 本人の情報

orglist には、学校や企業などの認証機関の Ethereum アドレスが配列形式で入ります。

name	名前
birth	生年月日
orglist	認証機関のアドレスリスト

(3) 学校や企業など認証機関の情報

構造の簡略化のため、組織名のみにしています。実際は、企業コードなどその企業を一意に識別する ID を書き込んだり、コントラクトの管理者などが認証機関として認めたフラグなどを持たせるのがよいと思います。

(4) アドレスがキーの閲覧許可情報

アドレスごとの閲覧許可情報です。

(5) アドレスがキーの本人確認情報

アドレス保持者の本人確認情報です。

(6) アドレスがキーの組織情報

mapping(address => OrganizationDetail) public orgDetail; のみ (4) と (5) と異なり、public が付いています。public を宣言したフィールドには、以下のような function が自動生成されます。

```
function orgDetail(address _org) returns (string name) {
    return orgDetail[_org];
}
```

よって、プログラム上には関数がないものの以下のようなアクセスを行うことが可能となります。

> contractObj. orgDetail.call(対象のアドレス ,{from:eth.accounts[0]})

うっかり、本人確認情報である personDetail に public を付けると制限なく閲覧できてしまうため注意が必要です。

(7) コンストラクタ

ここはコントラクト登録時に呼ばれます。コンストラクタの管理者が後で自由に閲覧操作ができるように管理者アドレス admin にアドレスを登録します。msg.sender はコントラクトの作成者及び実行者のアドレスが入ります。コントラクトを操作する人によって msg.sender のアドレスが変わるため、admin に置き換えています。

(8) 本人情報を登録

一度登録した名前や生年月日は書き換えることが可能です。

(9) 組織情報を登録

一度登録した名前は書き換えることが可能です。

(10) 組織が人の所属を証明

一度登録した名前は書き換えることが可能です。

(11) 本人確認情報の参照を許可

_applicant	参照許可を与える対象のアドレスを入れます。 今回のシナリオであれば、企業採用担当者のアドレスを入れます。
_span	承認時のブロック番号からどの程度の期間を参照させてよいかブロック数で指定します。一般的なシステムであれば、何日の何時何分何秒までと制限できますが、Ethereum の場合、厳密な時間管理が難しいため、1 ブロックあたり XX 秒で生成されるから、○○日間許可するには XX ブロックを指定しておく、という流れになります。

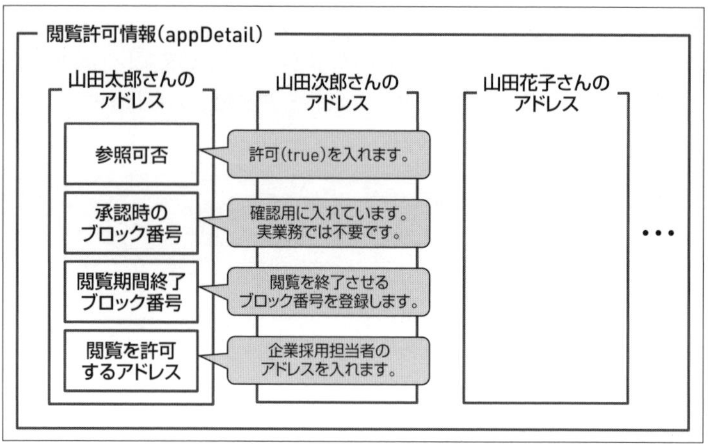

(12) 本人確認情報を参照

「閲覧許可情報」項番 (1) は誰でも参照できますが、「閲覧を制限する本人情報」項番 (2) は特定の条件を満たした人しか閲覧できません。「閲覧を制限する本人情報」項番 (2) を閲覧できる条件は以下の通りです。

- コントラクトの管理者であること
- 本人であること（今回は山田太郎さん自身）
- 閲覧者へ閲覧許可済みで閲覧期間終了ブロック番号を超過してないこと

5.4.4 本人確認コントラクトの実行事前準備

Ethereum をセットアップします。今回は、アカウント切り替えなどが発生するため、1 から構築する手順も記載しておきます。

```
$ mkdir /home/eth/data_testnet
// プライベートネットワークの設定ファイルを作成する
$ vi /home/eth/data_testnet/genesis.json
{
    "config": {
        "chainId": 15,
        "homesteadBlock": 0,
        "eip155Block": 0,
        "eip158Block": 0
    },
    "difficulty": "0x400",
    "gasLimit": "0x8000000",
    "alloc": {}
}
// プライベートネットワークの設定ファイルを読み込む
$ geth --datadir /home/eth/data_testnet init /home/eth-user-client/genesis.json
```

```
// アカウントを作成する
$ geth account new
Address: {4e9a5e23c046184350f900782993f92569e95232}

// アカウント付き、マイニング付き、コンソール付きでEthereumを起動する
$ geth --datadir /home/eth/data_testnet --networkid 15 --mine --minerthreads=1
--etherbase=0x4e9a5e23c046184350f900782993f92569e95232 console

// CoinBaseアカウントの確認
> eth.coinbase
"0x4e9a5e23c046184350f900782993f92569e95232"

// コントラクトの管理者のアカウントを作成する
> personal.newAccount("[任意のパスワード]")
"0xb2df36f591b3ec97ca5896055770ad04700cad36"

// 山田太郎さんが以前通っていた大学のアカウントを作成する
> personal.newAccount("[任意のパスワード]")
"0xed3ccff81e28627328374c5578ba72acb36fd469"

// 山田太郎さんが以前勤めていた企業のアカウントを作成する
> personal.newAccount("[任意のパスワード]")
"0x919b4b6ab6f5092fe97ef72da2a094fdd61118fe"

// 経歴を見る人（企業の採用担当者）のアカウントを作成する
> personal.newAccount("[任意のパスワード]")
"0xffc5420627bc8e3fbe448fbfc417b674ea0cd418"

// 経歴を見せる人（山田太郎さん）のアカウントを作成する
> personal.newAccount("[任意のパスワード]")
"0x58c6e8a804c705e6655280ce64d933e39cf6f5c4"
```

シナリオとして、各々のアカウントが自社・自分のサーバで Ethereum を立ち上げることを想定しています。そのため、各々のアカウントでマイニングを行い、Gas を貯め、コントラクトにトランザクションを発行できるようにします。テストするための開発環境という位置づけの場合には、誰か特定の1アカウントでマイニングし、各々のアカウントに ether を送金してもかまいません。

以下の各々の Geth 起動コマンドは、マイニングするアカウントのアドレスが異なるだけで内容は同じものとなります。

```
// コントラクトの管理者でGethを起動する
$ geth --datadir /home/eth-user-client/data_testnet --networkid 15 --mine
--minerthreads=1 --etherbase=0xb2df36f591b3ec97ca5896055770ad04700cad36 --rpc
--rpcport 8545 --rpcaddr "0.0.0.0" --rpccorsdomain "*" --rpcapi "admin,db,eth,d
ebug,miner,net,shh,txpool,personal,web3"
// Ctrl + CでGethを停止する

// 山田太郎さんが以前通っていた大学でGethを起動する
```

```
$ geth --datadir /home/eth-user-client/data_testnet --networkid 15 --mine
--minerthreads=1 --etherbase=0xed3ccff81e28627328374c5578ba72acb36fd469 --rpc
--rpcport 8545 --rpcaddr "0.0.0.0" --rpccorsdomain "*" --rpcapi "admin,db,eth,d
ebug,miner,net,shh,txpool,personal,web3"
// Ctrl + CでGethを停止する

// 山田太郎さんが以前勤めていた企業でGethを起動する
$ geth --datadir /home/eth-user-client/data_testnet --networkid 15 --mine
--minerthreads=1 --etherbase=0x919b4b6ab6f5092fe97ef72da2a094fdd61118fe --rpc
--rpcport 8545 --rpcaddr "0.0.0.0" --rpccorsdomain "*" --rpcapi "admin,db,eth,d
ebug,miner,net,shh,txpool,personal,web3"
// Ctrl + CでGethを停止する

// 経歴を見る人（企業の採用担当者）でGethを起動する
$ geth --datadir /home/eth-user-client/data_testnet --networkid 15 --mine
--minerthreads=1 --etherbase=0xffc5420627bc8e3fbe448fbfc417b674ea0cd418 --rpc
--rpcport 8545 --rpcaddr "0.0.0.0" --rpccorsdomain "*" --rpcapi "admin,db,eth,d
ebug,miner,net,shh,txpool,personal,web3"
// Ctrl + CでGethを停止する

// 経歴を見せる人（山田太郎さん）でGethを起動する
$ geth --datadir /home/eth-user-client/data_testnet --networkid 15 --mine
--minerthreads=1 --etherbase=0x58c6e8a804c705e6655280ce64d933e39cf6f5c4 --rpc
--rpcport 8545 --rpcaddr "0.0.0.0" --rpccorsdomain "*" --rpcapi "admin,db,eth,d
ebug,miner,net,shh,txpool,personal,web3"
// Ctrl + CでGethを停止する
```

残高の確認

```
// コントラクトの管理者
> eth.accounts[0]  // "0xb2df36f591b3ec97ca5896055770ad04700cad36"
> eth.getBalance(eth.accounts[0])
// 山田太郎さんが以前通っていた大学
> eth.accounts[1]  // "0xed3ccff81e28627328374c5578ba72acb36fd469"
> eth.getBalance(eth.accounts[1])
// 山田太郎さんが以前勤めていた企業
> eth.accounts[2]  // "0x919b4b6ab6f5092fe97ef72da2a094fdd61118fe"
> eth.getBalance(eth.accounts[2])
// 経歴を見る人（企業の採用担当者）
> eth.accounts[3]  // "0xffc5420627bc8e3fbe448fbfc417b674ea0cd418"
> eth.getBalance(eth.accounts[3])
// 経歴を見せる人（山田太郎さん）
> eth.accounts[4]  // "0x58c6e8a804c705e6655280ce64d933e39cf6f5c4"
> eth.getBalance(eth.accounts[4])
```

5.4.5 本人確認コントラクトの実行

クライアント側の環境としては、コンソールを 3 つ起動している前提で説明します。

- コンソール 1 ・・・ solc コマンド利用用
- コンソール 2 ・・・ Geth 起動用
- コンソール 3 ・・・ Geth に JSON で attach する用

PuTTY や Tera Term で自宅 PC の Ethereum や Azure などパブリッククラウド上の Ethereum に SSH リモートで操作していると仮定します。コンソール 2、3 と分けているのは、Debug として Geth の起動ユーザを切り替えて、そのまま、前の変数を使いまわしたい場合があるためです。例えば、A さんのユーザで Geth の起動を行い、コントラクトを作成し、マイニングして、そのまま変数を持ちまわして B さんのユーザで Geth を起動しなおしてそのコントラクトを操作する場合、有効です。毎回、「contractObj = eth.contract(ABI 情報).at(コントラクトのアドレス)」といった変数を再定義する手間を省くためです。文章だと説明が難しいのですが、最後の「5.4 本人確認サービス」で実感できるかと思います。また、PuTTY を複数コンソールで利用する際は、SuperPuTTY でタブ化するのがおすすめです。また、当たり前の話で恐縮ですが、適宜、実行内容と実行結果をテキストや EXCEL などにメモしておくことも大事なことになります。改良、改修を加えながらやっていくと、どのタイミングで成功してどのタイミングで失敗したのかわからなくなり、戻せなくなり無駄な時間を費やす可能性があるためです。少し手間ですが、Git や SVN で適宜バージョン管理してもよいかと思います。

シナリオ 1. コントラクトの登録

コンソール 1

①任意の場所にコントラクトプログラムを配置します。

```
$ vi PersonCertification.sol
pragma solidity ^0.4.8;
contract PersonCertification {
    address admin;
    struct AppDetail {
        bool allowReference;
        uint256 approveBlockNo;
        uint256 refLimitBlockNo;
        address applicant;
    }
    struct PersonDetail {
        string name;
        string birth;
        address[] orglist;
    }
    struct OrganizationDetail {
        string name;
    }
    mapping(address => AppDetail) appDetail;
```

```
    mapping(address => PersonDetail) personDetail;
    mapping(address => OrganizationDetail) public orgDetail;
    function PersonCertification() {
        admin = msg.sender;
    }
    function setPerson(string _name, string _birth) {
        personDetail[msg.sender].name = _name;
        personDetail[msg.sender].birth = _birth;
    }
    function setOrganization(string _name) {
        orgDetail[msg.sender].name = _name;
    }
    function setBelong(address _person) {
        personDetail[_person].orglist.push(msg.sender);
    }
    function setApprove(address _applicant, uint256 _span) {
        appDetail[msg.sender].allowReference = true;
        appDetail[msg.sender].approveBlockNo = block.number;
        appDetail[msg.sender].refLimitBlockNo = block.number + _span;
        appDetail[msg.sender].applicant = _applicant;
    }
    function getPerson(address _person) public constant returns(
                                        bool _allowReference,
                                        uint256 _approveBlockNo,
                                        uint256 _refLimitBlockNo,
                                        address _applicant,
                                        string _name,
                                        string _birth,
                                        address[] _orglist) {
        _allowReference  = appDetail[_person].allowReference;
        _approveBlockNo  = appDetail[_person].approveBlockNo;
        _refLimitBlockNo = appDetail[_person].refLimitBlockNo;
        _applicant       = appDetail[_person].applicant;
        if (((msg.sender == _applicant)
          && (_allowReference == true)
          && (block.number < _refLimitBlockNo))
         || (msg.sender == admin)
         || (msg.sender == _person)) {
            _name    = personDetail[_person].name;
            _birth   = personDetail[_person].birth;
            _orglist = personDetail[_person].orglist;
        }
    }
}
```

②コントラクトプログラムのビルド用 Data を出力します。

```
$ solc -o ./ --bin --optimize PersonCertification.sol
$ cat PersonCertification.bin
```

③コントラクトの情報を取得します。

```
$ solc --abi PersonCertification.sol
```

コンソール2

④ Geth を起動します（コントラクトの管理者）。

```
$ geth --datadir /home/eth-user-client/data_testnet --networkid 15 --mine
--minerthreads=1 --etherbase=0xb2df36f591b3ec97ca5896055770ad04700cad36 --rpc
--rpcport 8545 --rpcaddr "0.0.0.0" --rpccorsdomain "*" --rpcapi "admin,db,eth,d
ebug,miner,net,shh,txpool,personal,web3"
```

コンソール3

⑤ Geth を外部から Attach します。

```
$ geth attach rpc:http://localhost:8545 console
```

⑥コントラクト登録者のロックを解除します。

```
> eth.coinbase      // アドレスの確認 "0xb2df36f591b3ec97ca5896055770ad04700cad36"
> personal.unlockAccount(web3.eth.accounts[0])
```

⑦コントラクトをブロックチェーンに登録します（③で取得したABI情報を利用します）。

```
> PersonCertificationContract = web3.eth.contract([{"constant":false,"inputs":[
{"name":"_name","type":"string"}],"name":"setOrganization","outputs":[],"payab
le":false,"type":"function"},{"constant":true,"inputs":[{"name":"_person","type
":"address"}],"name":"getPerson","outputs":[{"name":"_allowReference","type":"b
ool"},{"name":"_approveBlockNo","type":"uint256"},{"name":"_refLimitBlockNo","
type":"uint256"},{"name":"_applicant","type":"address"},{"name":"_name","type":
"string"},{"name":"_birth","type":"string"},{"name":"_orglist","type":"address[
]"}],"payable":false,"type":"function"},{"constant":false,"inputs":[{"name":"_
name","type":"string"},{"name":"_birth","type":"string"}],"name":"setPerson","o
utputs":[],"payable":false,"type":"function"},{"constant":false,"inputs":[{"na
me":"_person","type":"address"}],"name":"setBelong","outputs":[],"payable":fals
e,"type":"function"},{"constant":false,"inputs":[{"name":"_applicant","type":"a
ddress"},{"name":"_span","type":"uint256"}],"name":"setApprove","outputs":[],"
payable":false,"type":"function"},{"constant":true,"inputs":[{"name":"","type"
:"address"}],"name":"orgDetail","outputs":[{"name":"name","type":"string"}],"p
ayable":false,"type":"function"},{"inputs":[],"payable":false,"type":"construc
tor"}]);

> personCert = PersonCertificationContract.new({from: eth.accounts[0], data:
'0x6060604052341561000c57fe5b5b60008054600160a060020a03191633600160a060020a03161
790555b5b6108dd806100396000396000f30060606040523615610005c5763ffffffff60e060020a6
00035041663319c33cc811461005e578063552d2d5c146100b65780636ebd2bb6146102465780639
```

（中略）

```
886ef1569a40029', gas: 3000000}, function(e, contract){console.log(e, contract);
if (typeof contract.address != 'undefined') { console.log('Contract mined!
```

```
address: ' + contract.address + ' transactionHash: ' + contract.transactionHash)
; }})
```

⑧暫く待つとコントラクトがブロックチェーンに登録されたことが確認できます。

```
> null [object Object]
Contract mined! address: 0xc5062649ee5818cb2c9112047318f4725fd8e31d
transactionHash: 0xa10fcf395884b3108b5b8c0d0d5f2c90472a2eba62b660a5f5bf44161b11
e8f5
```

⑨コントラクトにアクセスするための変数を定義します。

```
> contractObj = eth.contract(personCert.abi).at(personCert.address)
```


シナリオ 2. 認証組織情報の登録

コンソール 2

⑩ Geth を起動します（山田太郎さんが以前通っていた大学）。Ctrl + C で Geth を停止し、山田太郎さんが以前通っていた大学として Geth を起動します。

```
$ geth --datadir /home/eth-user-client/data_testnet --networkid 15 --mine
--minerthreads=1 --etherbase=0xed3ccff81e28627328374c5578ba72acb36fd469 --rpc
--rpcport 8545 --rpcaddr "0.0.0.0" --rpccorsdomain "*" --rpcapi "admin,db,eth,d
ebug,miner,net,shh,txpool,personal,web3"
```

コンソール 3

⑪組織情報を登録します。

```
> eth.coinbase      // アドレスの確認 "0xed3ccff81e28627328374c5578ba72acb36fd469"
> personal.unlockAccount(web3.eth.accounts[1])
> contractObj.setOrganization.sendTransaction("山田太郎さんが以前通っていた大学
",{from:eth.accounts[1]})
> contractObj.orgDetail.call("0xed3ccff81e28627328374c5578ba72acb36fd469",{from:
eth.accounts[1]})
"山田太郎さんが以前通っていた大学"
```

⑫山田太郎さんが通学していた実績を登録します。

```
> contractObj.setBelong.sendTransaction("0x58c6e8a804c705e6655280ce64d933e39cf6f
5c4",{from:eth.accounts[1]})
```

コンソール 2

⑬ Geth を起動します（山田太郎さんが以前勤めていた企業）。Ctrl + C で Geth を停止し、山田太郎さんが以前勤めていた企業として Geth を起動します。

```
$ geth --datadir /home/eth-user-client/data_testnet --networkid 15 --mine
```

```
--minerthreads=1 --etherbase=0x919b4b6ab6f5092fe97ef72da2a094fdd61118fe --rpc
--rpcport 8545 --rpcaddr "0.0.0.0" --rpccorsdomain "*" --rpcapi "admin,db,eth,d
ebug,miner,net,shh,txpool,personal,web3"
```

コンソール 3

⑭組織情報を登録します。

```
> eth.coinbase     // アドレスの確認 "0x919b4b6ab6f5092fe97ef72da2a094fdd61118fe"
> personal.unlockAccount(web3.eth.accounts[2])
> contractObj.setOrganization.sendTransaction("山田太郎さんが以前勤めていた企業
",{from:eth.accounts[2]})
> contractObj.orgDetail.call("0x919b4b6ab6f5092fe97ef72da2a094fdd61118fe",{from:
eth.accounts[2]})
"山田太郎さんが以前勤めていた企業"
```

⑮山田太郎さんが就業していた実績を登録します。

```
> contractObj.setBelong.sendTransaction("0x58c6e8a804c705e6655280ce64d933e39cf6f
5c4",{from:eth.accounts[2]})
```

シナリオ 3. 本人情報の登録

コンソール 2

⑯ Geth を起動します（山田太郎さん）。Ctrl + C で Geth を停止し、山田太郎さんとして Geth を起動します。

```
$ geth --datadir /home/eth-user-client/data_testnet --networkid 15 --mine
--minerthreads=1 --etherbase=0x58c6e8a804c705e6655280ce64d933e39cf6f5c4 --rpc
--rpcport 8545 --rpcaddr "0.0.0.0" --rpccorsdomain "*" --rpcapi "admin,db,eth,d
ebug,miner,net,shh,txpool,personal,web3"
```

コンソール 3

⑰本人情報を登録します。

```
> eth.coinbase     // アドレスの確認 "0x58c6e8a804c705e6655280ce64d933e39cf6f5c4"
> personal.unlockAccount(web3.eth.accounts[4])
> contractObj.setPerson.sendTransaction("山田太郎","19850101",{from:eth.
accounts[4]})
> contractObj.getPerson.call("0x58c6e8a804c705e6655280ce64d933e39cf6f5c4",{from:
eth.accounts[4]})
[false, 0, 0, "0x0000000000000000000000000000000000000000", "山田太郎",
"19850101", ["0xed3ccff81e28627328374c5578ba72acb36fd469", "0x919b4b6ab6f5092fe
97ef72da2a094fdd61118fe"]]
```

⑱経歴を見る人に閲覧許可を出します（Gas を多く消費するため、gas:3000000 を設定している）。

```
> contractObj.setApprove.sendTransaction("0xffc5420627bc8e3fbe448fbfc417b674ea0
cd418", 200, {from:eth.accounts[4], gas:3000000})
> contractObj.getPerson.call("0x58c6e8a804c705e6655280ce64d933e39cf6f5c4",{from:
eth.accounts[4]})
[true, 2985, 3185, "0xffc5420627bc8e3fbe448fbfc417b674ea0cd418", "山田太郎",
"19850101", ["0xed3ccff81e28627328374c5578ba72acb36fd469", "0x919b4b6ab6f5092fe
97ef72da2a094fdd61118fe"]]
```


シナリオ 4. 本人確認情報の閲覧

コンソール 2

⑲Geth を起動します（経歴を見る人（企業の採用担当者））。Ctrl + C で Geth を停止し、経歴を見る人（企業の採用担当者）として Geth を起動します。

```
$ geth --datadir /home/eth-user-client/data_testnet --networkid 15 --mine
--minerthreads=1 --etherbase=0xffc5420627bc8e3fbe448fbfc417b674ea0cd418 --rpc
--rpcport 8545 --rpcaddr "0.0.0.0" --rpccorsdomain "*" --rpcapi "admin,db,eth,d
ebug,miner,net,shh,txpool,personal,web3"
```

コンソール 3

⑳本人確認情報を閲覧します。

```
> eth.coinbase      // アドレスの確認 "0xffc5420627bc8e3fbe448fbfc417b674ea0cd418"
> eth.blockNumber   // ブロック番号の確認 3009
> contractObj.getPerson.call("0x58c6e8a804c705e6655280ce64d933e39cf6f5c4",{from:
eth.accounts[3]})
[true, 2985, 3185, "0xffc5420627bc8e3fbe448fbfc417b674ea0cd418", "山田太郎",
"19850101", ["0xed3ccff81e28627328374c5578ba72acb36fd469", "0x919b4b6ab6f5092fe
97ef72da2a094fdd61118fe"]]
```

コンソール 2

㉑ Geth を起動します（コントラクトの管理者）。Ctrl + C で Geth を停止し、コントラクトの管理者として Geth を起動します。

```
$ geth --datadir /home/eth-user-client/data_testnet --networkid 15 --mine
--minerthreads=1 --etherbase=0xb2df36f591b3ec97ca5896055770ad04700cad36 --rpc
--rpcport 8545 --rpcaddr "0.0.0.0" --rpccorsdomain "*" --rpcapi "admin,db,eth,d
ebug,miner,net,shh,txpool,personal,web3"
```

コンソール 3

㉒本人確認情報を閲覧します。

```
> eth.coinbase      // アドレスの確認 "0xb2df36f591b3ec97ca5896055770ad04700cad36"
> contractObj.getPerson.call("0x58c6e8a804c705e6655280ce64d933e39cf6f5c4",{from:
```

```
eth.accounts[0]})
[true, 2985, 3185, "0xffc5420627bc8e3fbe448fbfc417b674ea0cd418", "山田太郎",
"19850101", ["0xed3ccff81e28627328374c5578ba72acb36fd469", "0x919b4b6ab6f5092fe
97ef72da2a094fdd61118fe"]]
```

シナリオ 5. 本人確認情報の閲覧（期限切れ）

コンソール 2

⑲Geth を起動します（経歴を見る人（企業の採用担当者））。Ctrl + C で Geth を停止し、経歴を見る人（企業の採用担当者）として Geth を起動します。

```
$ geth --datadir /home/eth-user-client/data_testnet --networkid 15 --mine
--minerthreads=1 --etherbase=0xffc5420627bc8e3fbe448fbfc417b674ea0cd418 --rpc
--rpcport 8545 --rpcaddr "0.0.0.0" --rpccorsdomain "*" --rpcapi "admin,db,eth,d
ebug,miner,net,shh,txpool,personal,web3"
```

コンソール 3

⑳本人確認情報を閲覧します。

```
> eth.coinbase      // アドレスの確認 "0xffc5420627bc8e3fbe448fbfc417b674ea0cd418"
> eth.blockNumber   // ブロック番号の確認 3200
> contractObj.getPerson.call("0x58c6e8a804c705e6655280ce64d933e39cf6f5c4",{from:
eth.accounts[3]})
[true, 2985, 3185, "0xffc5420627bc8e3fbe448fbfc417b674ea0cd418", "", "", []]
※閲覧期限を超過しているため山田太郎さんの名前や生年月日が閲覧できなくなっている
```

コンソール 2

㉑ Geth を起動します（コントラクトの管理者）。Ctrl + C で Geth を停止し、コントラクトの管理者として Geth を起動します。

```
$ geth --datadir /home/eth-user-client/data_testnet --networkid 15 --mine
--minerthreads=1 --etherbase=0xb2df36f591b3ec97ca5896055770ad04700cad36 --rpc
--rpcport 8545 --rpcaddr "0.0.0.0" --rpccorsdomain "*" --rpcapi "admin,db,eth,d
ebug,miner,net,shh,txpool,personal,web3"
```

コンソール 3

㉒本人確認情報を閲覧します。

```
> eth.coinbase      // アドレスの確認 "0xb2df36f591b3ec97ca5896055770ad04700cad36"
> contractObj.getPerson.call("0x58c6e8a804c705e6655280ce64d933e39cf6f5c4",{from:
eth.accounts[0]})
[true, 2985, 3185, "0xffc5420627bc8e3fbe448fbfc417b674ea0cd418", "山田太郎",
"19850101", ["0xed3ccff81e28627328374c5578ba72acb36fd469", "0x919b4b6ab6f5092fe
97ef72da2a094fdd61118fe"]]
※管理者は閲覧期限などなくいつでも閲覧することが可能である。
```

まとめ

本章では「存在証明」を題材としたコントラクトを作成してきました。

チケットやクーポンなど対象物の数値だけでなく文字列など、さまざまな形式のデータを管理したことで、制約はあるもののブロックチェーンを利用しないアプリケーションと同等のことができる、ということをご理解いただけたと思います。

また、外部サービスや外部業者と共有する存在証明情報をブロックチェーン上に格納することについて特定の機関や人に依存せず、すばやくサービスを作ることができることをご理解いただけたかと思います。

今すぐ既存のシステムを代替するということはないと思いますが、その周辺サービスで「かゆいところに手が届くサービス」という位置づけでブロックチェーンが使われるところが出てくるかと思います。

4章の「仮想通貨」と組み合わせを行ってみたりと、アイデア次第で世界初、日本初のサービスをつくることができるかもしれません。是非、さまざまなアイデアを形にしてみてください。

1 乱数生成コントラクトの必要性

基礎編にてブロックチェーンおよびスマートコントラクトの特徴や有用性についての説明を行いました。現実的なサービスへの適用を考える場合、その特徴と有用性をうまく活かせるサービスとの相性を考える必要があります。前章までに実装してきた仮想通貨や存在証明の他に、本章では、よりエンターテインメント性の高い分野への応用を考えてみることにします。スマートコントラクトの仕組みの透明性と情報に対する耐改ざん性を活かすために、ゲーム分野への適用を考えてみることにします。中でも、昨今のソーシャルゲームのようなギャンブル性を含んだゲームの透明性・公平性の確保のためにスマートコントラクトの特徴が活かせないかどうかを考えてみます。とりわけ、公平性の確保において重要となるのが、ゲーム内で使われる「乱数」の存在です。

6.1.1 乱数はどんなところで使われている？

例えば、ソーシャルゲームの仕組みとして頻繁に取り入れられる「ガチャ」と呼ばれる抽選の仕組み（ランダムにゲーム内のアイテムやポイント・通貨が貰える仕組み）があります。簡単には、サイコロを振った結果が「1」であれば 10,000 ポイント、それ以外であれば 100 ポイントが貰えるような仕組みを考えると分かりやすいかもしれません。この場合、サイコロは 6 面ある（1 から 6 までの数字がそれぞれ均等の確率 1/6 で出現することが想定されている）ので、10,000 ポイントが貰える確率は 1/6 = 約 16.7% となります。

サイコロゲーム

1が出たよ → 10,000ポイントあげるよ
2が出たよ → 残念、100ポイントあげるよ
3が出たよ → 残念、100ポイントあげるよ
4が出たよ → 残念、100ポイントあげるよ
5が出たよ → 残念、100ポイントあげるよ
6が出たよ → 残念、100ポイントあげるよ

アイテムガチャ

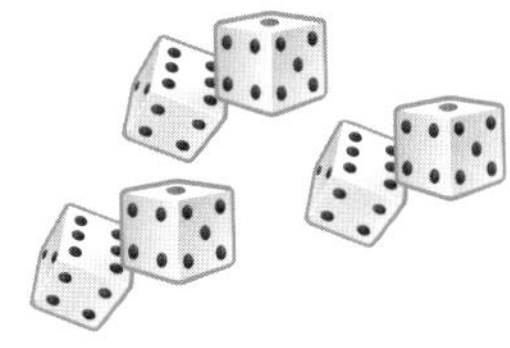

1〜10,000の間の乱数を生成する

1〜100	(1%)	プラチナカード
101〜1,000	(9%)	ゴールドカード
1001〜2,500	(15%)	シルバーカード
2501〜10,000	(75%)	ブロンズカード

図 6-1 乱数の使われ方

ゲーム内で「あるアイテムが1%の確率で手に入る」を実現する場合に、1～10,000の間の整数をひとつ乱数として生成し、その生成された値が1～100の間の場合にそのアイテムが獲得できる、のような方法で実現します。原理的には選択肢がいくつであっても、確率の刻みがどれだけ細かくても、生成する乱数（整数値）の範囲を大きくすれば実現することができます。

6.1.2 サービスにおける乱数生成の課題

「レアアイテムが今なら1%の確率でGET！」という場合、本当に1%なのでしょうか？ このような乱数による抽選は本当に公平なのでしょうか？ 無料のサービスでは大きな問題にはなりませんが、抽選によるアイテム取得が有料のゲームでは抽選の公平性がしばしば問題視されることがあります。その理由として、以下が考えられます。

- 乱数によって生成された整数値はそれぞれ本当に均等に発生するのか？
- 各アイテムの整数範囲は本当に公表された確率通りに設定されているのか？
- ゲーム運営側やゲームプログラム作成者によって乱数の発生を操作することができるのではないか？

従来の中央集権サーバによる抽選方式では、実際の抽選ロジックをユーザが確かめる術はなく、乱数自体の公平性、抽選方法の公平性が担保されていません。また、運営側が確率を操作することが理論上できてしまう（確率操作や決め打ちをしていないことを運営側が証明することが難しい）という問題も含んでいます。有名なゲームとなると有志ユーザにより、大数の試行を繰り返すことにより抽選結果の統計値から確率が正しいかどうかを検証する例も見られますが、これには実際にコストがかかる場合もありますし、あくまで統計的な確からしさを試せるだけとなり、完全に公平性の証明ができるものではありません。

6.1.3 既存の手法による公平性の担保

プログラム内で乱数を生成するための一般的な方法としていくつかの手法が存在しますが、その多くは「seed（種）」と呼ばれる数値を元に「乱数生成器」の初期化を行います。この乱数生成器から次々に新しい乱数値が生成されることになります。この際、同じseed値で初期化された乱数生成器は、毎回同じ乱数列を同じ順番で生成します。このことから、seed値を事前に知っている場合、将来その乱数生成器から生成される乱数値を完全に予測することができてしまうことになります。seed値が決定する時点で生成される乱数列も決定することから、このような一般的なプログラミング言語に用意される乱数生成器を「擬似乱数生成器」、また生成される乱数を「擬似乱数」と呼びます。

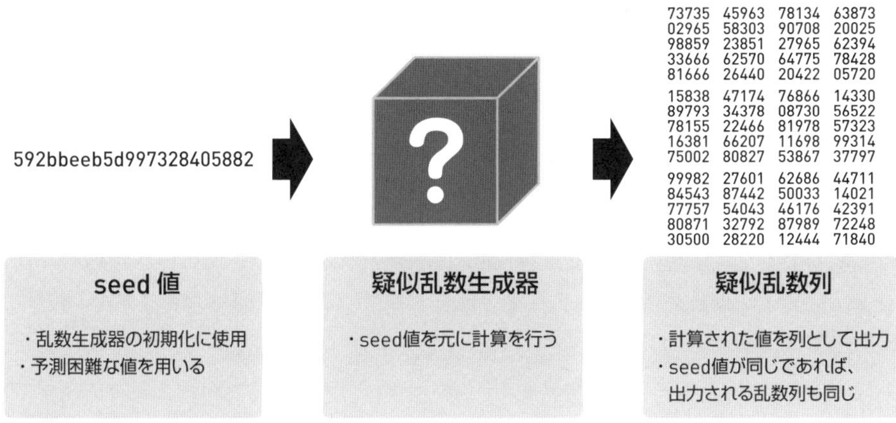

図 6-2 従来の乱数生成の仕組み

さて、このような乱数生成器を用いた場合、先述のようなアイテム抽選のケースにおいてどのように公平性を担保・証明することができるでしょうか？

- 生成される乱数が事前にユーザに知られることなく
- その乱数が運営側の操作なく生成されたことが証明できる

このような方法が求められます。この場合、運営側が操作出来るものとしては三箇所考えられ、「seed値」を操作するか、「乱数生成器」のロジックを改ざんしてしまうか、または生成された擬似乱数自体を書き換えてしまう（もしくは乱数生成器自体使わずに都合の良い値を決め打ちしてしまう）ことが考えられ、これらが行われていないことを証明しない限り、抽選の結果を運営側に有利な結果となるように誘導することが理論上できてしまうこととなります。

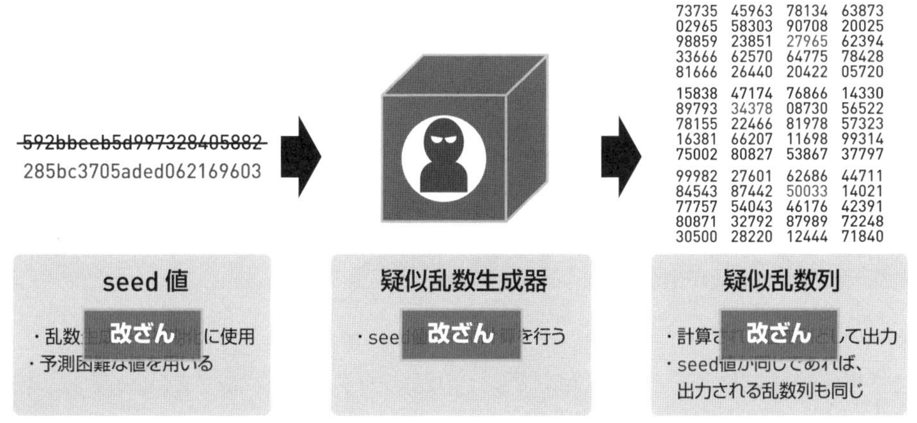

図 6-3 改ざんの図

アイテム抽選が行われた後に、「この seed 値と乱数生成器（ロジック）を使用しましたよ」と公開することにより、ユーザは自ら乱数列の生成を再現することにより、実際の抽選結果と一致するかを検証することができます。しかし、この公開された seed 値と乱数生成器（ロジック）が実際に使われたかどうかを証明する必要があります。そこで、まず乱数生成器（ロジック）と抽選表を事前に公開してしまうことを考えます。そして、seed値自体は公開せずに、seed値の「ハッシュ値」を公開します。seed値のハッシュ値から元のseed値を逆算することは困難であるため（ハッシュ値の逆算困難性については割愛）、事前に乱数列を予測することもユーザにはできません。さらに、このハッシュ関数自体も公開しておきます。

抽選が行われた後、元のseed値の公開を行います。これにより、ユーザは乱数列の再現を行うことができ、実際に行われた抽選結果との照合を行うことが可能となります。さらに、seed値からハッシュ値を求め、公開されていたseed値のハッシュ値と照合することにより、seed値が改ざんされたものではないことを証明できます。

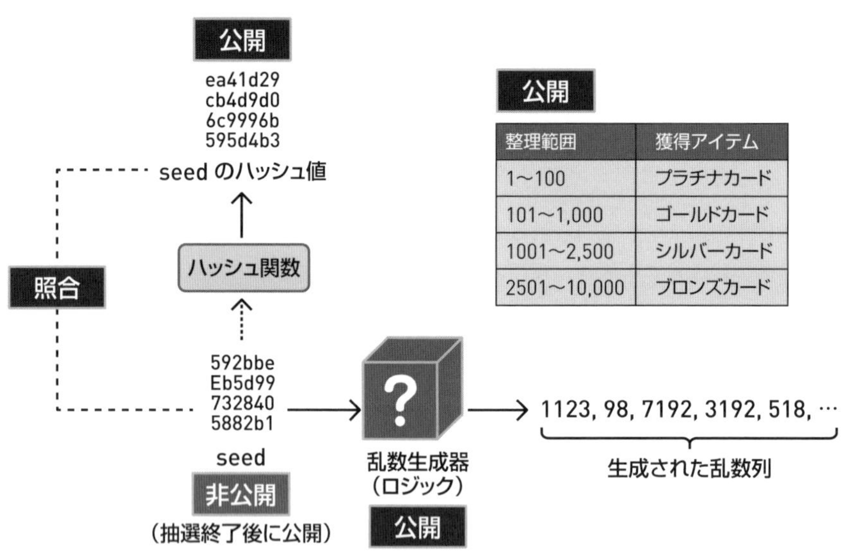

整理範囲	獲得アイテム
1～100	プラチナカード
101～1,000	ゴールドカード
1001～2,500	シルバーカード
2501～10,000	ブロンズカード

図6-4 公平性担保の仕組み

このような仕組みを考えることで抽選の公平性（seed値、乱数生成器、生成された乱数列が改ざんされていないこと）を保つことができそうです。次はスマートコントラクトを活用することで同じく公平性の担保を実現する方法について考えてみます。

6.1.4 乱数生成におけるブロックチェーンの有用性

前節の例では、事前に「乱数生成器（ロジック）」「抽選表」を、事後に「seed値」を公開することにより、乱数生成の透明性を実現しました。この中で「乱数生成器（ロジック）」の部分と、「抽選表」の部分をスマートコントラクト内に記述することにより「事前公開」を実現しようと思います。また、「seed値」の公開方法については、前項の例のようにハッシュ値を公開する方法を用いると、ユーザ側で照合を行うためにハッシュ値を保存しておくなどの手間が発生するため、別の方法を考えます。ここで実現したいのは「seed値を事前公開することなく、そのseed値が抽選に使われたことを証明できる」ことです。

2 乱数生成コントラクトの作成

6.2.1 仕組みを考える

まず、従来のプログラミング言語において乱数を生成するコードを例として示します。例えばサイコロを想定して１～６の整数をランダムに生成する場合、Javaであれば次のようなコードになります。

```
import java.util.Random;
public class MyRandom{
    public static void main(String[] args){
        // 現在時刻のミリ秒表現を取得
        long seed = System.currentTimeMillis();

        // 乱数ジェネレータの初期化
        Random random = new Random(seed);

        // nextInt(n) が 0~n の整数を返すため、+1 により 1~6 の整数とする
        int num = random.nextInt(6) + 1;

        System.out.println(num);
    }
}
```

「乱数生成器」のロジックに当たる部分として用いられる手法にはいくつかの一般的な方法（線形合同法やメルセンヌ・ツイスター）が存在しますが、本書では説明を簡単にするために「seed値を定数で割った余り」を生成される乱数とする手法を用います。同じseed値から一連の乱数列を生成するのではなく、seed値に対してひとつ乱数値を計算によって求める方法を採ります。上記のコードでseed値に現在時刻を用いているのは、乱数生成処理が実行される時刻を事前に予測・操作することが困難であるということ前提としています。実際、一般的な乱数生成手法を使用する場合でも、seed値に現在時刻（ミリ秒単位など）がよく用いられます。

これと同等のことをスマートコントラクトで実現する方法を考えます。SolidityにはJavaのように便利なRandomクラスや関数が用意されていないので、seed値からの乱数計算部分を自分で作る必要があります。また、Solidityには現在時刻を取得する関数も存在しないため、代替となる値を考える必要があります。

スマートコントラクトの世界で時間の代わりに使えるものを探します。Solidityの公式ドキュメントから見つかるそれらしきものに"now"というグローバル変数があります。定義を見てみると、

```
now (uint): current block timestamp (alias for block.timestamp)
```

基礎編 1 2 3 実践編 4 5 6 A

と記述されており、"now" は block.timestamp の別名であることがわかります。つまり、最新のブロックが生成された時刻を表しています。block.timestamp は 1485490066 のような整数値で表されるので、まずはこれを単純に 6 で割った余りを返すスマートコントラクトを書いてみることにします。

6.2.2 実装

下記のコードを Browser-Solidity からコンパイルしてみます。

```
pragma solidity ^0.4.8;
contract RandomNumber {
    function get(uint max) constant returns (uint, uint) {
        // (1) 最新のブロックが生成された時刻を整数値で取得
        uint block_timestamp = block.timestamp;

        // (2) それを max で割った余りを計算
        //      max = 6 の場合、余りは 0~5 の整数、+1 により 1~6 の整数となる
        uint mod = block_timestamp % max + 1;

        return (block_timestamp, mod);
    }
}
```

まずは他の章と同様に Geth の起動とアカウントのアンロックを行いましょう。

```
$ nohup geth --networkid 4649 --nodiscover --datadir /home/eth/data_testnet
--mine -rpc -rpcaddr "0:0:0:0" -rpcport 8545 -rpccorsdomain "*" --unlock 0 -
password /home/eth/data_testnet/passwd 2>> /home/eth/data_testnet/geth.log &
```

左側のペインに下記のコードを貼り付け、Create ボタンを押します。このサンプルコードでは、実行環境は JavaScript VM または Web3 Provider のどちらを選んでも問題ありません。

```
pragma solidity ^0.4.8;
contract RandomNumber {
    function get(uint max) constant returns (uint, uint) {
        // 最新のブロックが生成された時刻を整数値で取得
        uint block_timestamp = block.timestamp;

        // それを max で割った余りを計算
        // max = 6 の場合、余りは 0~5 の整数、+1 により 1~6 の整数となる
        uint mod = block_timestamp % max + 1;

        return (block_timestamp, mod);
    }
}
```

RandomNumber01

JavaScript VM
Execution environment does not connect to any node, everything is local and in memory only.

Injected Web3
Execution environment has been provided by Mist or similar provider.

Web3 Provider
Execution environment connects to node at localhost (or via IPC if available), transactions will be sent to the network and can cause loss of money or worse!
If this page is served via https and you access your node via http, it might not work. In this case, try cloning the repository and serving it via http.

Web3 Provider Endpoint: http://localhost:8545

Attach Transact Transact (Payable) Call

RandomNumber01:RandomNumber 226 bytes

Create

Bytecode 6060604052341561000c57fe5b5b60c78061001b60(

Interface [{"constant":true,"inputs":[{"name":"max","type":"uint

Web3 deploy

```
var randomnumber01:randomnumberContrac
var randomnumber01:randomnumber = rand
   {
     from: web3.eth.accounts[0],
     data: '0x6060604052341561000c57fe
     gas: '4700000'
   }, function (e, contract){
    console.log(e, contract);
    if (typeof contract.address !== 'u
         console.log('Contract mined!
   }
 })
```

(1) ここにコードを貼り付ける

(2) Create ボタンを押す

図 6-5 サンプルコードをコンパイル&デプロイ

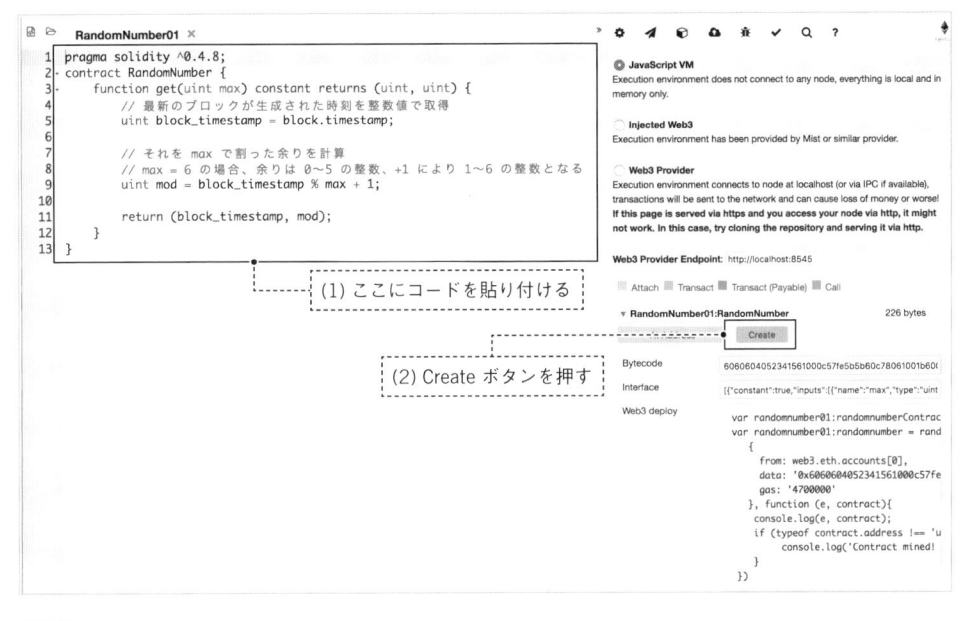

サンプルコードがデプロイされたら、get() 関数が実行可能になります。get ボタンの右にあるテキストボックスに引数「6」を入力して実行してみましょう。

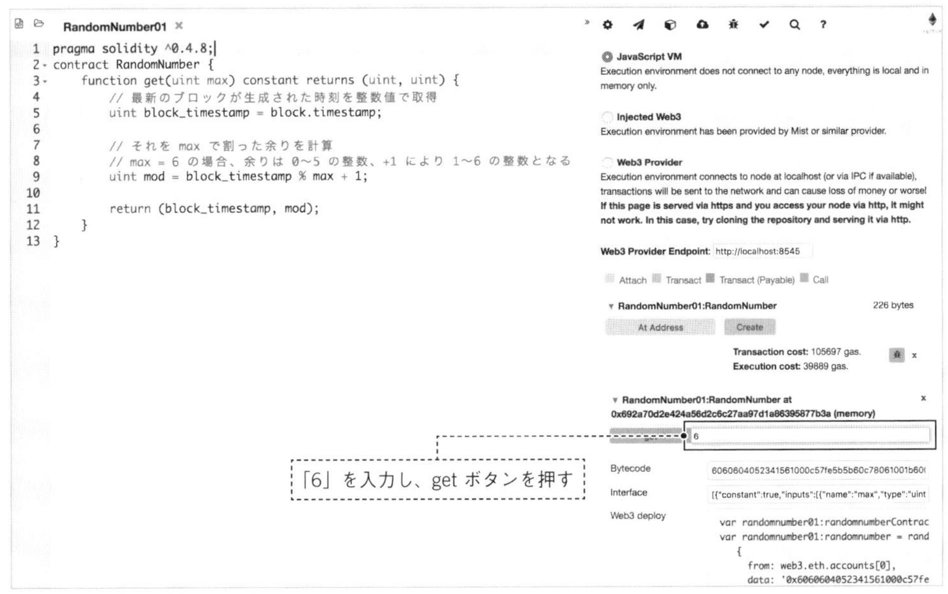

図 6-6 get() を実行

下記のような結果が得られたと思います。読者の実行環境によって、直近のブロックのタイムスタンプが異なるので上記の結果も異なるはずです。上記の例では、タイムスタンプが 1488642508、それを 6 で割った余りが 5 だったということになります。

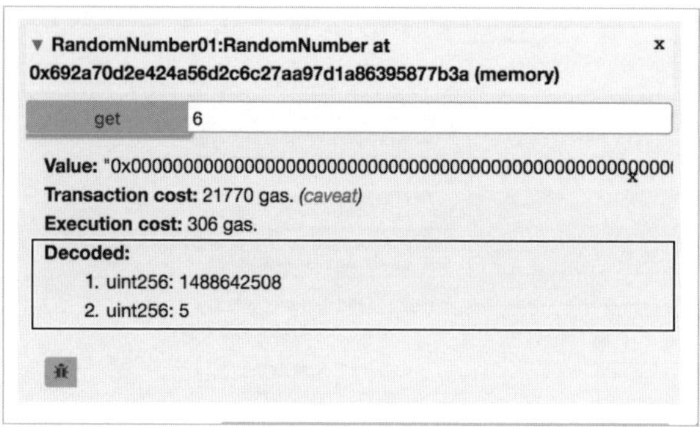

図6-7 実行結果

```
Decoded:
    1. uint256: 1488642508
    2. uint256: 5
```

さらに、何度か get ボタンを押してみましょう。

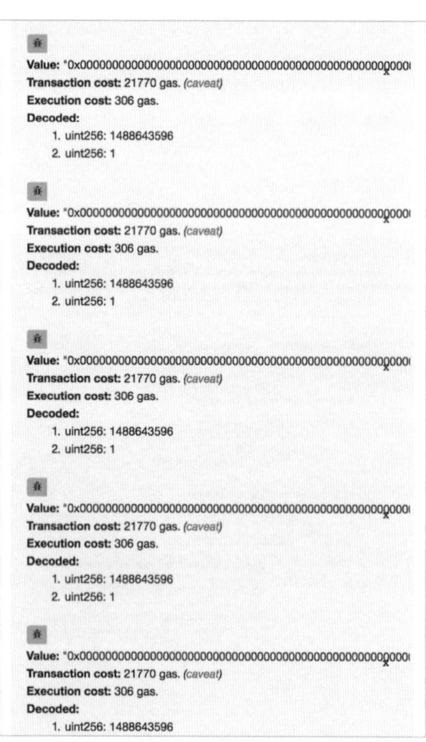

図6-8 何度も実行してみる

同じ値が連続して返ってくることが確認できます。上記の例では

```
Decoded:
    uint256: 1488643596
    uint256: 1
```

という値が何度も返って来ていることがわかります。このタイムスタンプは「直近のブロックが採掘された時刻」を表すものなので、次のブロックが採掘されるまでの間はずっと変わらない値であることがわかります。Web3 Provider実行環境で試された方は、一旦Geth上からminer.stop()することでマイニングを停止してみると、タイムスタンプ値がずっと変わらない、つまり生成される乱数値もずっと同じ値になることを確認できるはずです。

6.2.3 考察

このように、block.timestampが変わらない限り、つまりブロックチェーンネットワーク上の最新ブロックが同じである時間内（次のブロックが採掘されない限り）、返される乱数値もずっと同じとなってしまいます。また、同一のブロックチェーンネットワークに接続しているユーザであれば、誰でも任意のタイミングで直近のblock.timestampを参照することができてしまうため、そこから計算される乱数値も事前に知ることができてしまいます。

[課題]

- block.timestampを事前に知ることができるため、乱数値が予測できてしまう
- block.timestampが変わらない限り、ずっと同じ乱数値が返ってしまう

次節にてこれらの課題に対する対策を考えます。

3 予測困難性を確保する

6.3.1 仕組みを考える

前節での課題：

- block.timestamp を事前に知ることができるため、乱数値が予測できてしまう
- block.timestamp が変わらない限り、ずっと同じ乱数値が返ってしまう

ひとつ目の課題に対応するためには、事前に知り得ない値を seed 値として使用する必要があります。それでは、「次の（まだ採掘されていない）ブロックのタイムスタンプを使う」ということを考えてみましょう。しかし、未来のブロックのタイムスタンプは現時点では知りようがありません。そこで、乱数生成の「予約」という実現方法の導入を考えてみます。

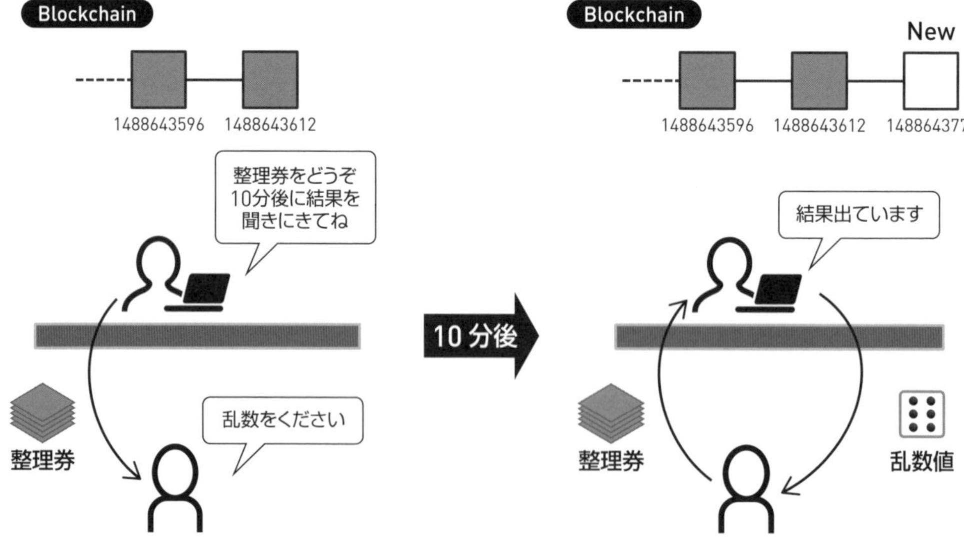

図 6-9 乱数生成の予約

整理券には「乱数生成を予約した際の最新のブロック番号」を記載しておきます。これを用いて数分後（次のブロックが生成されているであろう時間）に再度問い合わせを行うと、先程のブロック番号の「次」のブロックのタイムスタンプを参照し、その値から乱数値を計算するという方法を実現してみたいと思います。

ここで問題となる点がひとつあります。「指定したブロックのタイムスタンプを参照する」ためのグローバル変数または関数が Solidity に用意されていません。代替として、タイムスタンプと同じくブロックごとに値が異なるものとしてブロックハッシュ値を使うことにします。ブロックハッシュ値は block.blockhash() グローバル関数を使用することで取得することができます。

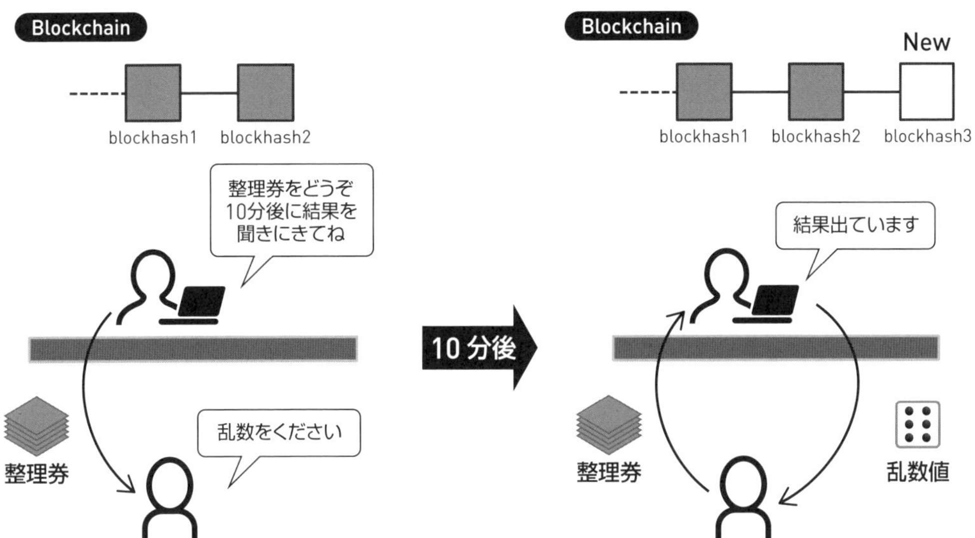

図 6-10 乱数生成の予約（blockhash 版）

block.blockhash() 関数の使い方は Solidity ドキュメントに以下のように記載されています。

```
block.blockhash(uint blockNumber) returns (bytes32): hash of the given block -
only works for 256 most recent blocks excluding current
```

引数にブロック番号を指定し、該当ブロックのブロックハッシュ値を取得することができます。ブロックハッシュ値はブロックごとに異なり、タイムスタンプに比べてもより事前予測が困難な値として扱うことができます。

下記の簡単なサンプルコードにて、ブロックハッシュ値の取得を試してみます。

```
pragma solidity ^0.4.8;
contract BlockHashTest {
    function getBlockHash(uint _blockNumber) constant returns (bytes32
blockhash, uint blockhashToNumber){
        bytes32 _blockhash = block.blockhash(_blockNumber);
        uint _blockhashToNumber = uint(_blockhash);
        return (_blockhash, _blockhashToNumber);
    }
}
```

まずは、Geth コンソール上から、現在の最新ブロック情報を確認してみましょう。

```
> eth.blockNumber
2472
> eth.getBlock(2472)
{
  difficulty: 700984,
  extraData: "0xd883010412844765746887676f312e372e338664617277696e",
  gasLimit: 12066019,
  gasUsed: 0,
  hash: "0xdf7ccbefd0077f3ebd62d4ab335fd860d4a64f3ec2addf8e95c494eece03d5c1",
  logsBloom: "0x0000000000000000000000000000000000000000000000000000000000000000000000000000000000000000000000000000
0000000000000000000000000000000000000000000000000000000000000000000000000000000000000000000000000000000000000000000
0000000000000000000000000000000000000000000000000000000000000000000000000000000000000000000000000000000000000000000
0000000000000000000000000000000000000000000000000000000000000000000000000000000000000000000000000000000000000000000
0000000000000000000000000000000000000000000000000000000000000000000",
  miner: "0xcdb8253ea434f5de62823f9a5283ecb5cf1e7b6b",
  nonce: "0x06e15201485933fd",
  number: 2472,
  parentHash: "0xe5bfc1d22a902a951c00ec33f3ed9c5b32e26c60ed3aeff42c6f850af552ea3b",
  receiptRoot: "0x56e81f171bcc55a6ff8345e692c0f86e5b48e01b996cadc001622fb5e363b421",
  sha3Uncles: "0x1dcc4de8dec75d7aab85b567b6ccd41ad312451b948a7413f0a142fd40d49347",
  size: 538,
  stateRoot: "0xd69d8de99cd57d72003ac7353c411ed3f02b5c3a779cf223fb18572b6efb74f8",
  timestamp: 1491635100,
  totalDifficulty: 1121891608,
  transactions: [],
  transactionsRoot: "0x56e81f171bcc55a6ff8345e692c0f86e5b48e01b996cadc001622fb5e363b421",
  uncles: []
}
```

図 6-11 最新のブロックナンバーと詳細ブロック情報の確認

Geth コンソールから下記のコマンドを実行し、最新のブロックナンバーを参照します。

```
> eth.blockNumber
```

上記の例では 2472 という値が確認できました。実行環境により結果が異なります。次に、最新ブロックの詳細情報を確認します。

```
> eth.getBlock(2472)
```

上記の例では、hash が 0xdf7ccbefd0077f3ebd62d4ab335fd860d4a64f3ec2addf8e95c494eece03d5c1 であることがわかります。

これを Solidity から参照できるか確認してみましょう。Create ボタンを押してコンパイル＆デプロイした後、getBlockHash ボタンの右側のテキストボックスに先程確認したブロック番号を入力して getBlockHash ボタンを押してみてください。

```
pragma solidity ^0.4.8;
contract BlockHashTest {
    function getBlockHash(uint _nextBlockNum
        bytes32 _blockhash = block.blockhash
        uint _blockhashToNumber = uint(_bloc
        return (_blockhash, _blockhashToNumb
    }
}
```

JavaScript VM
Execution environment does not connect to any node, everything is local and in memory only.
Injected Web3
Execution environment has been provided by Mist or similar provider.
Web3 Provider
Execution environment connects to node at localhost (or via IPC if available), transactions will be sent to the network and can cause loss of money or worse!
If this page is served via https and you access your node via http, it might not work. In this case, try cloning the repository and serving it via http.
Web3 Provider Endpoint: http://localhost:8545
Attach Transact Transact (Payable) Call
BlockHashTest:BlockHashTest 226 bytes
At Address Create
BlockHashTest:BlockHashTest at 0xb6afa61c00eec54a980174eea80e5e906f95bcde (blockchain)
getBlockHash 2472
Value: "0xdf7ccbefd0077f3ebd62d4ab335fd860d4a64f3ec2addf8e95c494eece03d5c1df7ccbefd0077f3ebd
Decoded:
1. bytes32 blockhash: 0xdf7ccbefd0077f3ebd62d4ab335fd860d4a64f3ec2addf8e95c494eece03d5c1
2. uint256 blockhashToNumber: 101086261789944616972562244842433612935248250756769073741

Web3 Provider を選択する

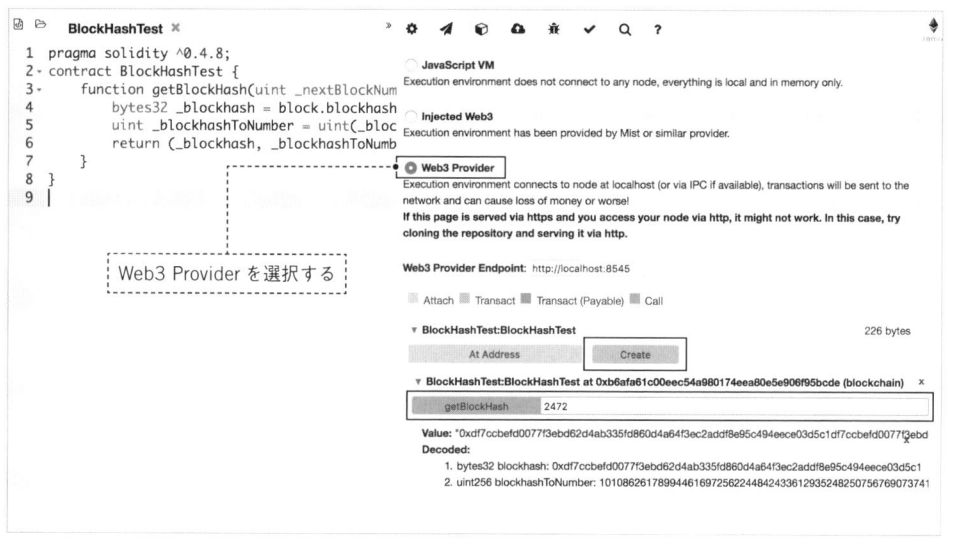

図6-12 Solidity からのブロックハッシュ取得

先程 Geth コンソールで確認したブロックハッシュ値と同じ値になっていることがわかります。blockhashToNumber は、この後の計算で使いやすくするために bytes32 型のブロックハッシュ値を整数値に直したものです。

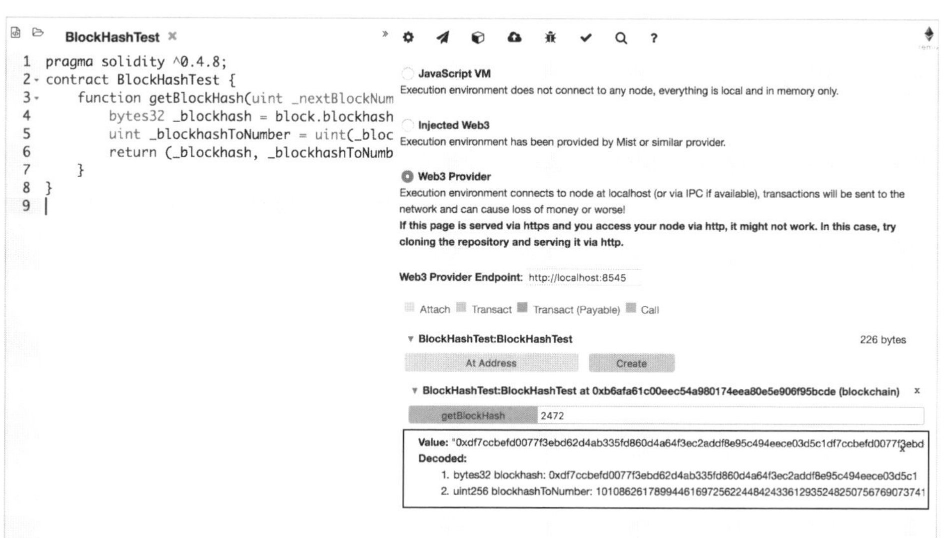

図6-13 Solidity からのブロックハッシュ取得（結果）

```
Decoded:
bytes32 blockhash: 0xdf7ccbefd0077f3ebd62d4ab335fd860d4a64f3ec2addf8e95c494eece0
3d5c1
uint256 blockhashToNumber: 10108626178994461697256224484243361293524825075676907
3741383586423603948934593
```

それでは、ブロックハッシュ値を使った乱数生成の予約を実現するスマートコントラクトを実装してみましょう。

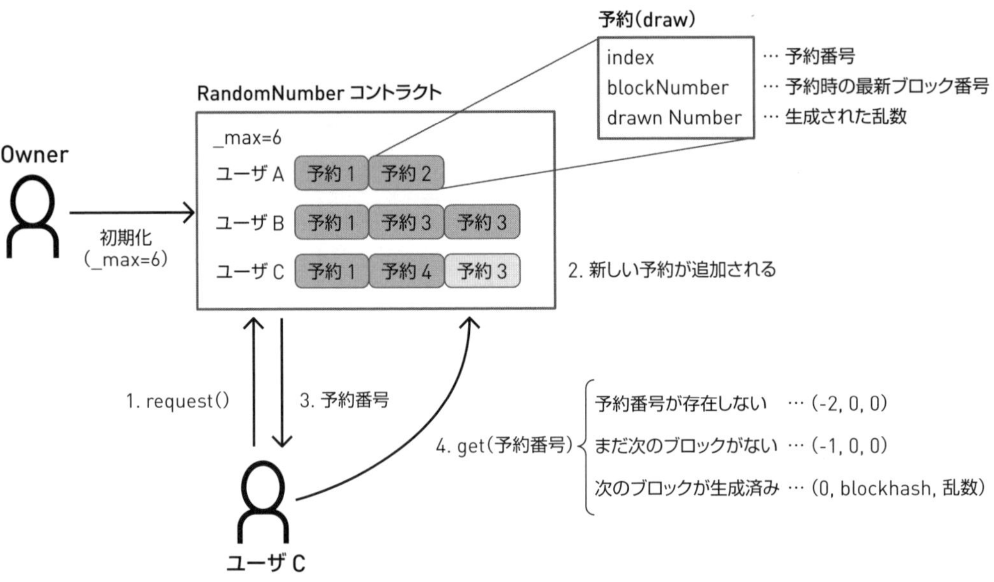

図 6-14 乱数生成の予約の仕組み（設計）

Owner(コントラクトの作成者)は運営側を指すこととします。コントラクト作成時、初期化のパラメータとして、乱数の上限値を整数値として渡すことにします。上記の例では 6 を渡し、1 ～ 6 の範囲の整数値を乱数値として返す RandomNumber コントラクトを作成しています。次に、ユーザは request() を実行することにより、新たな乱数生成の予約を行います。RandomNumber コントラクト内には各ユーザの予約履歴情報を格納しておくものとします。各予約情報としては、index, blockNumber を管理するものとします。それぞれ、

index	予約番号
blockNumber	予約時の最新ブロック番号を保存しておく
drawnNumber	抽選が行われた場合に乱数値を保存しておく

とし、コントラクトが破棄されるまで情報を保存しておきます。request() 関数の返り値として、ユーザは「予約番号」を受け取ります。ユーザは、この予約番号を保管しておきます。ユーザは乱数生成の予約後、一定時間を置いてから、乱数生成が完了したかどうかの確認を行います。get() 関数の引数として、先程保管しておいた「予約番号」を渡します。予約番号に該当する「予約」を引き当て、予約時のブロック番号を取得し、さらに次のブロック番号に対応するブロックのブロックハッシュ値を参照します。このブロックハッシュ値から乱数値を計算し、drawnNumber に保存を行うと同時に、ユーザへ乱数値を返します。

6.3.2 実装

```
pragma solidity ^0.4.8;
contract RandomNumber {
    address owner;
    // (1) 1～numberMax の乱数値を生成するよう設定するための変数
    uint numberMax;

    // (2) 予約オブジェクト
    struct draw {
        uint blockNumber;
        uint drawnNumber;
    }

    // (3) 予約オブジェクトの配列
    struct draws {
        uint numDraws;
        mapping (uint => draw) draws;
    }

    // (4) ユーザ (address) ごとに予約の配列を管理
    mapping (address => draws) requests;

    // (5) イベント（用途については後述）
    event ReturnNextIndex(uint _index);
    event ReturnDraw(int _status, bytes32 _blockhash, uint _drawnNumber);

    // (6) コンストラクタ
    function RandomNumber(uint _max) {
        owner = msg.sender;
        numberMax = _max;
    }

    // (7) 乱数生成の予約を追加する
    function request() returns (uint) {
    // (8) 現在の予約個数を取得
        uint _nextIndex = requests[msg.sender].numDraws;
    // (9) 最新ブロックのブロック番号を記録
        requests[msg.sender].draws[_nextIndex].blockNumber = block.number;
    // (10) 予約個数をカウントアップ
        requests[msg.sender].numDraws = _nextIndex + 1;
    // (11) 予約番号を返す
        ReturnNextIndex(_nextIndex);
        return _nextIndex;
    }

    // (12) 予約された乱数生成結果の取得を試みる
    function get(uint _index) returns (int status, bytes32 blockhash, uint 
drawnNumber){
        // (13) 存在しない予約番号の場合
```

```
        if(_index >= requests[msg.sender].numDraws){
            ReturnDraw(-2, 0, 0);
            return (-2, 0, 0);
        // (14) 予約番号が存在
        }else{
            // (15) 予約時に記録した block.number の次のブロック番号を計算する
            uint _nextBlockNumber = requests[msg.sender].draws[_index].
blockNumber + 1;
            // (16) まだ次のブロックが採掘されていない場合
            if (_nextBlockNumber >= block.number) {
                ReturnDraw(-1, 0, 0);
                return (-1, 0, 0);
            // (17) 次のブロックが採掘されているので乱数値の計算を行う
            }else{
                // (18) ブロックハッシュ値を取得
                bytes32 _blockhash = block.blockhash(_nextBlockNumber);
                // (19) ブロックハッシュ値から乱数値の計算
                uint _drawnNumber = uint(_blockhash) % numberMax + 1;
                // (20) 計算された乱数値を保存
                requests[msg.sender].draws[_index].drawnNumber = _drawnNumber;
                // (21) 結果を返す
                ReturnDraw(0, _blockhash, _drawnNumber);
                return (0, _blockhash, _drawnNumber);
            }
        }
    }
}
```


(1) 1 ～ numberMax の乱数値を生成するよう設定するための変数

コンストラクタが呼ばれる際に、乱数の範囲を指定できるようにします。

(2) 予約オブジェクト

予約オブジェクト（構造体）は予約時の最新ブロック番号、既に抽選済みの場合には乱数値のふたつの値を保持します。ここに抽選結果の履歴が保存されていきます。

(3) 予約オブジェクトの配列

index（予約番号）を添字とした予約オブジェクトの配列です。後から index を指定することで該当の予約オブジェクトを参照できるようにします。

(4) ユーザ (address) ごとに予約の配列を管理

ユーザごとに予約オブジェクトの配列を保持できるようにします。また、Solidity の mapping 型には count や length のような要素数を取得する関数がないため、別途 uint 型の numDraws 変数にて予約数を保持しておきます。

(5) イベント

前節の実装では、

```
function get(uint max) constant returns (uint, uint)
```

という書き方で関数を定義していました。constant と記述された関数は、参照専用の関数であることを表し、コントラクトの状態に変化を与えることができません。また、参照専用なので実行にブロックの採掘は必要なく、即座に結果を取得することができました。今回のサンプルコードでは、

```
function get(uint _index) returns (int status, bytes32 blockhash, uint
drawnNumber)
```

のように"non-constant"な関数として定義しているため、トランザクションとして実行する必要のある関数となります。トランザクションとして実行することにより、コントラクトの状態への変更の履歴を残すことができます。

ただし、今回 Browser-Solidity を用いたデバッグを行うにあたり、不都合なことが一点あります。Browser-Solidity では、ブロックチェーンネットワークとの通信に web3.js を使用していますが、web3 から"non-constant"な関数を実行した場合、return による返り値を取得（表示・確認）することができません。返り値はトランザクションハッシュが返ることになります（他のスマートコントラクトから関数を呼び出す場合には"non-constant"な関数であっても返り値を受け取ることが可能です）。

本サンプルコードでは、Browser-Solidity（web3.js）でのデバッグ用に「イベント」を定義して、返り値の内容と同じものをイベント経由で記録することで値を確認します[*1]。

(6) コンストラクタ

コントラクトの所有者（owner）と乱数の範囲（1 ～ numberMax）を設定します。

(7) 乱数生成の予約を追加する

予約配列の次の添字を知るために、現在の予約個数を確認し、新しい予約を配列に追加します。新しい添字を「予約番号」として返します（Browser-Solidity で返り値を確認できるようにするため、ReturnNextIndex イベントを呼んでいます）。

(12) 予約された乱数生成結果の取得を試みる

予約番号が配列に存在しない場合、(-2,0,0) を返します。返り値の形式は (status, ブロックハッシュ値 , 乱数値) としています。予約番号が配列に存在する場合、最新のブロック番号が予約時のブロック番号よりも進んでいることを確認します。まだ予約時の最新ブロックから新しいブロックが採掘されていない場合、(-1,0,0) を返します。予約時のブロック番号の「次」のブロック番号が存在する場合、そのブロックのブロックハッシュを取得します。

ブロックハッシュ値は bytes32 という型で返ってきます。bytes32 型は 32 バイト（256bit）のシーケンス値です。これを uint 型（整数値）に変換してから numberMax で割り、+1 することにより 1 ～ numberMax の範囲の整数値をひとつ得ることにします。この関数においても return での返り値の他に、ReturnDraw イベントによる返り値の記録を行っておきます。

＊1　constant 関数の内部では"call"という処理が実行され、non-constant 関数では"sendTransaction"という処理が実行されています。

以上がサンプルコードの解説となります。では早速Browser-Solidityからコンパイル・デプロイ・実行をしてみましょう。今回はトランザクションの発行が必要となるため、Javascript VM実行環境ではなく、Web3 Provier実行環境を選択してください。

Createボタンの横あるテキストボックスに「6」と入力してからCreateボタンを押してください。ここで入力した値がRandomNumberコントラクトのコンストラクタの引数として渡ります。つまり、numberMax変数に設定されることになります（ここでは、1～6の範囲の整数値を乱数で生成することを想定しています）。

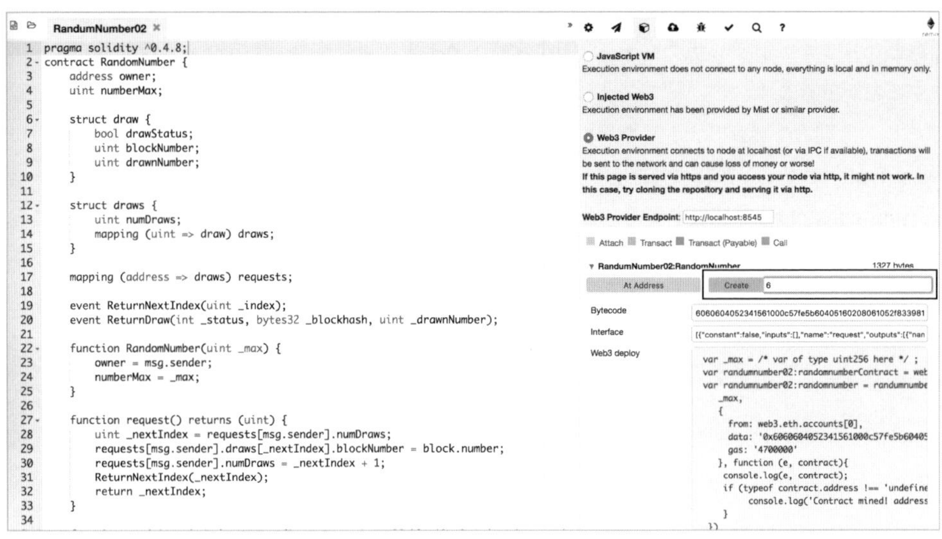

図6-15 サンプルコードをコンパイル＆デプロイ

デプロイが完了すると、「get」と「request」ボタンが現れます。まずはrequestボタンを押して乱数生成の予約をしてみます（図6-16）。

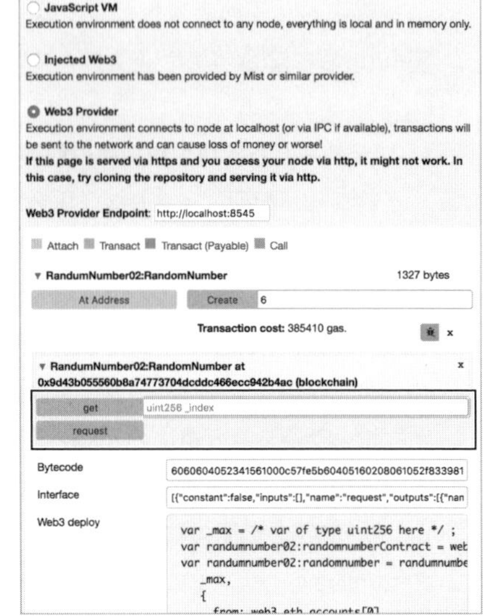

図6-16 requestボタン

図6-17のように「Result:」としてトランザクションの内容が表示されます。また、イベントを呼び出したことにより「Events」の箇所に返り値の内容も表示されています。


```
▼ RandumNumber02:RandomNumber at
0x9d43b055560b8a74773704dcddc466ecc942b4ac (blockchain)
get    uint256 _index
request
Result: {
  "blockHash": "0xfc58553e76b1df37fa163b423812fb20882dcd28d2a0a7a8bec59d8561
  "blockNumber": 4559,
  "contractAddress": null,
  "cumulativeGasUsed": 62972,
  "from": "0x1047d1eee9e7148f07496655826debcba11f445b",
  "gasUsed": 62972,
  "logs": [
   {
    "address": "0x9d43b055560b8a74773704dcddc466ecc942b4ac",
    "blockHash": "0xfc58553e76b1df37fa163b423812fb20882dcd28d2a0a7a8bec59d85
    "blockNumber": 4559,
    "data": "0x000000000000000000000000000000000000000000000000000000000000
    "logIndex": 0,
    "topics": [
     "0xc5b0074bd2d54462b2fc8db04b268c847f2ea688e7cd0a217a3df429e300efcd"
    ],
    "transactionHash": "0x179589748a53e2f0ab57419823374055547Oabd0ac7f0866b6e
    "transactionIndex": 0
   }
  ],
  "root": "32df45e0832b9e2402b9423100494b75f837e301cae737a50d05563242e0b6a4
  "to": "0x9d43b055560b8a74773704dcddc466ecc942b4ac",
  "transactionHash": "0x179589748a53e2f0ab574198233740555470abd0ac7f0866b6ee5
  "transactionIndex": 0
 }
 Transaction cost: 62972 gas.

Events
ReturnNextIndex {
  "_index": "0"
}
```


図6-17 request の結果

```
ReturnNextIndex{
  "_index": "0"
}
```

この例では“_index”:” 0”が返ってきています。これが「予約番号」を表しています。この予約番号を使って、実際に乱数が生成できているかどうかを確認してみましょう。

今度はgetボタンの横のテキストボックスに予約番号の「0」を入力してgetボタンを押します(図6-18)。get()関数に0を引数として渡してトランザクションが発行されます。トランザクションの実行なのでブロックの採掘に少し時間がかかるので少し待ちます。今回も「Event」に返り値が表示されてきました(図6-19)。

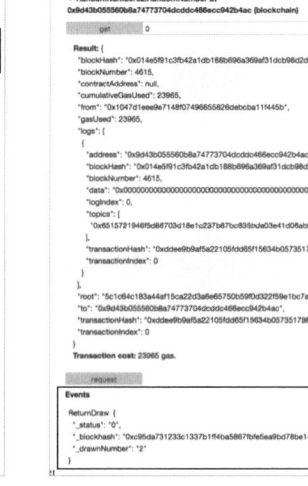

図6-18 get ボタン


```
▼ RandumNumber02:RandomNumber at
0x9d43b055560b8a74773704dcddc466ecc942b4ac (blockchain)
get    0
Result: {
  "blockHash": "0x014e5f91c3fb42a1db188b696a369af31dcb98d2d4381dbbf92d356ab
  "blockNumber": 4615,
  "contractAddress": null,
  "cumulativeGasUsed": 23965,
  "from": "0x1047d1eee9e7148f07496655826debcba11f445b",
  "gasUsed": 23965,
  "logs": [
   {
    "address": "0x9d43b055560b8a74773704dcddc466ecc942b4ac",
    "blockHash": "0x014e5f91c3fb42a1db188b696a369af31dcb98d2d4381dbbf92d356a
    "blockNumber": 4615,
    "data": "0x000000000000000000000000000000000000000000000000000000000000
    "logIndex": 0,
    "topics": [
     "0x6515721946f5d86703d18e1c237b87bc835bda03e41d06ab93a327418aaed692"
    ],
    "transactionHash": "0xddee9b9af5a22105fdd65f15634b057351786d5158433574794
    "transactionIndex": 0
   }
  ],
  "root": "5c1c64c183a44af15ca22d3a6e65750b59f0d322f59e1bc7aad1aba41d9c2879",
  "to": "0x9d43b055560b8a74773704dcddc466ecc942b4ac",
  "transactionHash": "0xddee9b9af5a22105fdd65f15634b057351786d5158433574794f2
  "transactionIndex": 0
 }
 Transaction cost: 23965 gas.
request
Events
ReturnDraw {
  "_status": "0",
  "_blockhash": "0xc95da731233c1337b1ff4ba5867fbfe5ea9bd78be14355503b14d3704a7
  "_drawnNumber": "2"
}
```


図6-19 get の結果

"_status"："0"は正常に乱数生成ができたことを表します。"_blockhash"は乱数生成の元となるブロックハッシュ値を16進数で表示しています。すごく大きな値であることがわかります。この値をnumberMax（今回は6）で割った余りが"_drawnNumber"："2"になります。

```
ReturnDraw{
  "_status": "0",
  "_blockhash": "0xc95da731233c1337b1ff4ba5867fbfe5ea9bd78be14355503b14d3704a7d
f51b",
  "_drawnNumber": "2"
}
```

これで乱数生成の予約から実際に乱数値を取得するところまでの一連の流れを実行することができました。何度か予約・取得を繰り返したり、過去の結果をget()で参照してみたり、または他のユーザからも予約・取得を行ったりしてみてください。

6.3.3 考察

get()関数の実行がトランザクションとなっているためレスポンスが良くありません。ここでトランザクションを用いている理由は、乱数の計算結果を予約オブジェクトに保存しておくためでした。

```
// (20) 計算された乱数値を保存
requests[msg.sender].draws[_index].drawnNumber = _drawnNumber
```

実際には、予約時のブロック番号（draw.blockNumber）が保存されていれば、いつでも乱数値を決定的に計算することができる（毎回同じ計算結果となる）ため、計算結果の乱数値をコントラクトに保存しておく必要はありません。この点を以下のように改良してみましょう。

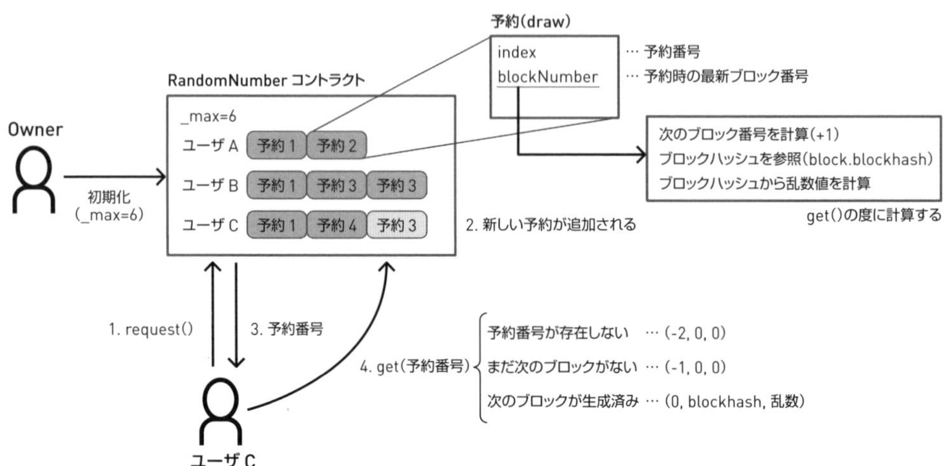

図 6-20 乱数値の計算結果を保存しない

```
pragma solidity ^0.4.8;
contract RandomNumber {
    address owner;
    uint numberMax;

    struct draw {
        // (1) 予約時の最新ブロック番号のみを保持
        uint blockNumber;
    }

    struct draws {
        uint numDraws;
        mapping (uint => draw) draws;
    }

    mapping (address => draws) requests;

    // (2) request() の返り値参照用のイベントに定義
    event ReturnNextIndex(uint _index);

    function RandomNumber(uint _max) {
        owner = msg.sender;
        numberMax = _max;
    }

    function request() returns (uint) {
        uint _nextIndex = requests[msg.sender].numDraws;
        requests[msg.sender].draws[_nextIndex].blockNumber = block.number;
        requests[msg.sender].numDraws = _nextIndex + 1;
        ReturnNextIndex(_nextIndex);
        return _nextIndex;
    }

    // (3) 乱数値の計算結果を保存しないように変更し、constant関数とする
    function get(uint _index) constant returns (int status, bytes32 blockhash, 
uint drawnNumber){
        if(_index >= requests[msg.sender].numDraws){
            return (-2, 0, 0);
        }else{
            uint _nextBlockNumber = requests[msg.sender].draws[_index].
blockNumber + 1;
            if (_nextBlockNumber >= block.number) {
                return (-1, 0, 0);
            }else{
                // (4) 毎回ブロック番号からブロックハッシュを参照して返す
                bytes32 _blockhash = block.blockhash(_nextBlockNumber);
                uint _drawnNumber = uint(_blockhash) % numberMax + 1;
                return (0, _blockhash, _drawnNumber);
            }
        }
    }
}
```

実行してみましょう。

Createボタンからコンパイル&デプロイを行うと、今回はgetボタンが青く表示されています。これは関数がconstant関数として定義されたことを表しています。

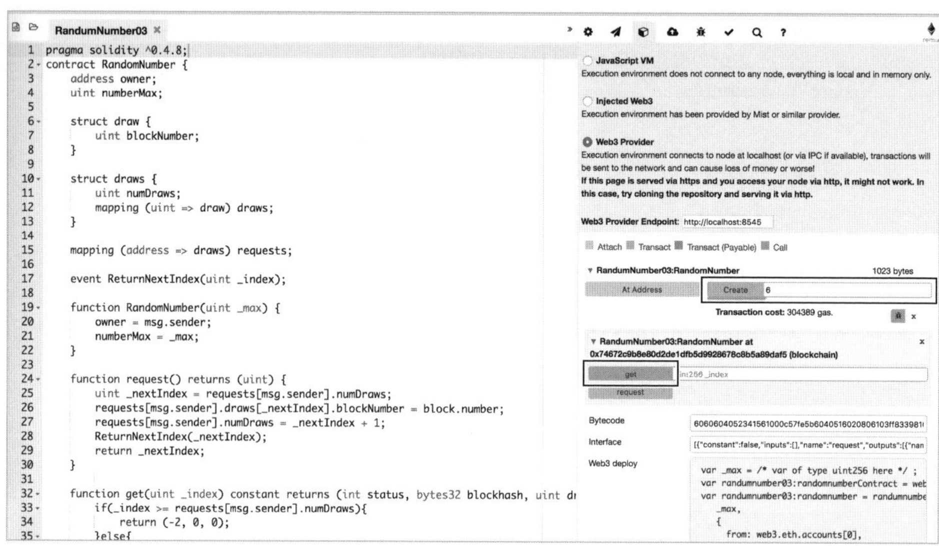

図6-21 改良版のサンプルコード

それでは次に、requestボタンで予約を行った後、予約番号を引数に指定してgetボタンを押して見ましょう。

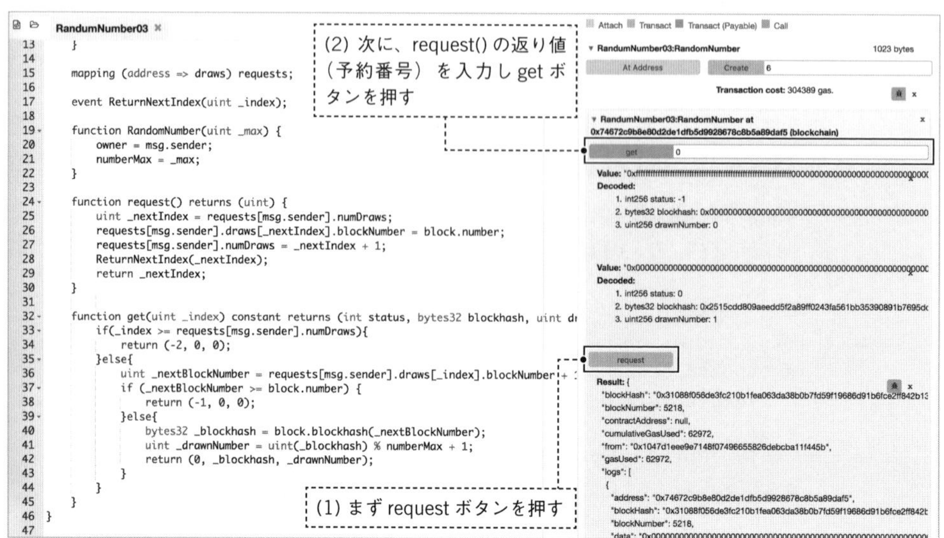

図6-22 request & get の実行

requestボタンを押して予約が完了した直後にgetボタンを押した場合、まだ次のブロックが採掘されておらずブロックハッシュが0x000000000… となっている場合があります。この場合、しばらく待ってから再度getボタンを押します。下記のようにstatus=0で結果が返ってきました。

```
Decoded:
    int256 status: 0
    bytes32 blockhash: 0x2515cdd809aeedd5f2a89ff0243fa561bb35390891b7695dd91b399
76c141cbc
    uint256 drawnNumber: 1
```

同じ予約番号で何回get()関数を呼んでも毎回同じ結果が返ることを確認してください。この関数はconstant関数として定義していることで、実行にブロックの採掘を必要とせずGasの消費もなく、気軽に何回でも値を参照することが可能になりました。

さて、ここでもうひとつ実験を行ってみます。Browser-Solidityを複数開き、同じRandomNumberコントラクトに対して同時にrequest()を実行し、参照する最新ブロックが同じであるタイミングであった場合、どのようなことが起こるでしょうか？ 予約時のブロック番号が同じとなり、当然次のブロックのブロックハッシュも同じなので、生成される乱数も同じものとなってしまうことが懸念されます。実際に再現できるかやってみましょう。まずはいつも通りにコントラクトをコンパイル・デプロイします。

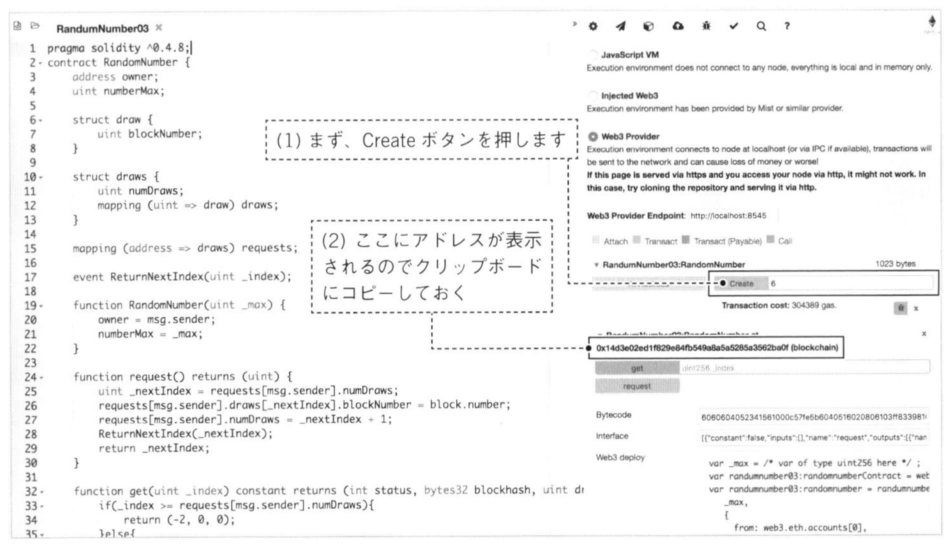

図6-23 まずデプロイ

ここでコントラクトのアドレスをコピーしておきます。上記の例では、

```
RandumNumber03:RandomNumber at
0x14d3e02ed1f829e84fb549a8a5a5285a3562ba0f (blockchain)
```

となっている部分がコントラクトのアドレスになります。

次に、もうひとつブラウザのウィンドウを開いてBrowser-Solidityを開きます。今度はCreateボタンではなく「At Address」という緑のボタンをクリックします。既にネットワーク上にデプロイされているコントラクトをアドレス指定して実行することができます。

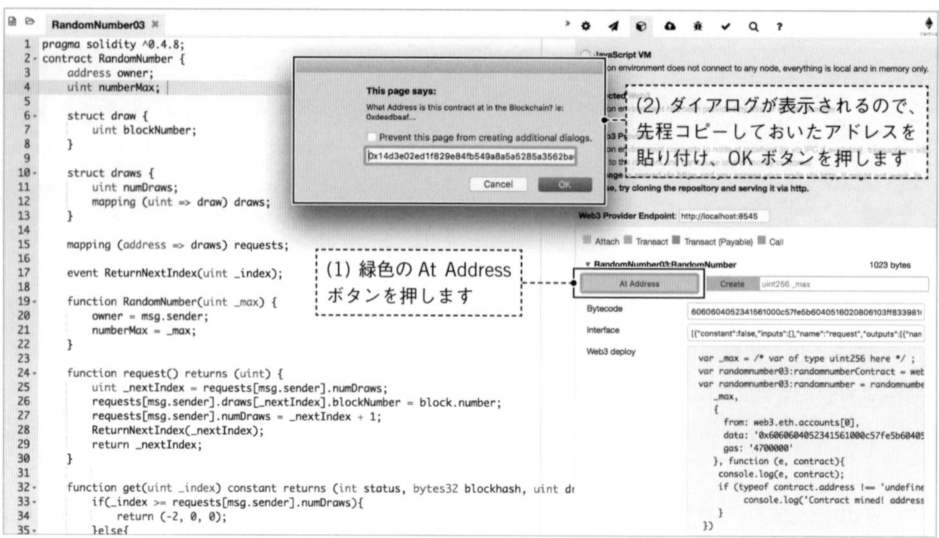

図6-24 アドレスを指定してコントラクトを実行

同じコントラクトを複数のBrowser-Solidityから実行する環境が整いました。ふたつのウィンドウでrequestボタンをほぼ同時のタイミングとなるように何度かクリックしてみましょう。

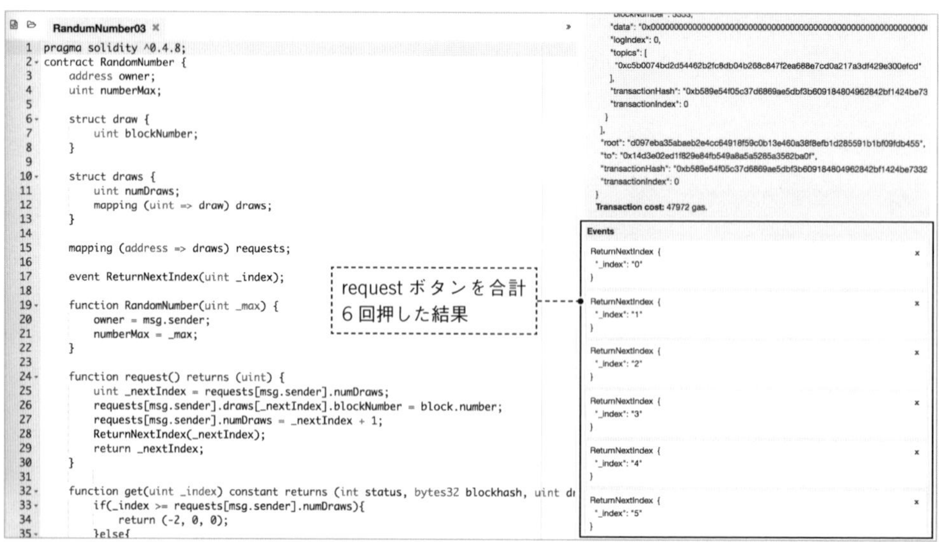

図6-25 ふたつのウィンドウでrequestボタン連打

上記の例では各ウィンドウで3回ずつ素早くrequestボタンをクリックしました。(予約番号0～5)

処理が完了したら（予約番号がイベントとしてすべて表示されたら）、それぞれの予約番号について生成された乱数値を確認してみましょう。

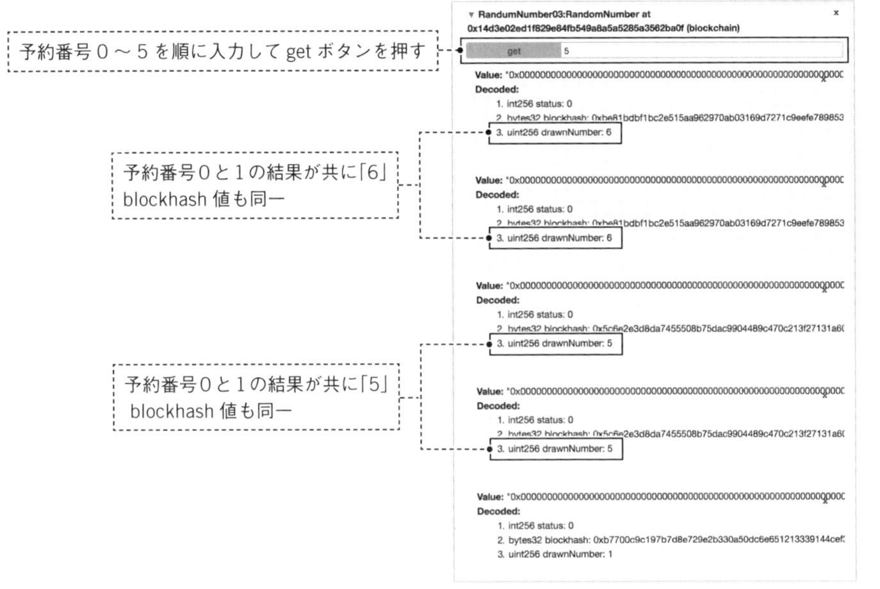

図 6-26 各予約番号の乱数生成結果の確認

処理が完了したら（予約番号がイベントとしてすべて表示されたら）、それぞれの予約番号を入力して get ボタンを順番に押してみましょう。予約番号０と１の結果、２と３の結果がそれぞれ同一の結果となってしまいました。ブロックハッシュ値も同じであることから、予約時（request 実行時）に参照した最新のブロックが同じであったことがわかります。

今回は同じユーザが意図的に同じタイミングで予約を行うことで再現しましたが、実際のサービス利用を考えた場合には、多数のユーザから同時に予約が実行されることが予想されます。その結果、多数の同じ乱数がコントラクト内に生成されてしまうことを意味します。

この事象は、ユーザが事前に乱数値を知ることができるわけではないので、予想困難性という観点からは問題ありません。しかし、「乱数によって生成された整数値はそれぞれ本当に均等に発生するのか？」という要件に対して応えることができていません。運営者側の観点から考えると、全体を見た場合に生成された乱数値に偏りが生じる可能性が出てしまいます。例えば、アイテム抽選の場合には、あるタイミングで確率の低いアイテム（先述の例で言えば出現確率 1% の「プラチナカード」など）に当たる乱数値が生成された場合、同タイミングで乱数生成予約をしていたユーザが皆そのアイテムを獲得できてしまうことになり、各アイテム抽選が独立して試行されているとは言い難い状態になってしまいます。

次節では、各抽選（乱数生成の予約）にそれぞれ独立した乱数を生成する方法を考えてみます。

4 乱数としての一様性を確保する

6.4.1 仕組みを考える

前節での課題：

- 同じユーザが同じタイミングで複数回の乱数リクエストを行うと、同じ乱数を取得してしまう
- 異なるユーザが同じタイミングで乱数リクエストを行うと、同じ乱数を取得してしまう

この問題の原因は、異なるリクエストに対して同じブロックハッシュ値を計算の元となる数字として使用していること、また異なるユーザに対しても同じブロックハッシュを計算に使用していることです。リクエスト毎に異なる値、ユーザ毎に異なる値を織り込んだ値を乱数計算の元となるように改変する必要があります。

ここでは、「ユーザ毎に異なる値」としてユーザのアドレス（msg.sender）を、「リクエスト毎に異なる値」として予約番号を元に新たな値を計算してみます。ブロックハッシュ値、ユーザのアドレス、予約番号の組から新たなハッシュ値を計算する方法として、ここではSolidityに用意されている暗号化関数を使用してみます。

```
sha256(...) returns (bytes32): compute the SHA256 hash of the (tightly packed)
arguments
```

sha256()関数にブロックハッシュ値、ユーザのアドレス、予約番号を引数として渡し、新たなハッシュ値をbytes32型の値として取得します。これを整数値としたものを乱数計算の元の値として使用することにします[*2]。

6.4.2 実装

```
pragma solidity ^0.4.8;
contract RandomNumber {
    address owner;
    uint numberMax;

    struct draw {
```

＊2　ここでは安易にsha256()関数を用いましたが、実はSolidity上での暗号化関数の使用コストは高く設定されています。使用コストとは消費Gas量のことで、これを押さえることを考えるならば、より軽量な暗号化関数の採用を検討する必要があります。sha256()のコストよりもsha3()のコストのほうが安く設定されています。さらにコストを押さえるならば、今回の用途に限り単純に「ブロックハッシュ値＋ユーザのアドレス＋予約番号」を用いることも検討の余地があります。

```
        uint blockNumber;
    }

    struct draws {
        uint numDraws;
        mapping (uint => draw) draws;
    }

    mapping (address => draws) requests;

    event ReturnNextIndex(uint _index);

    function RandomNumber(uint _max) {
        owner = msg.sender;
        numberMax = _max;
    }

    function request() returns (uint) {
        uint _nextIndex = requests[msg.sender].numDraws;
        requests[msg.sender].draws[_nextIndex].blockNumber = block.number;
        requests[msg.sender].numDraws = _nextIndex + 1;
        ReturnNextIndex(_nextIndex);
        return _nextIndex;
    }

    // (1) デバッグ用に、blockhashとseed値を返すように変更
    function get(uint _index) constant returns (int status, bytes32 blockhash,
bytes32 seed, uint drawnNumber){
        if(_index >= requests[msg.sender].numDraws){
            return (-2, 0, 0, 0);
        }else{
            uint _nextBlockNumber = requests[msg.sender].draws[_index].
blockNumber + 1;
            if (_nextBlockNumber >= block.number) {
                return (-1, 0, 0, 0);
            }else{
                bytes32 _blockhash = block.blockhash(_nextBlockNumber);
                // (2) ブロックハッシュ値、ユーザのアドレス、予約番号を元にseed値を計算
                bytes32 _seed = sha256(_blockhash, msg.sender, _index);
                // (3) seed値を元に乱数を計算
                uint _drawnNumber = uint(_seed) % numberMax + 1;
                // (4) ステータス、ブロックハッシュ値、乱数計算の元となったseed値、計算され
た乱数を返す
                return (0, _blockhash, _seed, _drawnNumber);
            }
        }
    }
}
```

(2) ユーザのアドレス、予約番号を織り込む

ブロックハッシュ値、ユーザのアドレス、予約番号の組から新たなハッシュ値を生成して seed として用います。

(3) seed 値を元に乱数を計算

前回と同じく乱数値を計算します。

(4) ステータス、乱数計算の元となった seed 値、計算された乱数を返す

デバッグ用に内部計算に使われた中間値を返り値として返しています。

上記の変更を反映して再度実行してみましょう。

先程と同様に、ブラウザのウィンドウをふたつ開き、それぞれ Browser-Solidity を開きます。片方のウィンドウで Create ボタンによるデプロイ、もう一方のウィンドウで「At Address」からアドレス指定でコントラクトを開きます。

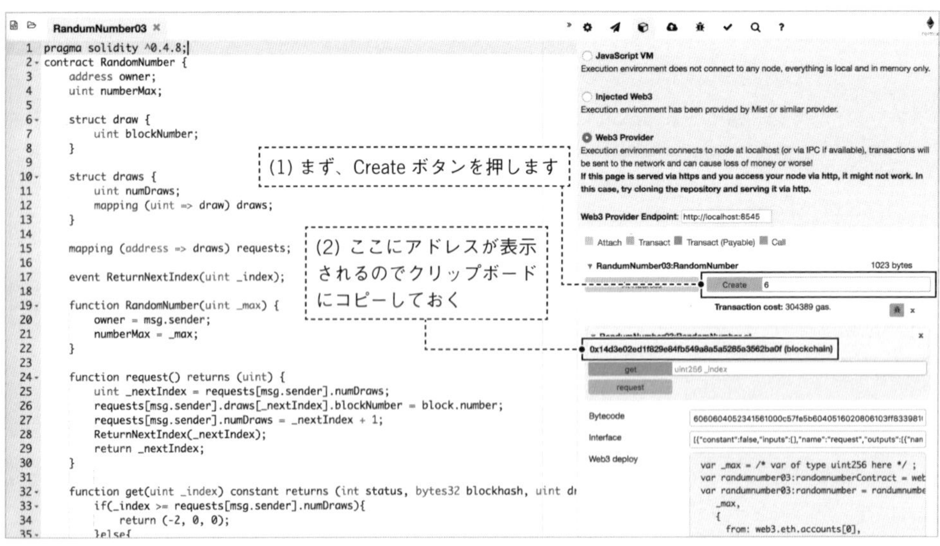

図 6-27 前節同様デプロイ

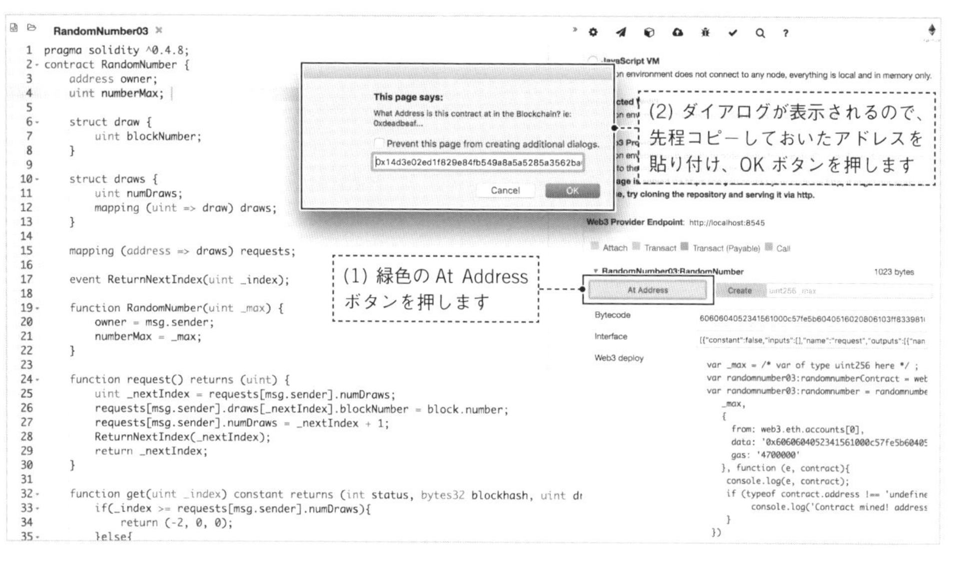

図 6-28 アドレスを指定してコントラクトを実行

今回も、ふたつのウィンドウで request ボタンをほぼ同時のタイミングとなるように何度かクリックしてみましょう。

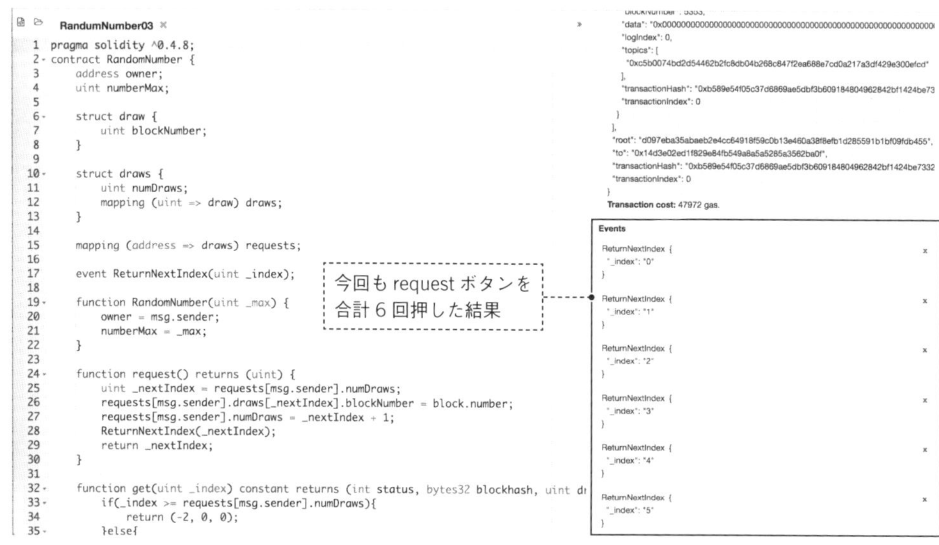

図 6-29 ふたつのウィンドウで request ボタン連打

それぞれの予約番号について生成された乱数値を確認してみましょう。

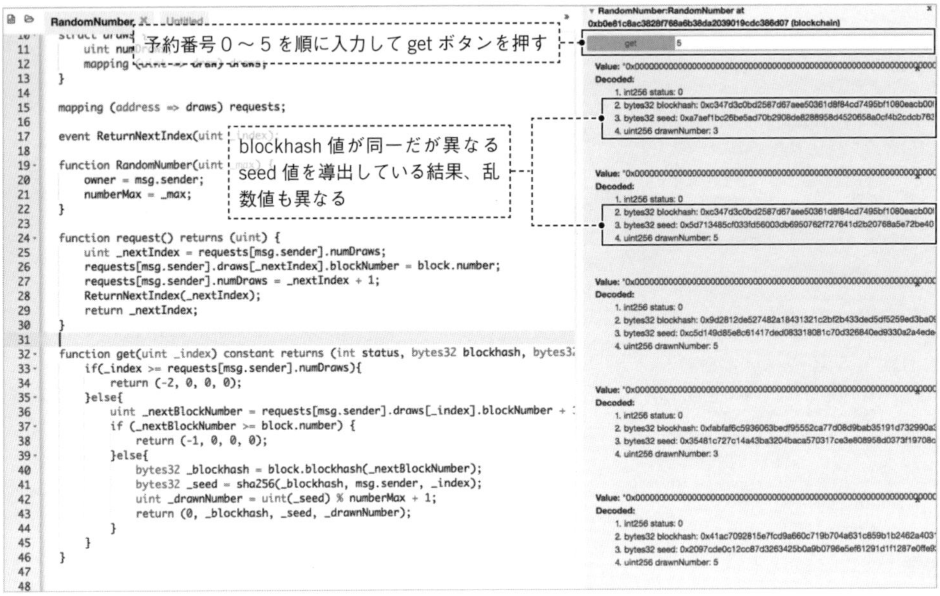

予約番号０～５を順に入力して get ボタンを押す

blockhash 値が同一だが異なる seed 値を導出している結果、乱数値も異なる

図 6-30 各予約番号の乱数生成結果の確認

前回同様、同じブロックハッシュ値が使用されてしまっているケースが見られますが、seed 値はそれぞれ異なることが確認できます。その結果、ブロックハッシュ値が同一でも最終的に生成される乱数値に差を付けることができるようになりました。

6.4.3 考察

本節の時点で十分に予測不可能かつ、偏りの無い乱数生成を実現できたでしょうか？ 下記は実際に本スマートコントラクトを使用して乱数を 1,000 個生成してみた結果です。

Geth コンソール上でコンパイル、デプロイを行い、下記のスクリプトにて 1,000 回の request() と 1,000 回の get() を行ってみましょう。まずはコンパイルとデプロイを行います。

```
> var source = "contract RandomNumber {  address owner;  uint numberMax;
struct draw {  uint blockNumber;  }   struct draws {  uint numDraws;  mapping
(uint => draw) draws;  }   mapping (address => draws) requests;   event
ReturnNextIndex(uint _index);  event ReturnDebug(bytes32 _seed, uint _
drawnNumber);   function RandomNumber(uint _max) {  owner = msg.sender;
numberMax = _max;  }   function request(uint _dummy) returns (uint) {  uint _
nextIndex = requests[msg.sender].numDraws;  requests[msg.sender].draws[_
nextIndex].blockNumber = block.number;  requests[msg.sender].numDraws = _
nextIndex + 1;  ReturnNextIndex(_nextIndex);  return _nextIndex;  }   function
getNum() constant returns(uint num){  return requests[msg.sender].numDraws;
}   function get(uint _index) constant returns (int status, bytes32 blockhash,
bytes32 seed, uint drawnNumber){  if(_index >= requests[msg.sender].numDraws)
{  return (-2, 0, 0, 0);  }else{  uint _nextBlockNumber = requests[msg.sender].
draws[_index].blockNumber + 1;  if (_nextBlockNumber >= block.number) {  return
(-1, 0, 0, 0);  }else{  bytes32 _blockhash = block.blockhash(_nextBlockNumber);
```

```
bytes32 _seed = sha256(_blockhash, msg.sender, _index);  uint _drawnNumber =
uint(_seed) % numberMax + 1;  return (0, _blockhash, _seed, _drawnNumber);  }  }
} }";

undefined ← "undefined" が返ってくるのが正しい結果

> var compiled = eth.compile.solidity(source).RandomNumber

undefined ← "undefined" が返ってくるのが正しい結果

> compiled

{
  code: "0x6060604052604051602080610280833950608060405251600080546c01000000000000
0000000000000033810204600160a060020a03199091161790556001819055506102318061004f600
0396000f3606060405260e060020a600035046367e0badb81146100345780639507d39a146100655
78063d845a4b3146100b8575b610002565b346100025733600160a060020a031660009
0815260026020526040902054 5b604080519182525190819003602001 90f35b3461000257610
136600435600160a060020a033316600090815260026020526040812054819081908190819 0
8190819081908910 61015c57600119975060009650869550859450 5b50505050919350919356
5b3461000257336001 60a060020a031660008181526002602081815260408084208054808 65
260018083018552838720439055968652938352948301909455835182815293 5
1610053946004359493927fc5b0074bd2d54462b2fc8db04b268c847f2ea688e7cd0a217a3df
429e300efcd92918290030190a192915050565b604080519485526020850193909352838301
919091526060830152519081900360800190f35b600160a060020a033316600090815260026 0
20908152604080832 08c845260019081019092529091205401935043841061 01a4576000199
750600096508695508594506100ad565b8340925060028333 8b6000604051602001526040
518084600019168152602001836001 60a060020a03166c010000000000000000000000000000000
02815260140182815260200193505050506020604051808303816000866161da5a0
3f115610002575050604051516001549092508281156100025760009950939750919550 5
060019106019150838383 6100ad56",
  info: {
    abiDefinition: [{
        constant: true,
        inputs: [],
        name: "getNum",
        outputs: [...],
        payable: false,
        type: "function"
    }, {
        constant: true,
        inputs: [...],
        name: "get",
        outputs: [...],
        payable: false,
        type: "function"
    }, {
        constant: false,
        inputs: [...],
        name: "request",
        outputs: [...],
        payable: false,
        type: "function"
    }, {
```

```
        inputs: [...],
        type: "constructor"
    }, {
        anonymous: false,
        inputs: [...],
        name: "ReturnNextIndex",
        type: "event"
    }, {
        anonymous: false,
        inputs: [...],
        name: "ReturnDebug",
        type: "event"
    }],
    compilerOptions: "--bin --abi --userdoc --devdoc --add-std --optimize -o /
var/folders/3z/x49zlnhs5jl_z6jmkt74vdyw0000gn/T/solc971475016",
    compilerVersion: "0.4.4",
    developerDoc: {
      methods: {}
    },
    language: "Solidity",
    languageVersion: "0.4.4",
    source: "contract RandomNumber {  address owner;  uint numberMax;    struct
draw {  uint blockNumber;  }   struct draws {  uint numDraws;  mapping
(uint => draw) draws;  }   mapping (address => draws) requests;   event
ReturnNextIndex(uint _index);  event ReturnDebug(bytes32 _seed, uint _
drawnNumber);    function RandomNumber(uint _max) {  owner = msg.sender;
numberMax = _max;  }   function request(uint _dummy) returns (uint) {  uint _
nextIndex = requests[msg.sender].numDraws;  requests[msg.sender].draws[_
nextIndex].blockNumber = block.number;  requests[msg.sender].numDraws = _
nextIndex + 1;  ReturnNextIndex(_nextIndex);  return _nextIndex;  }    function
getNum() constant returns(uint num){  return requests[msg.sender].numDraws;
}    function get(uint _index) constant returns (int status, bytes32 blockhash,
bytes32 seed, uint drawnNumber){  if(_index >= requests[msg.sender].numDraws)
{  return (-2, 0, 0, 0);  }else{  uint _nextBlockNumber = requests[msg.sender].
draws[_index].blockNumber + 1;  if (_nextBlockNumber >= block.number) {  return
(-1, 0, 0, 0);  }else{  bytes32 _blockhash = block.blockhash(_nextBlockNumber);
bytes32 _seed = sha256(_blockhash, msg.sender, _index);  uint _drawnNumber =
uint(_seed) % numberMax + 1;  return (0, _blockhash, _seed, _drawnNumber);  }  }
} }",
    userDoc: {
      methods: {}
    }
  }
}

> var contract = eth.contract(compiled.info.abiDefinition)

undefined ← "undefined" が返ってくるのが正しい結果

> var deployed = contract.new(6, {from:eth.accounts[0], data: compiled.code,
gas:1000000})

undefined ← "undefined" が返ってくるのが正しい結果
> deployed
```

```
{
  abi: [{
      constant: true,
      inputs: [],
      name: "getNum",
      outputs: [{...}],
      payable: false,
      type: "function"
  }, {
      constant: true,
      inputs: [{...}],
      name: "get",
      outputs: [{...}, {...}, {...}, {...}],
      payable: false,
      type: "function"
  }, {
      constant: false,
      inputs: [{...}],
      name: "request",
      outputs: [{...}],
      payable: false,
      type: "function"
  }, {
      inputs: [{...}],
      type: "constructor"
  }, {
      anonymous: false,
      inputs: [{...}],
      name: "ReturnNextIndex",
      type: "event"
  }, {
      anonymous: false,
      inputs: [{...}, {...}],
      name: "ReturnDebug",
      type: "event"
  }],
  address: undefined,
  transactionHash: "0xd397baf417586fadd04b76286219bb9073a6c00b2aaa856a0c528c6816
10ca7d"
} ← "deployed" 変数の中身を確認
```

デプロイしたコントラクトにaddressが振られたことを確認します。

```
> deployed
{
  abi: [{
      constant: true,
      inputs: [],
      name: "getNum",
      outputs: [{...}],
      payable: false,
      type: "function"
  }, {
      constant: true,
      inputs: [{...}],
      name: "get",
      outputs: [{...}, {...}, {...}, {...}],
      payable: false,
      type: "function"
  }, {
      constant: false,
      inputs: [{...}],
      name: "request",
      outputs: [{...}],
      payable: false,
      type: "function"
  }, {
      inputs: [{...}],
      type: "constructor"
  }, {
      anonymous: false,
      inputs: [{...}],
      name: "ReturnNextIndex",
      type: "event"
  }, {
      anonymous: false,
      inputs: [{...}, {...}],
      name: "ReturnDebug",
      type: "event"
  }],
  address: undefined,
  transactionHash: "0xbbcbf4cee24b28f59ddd9752ec394f0b750e78d0e7b9b958be41bc88d2904462"
}
```

図6-31 address がまだ振られていない

上記のように contract.new() 直後だと address がまだ振られていません（採掘されていません）。

```
> deployed
{
  abi: [{
      constant: true,
      inputs: [],
      name: "getNum",
      outputs: [{...}],
      payable: false,
      type: "function"
  }, {
      constant: true,
      inputs: [{...}],
      name: "get",
      outputs: [{...}, {...}, {...}, {...}],
      payable: false,
      type: "function"
  }, {
      constant: false,
      inputs: [{...}],
      name: "request",
      outputs: [{...}],
      payable: false,
      type: "function"
  }, {
      inputs: [{...}],
      type: "constructor"
  }, {
      anonymous: false,
      inputs: [{...}],
      name: "ReturnNextIndex",
      type: "event"
  }, {
      anonymous: false,
      inputs: [{...}, {...}],
      name: "ReturnDebug",
      type: "event"
  }],
  address: "0x6be60e0de8c953bd87944186b4315bc77e5ba212",
  transactionHash: "0xbbcbf4cee24b28f59ddd9752ec394f0b750e78d0e7b9b958be41bc88d2904462",
  ReturnDebug: function(),
  ReturnNextIndex: function(),
  allEvents: function(),
  get: function(),
  getNum: function(),
  request: function()
}
```

図6-32 address が振られた

しばらくすると上記のようにaddressに値が入ります。なかなかaddressが入らない場合にはtransactionプールを確認してみましょう。採掘待ちのトランザクションが存在する場合、下記のようにpendingに待ちトランザクション数が表示されます。pending:0になっていたらすべてのトランザクションが処理されたことを意味します。

```
> txpool.status
{
  pending: 1,
  queued: 0
}
> txpool.status
{
  pending: 0,
  queued: 0
}
```

図6-33 txpool.status

デプロイが確認できたら、request()を3,000回実行してみます。Solidity上では、JavaScriptと同様の構文でfor文が記述できます。

```
for(i=0; i<3000; i++){
    console.log(eth.contract(deployed.abi).at(deployed.address).request.
sendTransaction(0, {from: eth.accounts[0]}));
}
```

トランザクションがすべて処理されるのを待ちます。今回も txpool.status を監視しておきましょう。pending:0 になったら、今度は get() をそれぞれの予約番号に対して実行してみます。

```
for(i=0; i<3000; i++){
    console.log(eth.contract(deployed.abi).at(deployed.address).get.call(i));
}
```

```
> for(i=0; i<1000; i++){
...     console.log(eth.contract(deployed.abi).at(deployed.address).get.call(i));
... }
0,0x0f082711ea1b46d55ba8283c1751d118f4d6a3eaefb926e7d58d46d33289fabd,0xd0242f3a8bf4f3b17d7cd91a93d0f39f6c916e59cad
4864dec38944b2c55bdcb,6
0,0x0f082711ea1b46d55ba8283c1751d118f4d6a3eaefb926e7d58d46d33289fabd,0xfba0be4db41fcf75a00767232cd8a4a149e1454ff80
53ec53815e87d7dc9d4bf,4
0,0x0f082711ea1b46d55ba8283c1751d118f4d6a3eaefb926e7d58d46d33289fabd,0xa793da057d7d01b1aa05251d2948455db8d0fc47e04
720e7b46ec516e214899e,1
0,0x0f082711ea1b46d55ba8283c1751d118f4d6a3eaefb926e7d58d46d33289fabd,0x9ed6fbfaf8cab0ec81048c92738998c4f407d41e9db
852a833f7bab6c3159f0e,1
0,0x0f082711ea1b46d55ba8283c1751d118f4d6a3eaefb926e7d58d46d33289fabd,0xf2f79b11645abeacfe054aec20d5fba47e67dbdae44
9c2c42e91ccf2398039e5,6
0,0x0f082711ea1b46d55ba8283c1751d118f4d6a3eaefb926e7d58d46d33289fabd,0x5832bd09e3b412611abcc07b2d4b1cad904b8ee4399
5c1ecc7b581424091e21d,6
0,0x0f082711ea1b46d55ba8283c1751d118f4d6a3eaefb926e7d58d46d33289fabd,0x0087edf009ba4b0821d3fa2bd92ddce298d79bba0ee
36db6929523c7886736ab,4
0,0x0f082711ea1b46d55ba8283c1751d118f4d6a3eaefb926e7d58d46d33289fabd,0xab8c6a2f48c3b32c063e107a13364b463c3f2b80632
a4f5c5da94cb8a3935f13,6
0,0x0f082711ea1b46d55ba8283c1751d118f4d6a3eaefb926e7d58d46d33289fabd,0xdb1eecbd90a1266713348f277c7995c8ca085bc37ef
093be352a7804dfbfcda5,6
0,0x0f082711ea1b46d55ba8283c1751d118f4d6a3eaefb926e7d58d46d33289fabd,0x56689273f2f50629fa9e33104e2f7a38ef3d30b1500
9e206816c22f606649eeb,2
```

図 6-34 get() 実行結果

下記は 1 ～ 6 の乱数値の出現回数をカウントしてヒストグラムにしてみたものです。3,000 回ではまだ試行が少ないのかもしれませんが、概ね各数値が 500 回程度出現しました。

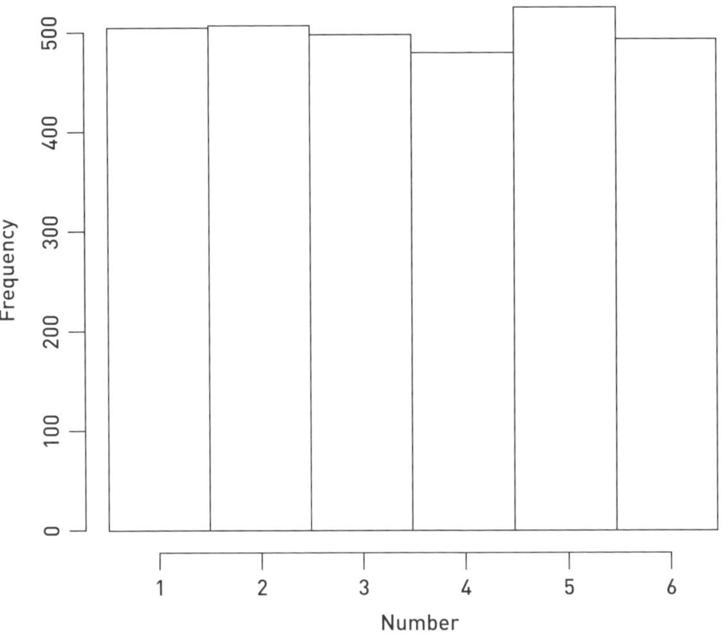

図 6-35 乱数値の出現回数ヒストグラム

「乱数によって生成された整数値はそれぞれ本当に均等に発生するのか」に対して、上記の結果は直感的に妥当そうに見えます。より正確には、一様分布（期待値として各値が同回数ずつ出現することを想定した分布）に対して、上記の実観測値のバラツキが許容できる範囲にあるかどうかの検定を行う必要があります。興味のある読者のために、下記に χ^2 検定の結果を以下に示します。

```
観測された頻度
  1   2   3   4   5   6
503 492 503 478 503 521
```

```
Chi-squared test for given probabilities:
data:  c(503, 492, 503, 478, 503, 521)
X-squared = 2.032, df = 5, p-value = 0.8447
```

一般的に p-value > 0.05（有意水準 5% よりも大きい）場合に、統計学上「バラツキが少ない」と判断します。今回の観測結果からは p-value = 0.8447 となるので「十分にバラツキが少ない」と判断できるということになります。

5 外部情報を参照する方法

本節では少し観点を変えて、より簡単に乱数生成を達成する方法を考えています。前節まででではスマートコントラクト内に閉じた（もしくは、Ethereum ネットワーク上に閉じた）方法での乱数生成を試みてきました。本節では Ethereum ネットワーク外部から、十分信頼できる外部機関からスマートコントラクト内に情報を取り込む形で乱数生成を実現する方法をご紹介します。

Ethereum ネットワーク外部からの情報連携を行うサービスを「オラクル*3」や「外部オラクル」と呼ぶことがあります。有名なものに「Oraclize」があります。今回は Oraclize を使って外部で計算された乱数値をスマートコントラクト内で参照できる方法を試します。まずは Oraclize の仕組みを下記に図示します。

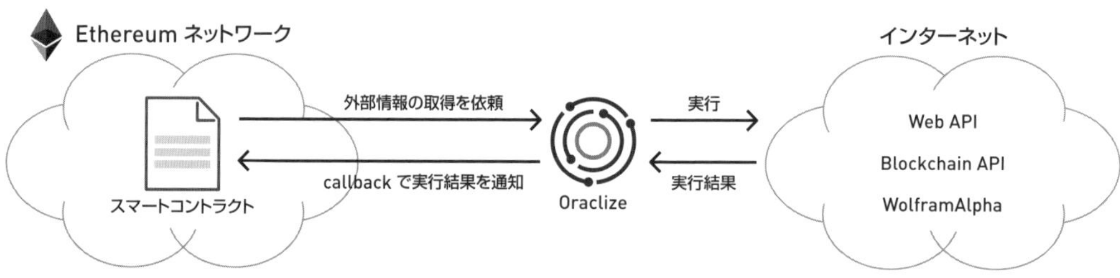

図 6-36 Oraclize の仕組み

スマートコントラクトが Oraclize（のスマートコントラクト）に対してリクエストを送ると Oraclize が外部の API を代わりに呼んでくれます。その結果を callback という形で呼び元のスマートコントラクトへ返してくれる仕組みです。Ethereum ネットワークの「箱庭」から飛び出して、外部処理の実行を肩代わりしてくれるというわけです。Oraclize が提供している処理として、一般的な Web API 呼び出し（GET/POST）、ビットコインの統計情報を返してくれるもの、WolframAlpha と呼ばれる知識エンジンの呼び出し、また IPFS*4 上のファイルへのアクセスなどがあります。今回は WolframAlpha が対応している「random number between 0 and 100」のような知識問い合わせを使用します。

6.5.1 準備

Oraclize を使用するにあたり、ライブネットワークやパブリック・テストネットワークには既に Oraclize の提供するスマートコントラクトがデプロイされていますので、そのスマートコントラクトを呼び出すことで外部処理を依頼することができます。通常は Oraclize が提供している oraclizeAPI.sol を読み込む（import する）ことにより Oraclize スマートコントラクトのアドレスがわからなくても Oraclize Address Resolver（OAR）が自動的にアドレスを探してくれます。

＊3　データベース管理システムの Oracle とは別物。
＊4　https://ipfs.io

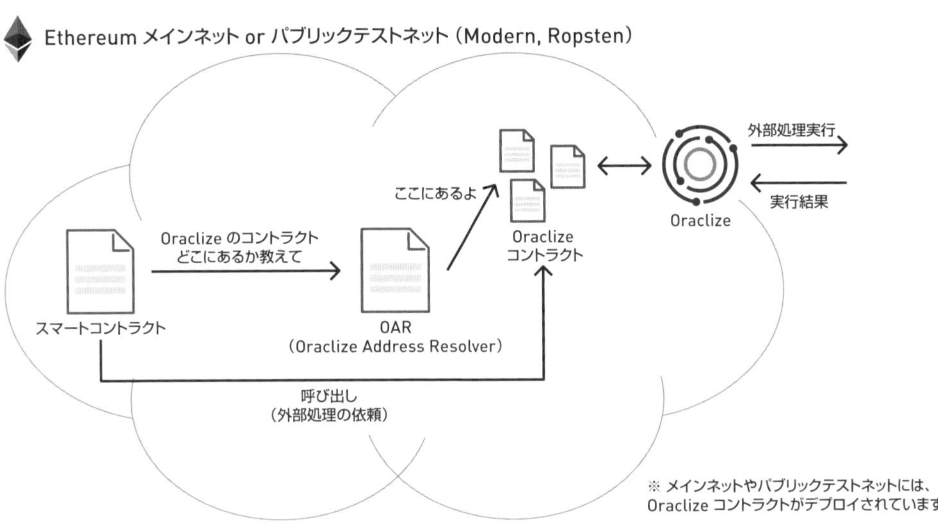

図 6-37 Oraclize Address Resolver

今回はプライベート・テストネットワーク上でのテストを行うため、Oraclize による外部処理実行部分を ethereum-bridge を使って実現します。

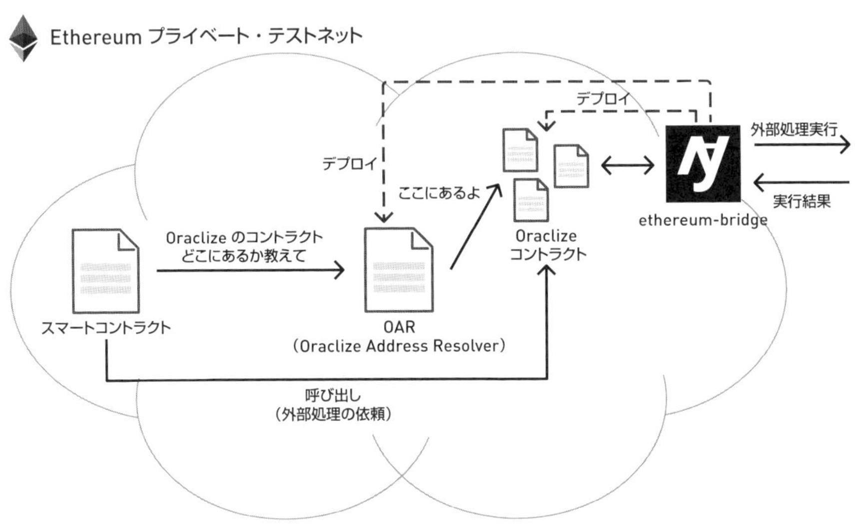

図 6-38 ethereum-bridge

ライブネットワークやパブリック・テストネットワークでは Oraclize が、プライベート・テストネットワークではこの ethereum-bridge が Ethereum の「箱庭」から飛び出して外部処理を実行する代行人となってくれるわけです。

それではまず ethereum-bridge[*5] のインストールを行います。実行には node.js と npm が必要と

＊5　ethereum-bridge のソースコードは https://github.com/oraclize/ethereum-bridge で公開されています。

なります。node.jsのバージョンは5.0.0以上7.0.0未満を使用する必要があります[*6]。GitHubからethereum-bridgeをcloneして必要なモジュールのインストールを行いましょう。

```
$ git clone https://github.com/oraclize/ethereum-bridge.git
$ cd ethereum-bridge
$ npm install
```

ethereum-bridgeのインストールが完了したら、Gethが起動していることを確認します。起動していない場合には、他節同様に下記コマンドにてGethを起動しておきます。

```
$ nohup geth --networkid 4649 --nodiscover --datadir /home/eth/data_testnet
--mine --unlock 0x33d57855afc783514c2790339c587783938fc11c --rpc 2>> /home/eth/
data_testnet/geth.log &
```

Gethコンソールから操作を行うため、Gethにattatchします。

```
$ geth attach rpc:http://localhost:8545
```

Oraclizeとの接続用にethereum-bridgeの提供するコントラクトをテストネットワークへデプロイします。この際にgasを消費しますので、事前にアカウントをふたつ作成し、片方をethereum-bridgeのデプロイするOraclizeコントラクト用、もう片方をこれからテストする乱数生成コントラクトをデプロイするのに使用することにします。

現在のアカウントを確認します。

```
> eth.accounts
["0x5bd701c6cbd6a91990faadf6f3df21de4d9dad2e"]
```

アカウントがひとつしか存在しない場合には、もうひとつアカウントを作っておきます。

```
> personal.newAccount("password")
"0xa397a63cd122e8f947a17b6616231bbf753ea135"
```

アカウントがふたつ存在することを確認します。

```
> eth.accounts
["0x5bd701c6cbd6a91990faadf6f3df21de4d9dad2e","0xa397a63cd122e8f947a17b6616231b
bf753ea135"]
```

＊6　今回の試験環境ではnode.js (v6.9.5)、npm (3.10.10) を使用。

ひとつ目のアカウントがcoinbaseになっていると思いますので、miningを行っていれば既にEther残高がいくらかあるはずです。残高0の場合にはminer.start()コマンドにてminingを開始し、残高が増えるまでしばらく待ってみてください。

```
> web3.fromWei(eth.getBalance(eth.accounts[0]), 'ether')
31268.931413986999999999
> web3.fromWei(eth.getBalance(eth.accounts[1]), 'ether')
0
```

ふたつ目のアカウントは先程作成したばかりなので残高が0になっています。ひとつ目のアカウントからEtherの送金を行います。

```
> eth.sendTransaction({from: eth.accounts[0], to: eth.accounts[1],value: web3.
toWei(10, "ether")})
"0xfe48b552b481ff4402cd24246de25af08cdcf9a65d546a1f9389f6cefb2402aa"
```

念のために送金が正常に行われたか確認を行います。トランザクションが処理されるまでに時間がかかる場合があるので、ふたつ目のアカウントの残高が増えていない場合にはしばらく待ってから再度残高を確認してみましょう。

```
> web3.fromWei(eth.getBalance(eth.account[1]), "ether")
1
```

ふたつ目のアカウントもunlockしておきます。

```
> personal.unlockAccount("0xa397a63cd122e8f947a17b6616231bbf753ea135");
Unlock account 0xa397a63cd122e8f947a17b6616231bbf753ea135
Passphrase:
```

これでOraclizeコントラクトをデプロイするためのアカウントと、乱数生成コントラクトをデプロイするためのアカウントの準備が整いました。Ubuntuのコンソールに戻り、ethereum-bridgeを起動します。先程git cloneにより作成されたethereum-bridgeディレクトリ上で実行してください。

```
$ node bridge -H localhost:8545 -a 1 --disable-deterministic-oar

Please wait...
[2017-06-05T10:15:18.714Z] INFO you are running ethereum-bridge - version: 0.5.2
[2017-06-05T10:15:18.715Z] INFO saving logs to: ./bridge.log
[2017-06-05T10:15:18.716Z] INFO using active mode
[2017-06-05T10:15:18.716Z] INFO Connecting to eth node http://localhost:8545
[2017-06-05T10:15:20.831Z] INFO connected to node type Geth/v1.5.9-unstable-
fa999861/darwin/go1.7.3
[2017-06-05T10:15:21.704Z] WARN Using 0x5bd701c6cbd6a91990faadf6f3df21de4d9dad2e
```

```
to query contracts on your blockchain, make sure it is unlocked and do not use
the same address to deploy your contracts
[2017-06-05T10:15:21.940Z] INFO deploying the oraclize connector contract...
[2017-06-05T10:16:40.883Z] INFO connector deployed to: 0xc98a9cb244e0eb59c7642f4
fd205eca1d875805a
[2017-06-05T10:16:40.887Z] WARN deterministic OAR disabled/not available, please
update your contract with the new custom address generated
[2017-06-05T10:16:40.888Z] INFO deploying the address resolver contract...
[2017-06-05T10:17:07.127Z] INFO address resolver (OAR) deployed to: 0x17ffad305d
aaabb96828c53067d221429482f214
[2017-06-05T10:17:07.128Z] INFO updating connector pricing...
[2017-06-05T10:17:57.371Z] INFO successfully deployed all contracts
[2017-06-05T10:17:57.403Z] INFO instance configuration file saved to /
Users/yosh/Documents/Eth/ethereum-bridge/config/instance/oracle_
instance_20170605T191757.json

Please add this line to your contract constructor:

OAR = OraclizeAddrResolverI(0x45831C2e2e081F7373003502D1D490e62b09A0dD);

[2017-06-05T10:17:57.723Z] INFO Listening @ 0xc98a9cb244e0eb59c7642f4fd205eca1d8
75805a (Oraclize Connector)

(Ctrl+C to exit)
```

上記 node bridge にて起動を行いました。それぞれのオプションの意味は以下の通りです*7。

- -a 1：eth.accounts[1] を Oraclize コントラクトをデプロイするアカウントとして使用する
- --disable-deterministic-oar：OAR（Oraclize Address Resolver）のデプロイアドレスを固定しない

表示された OAR のアドレスを指定する Solidity コード片をクリップボードにメモしておきます。

```
OAR = OraclizeAddrResolverI(0x17fFAd305DaAABB96828C53067d221429482F214);
```

ここまでの操作で Oraclize を使用する準備が整いました。実際に Oraclize を使用するスマートコントラクトを書いてみましょう。

＊7　ethereum-bridge には他にも細かな起動オプションが存在します。今回は「disable-deterministic-oar」を使用しましたが、デフォルト（指定しない場合）では deterministic OAR として OAR がデプロイされます。deterministic OAR を用いると、毎回 OAR のアドレスを指定する必要なく、自動的に Oraclize コントラクトを Oraclize ライブラリが探してくれます。デメリットとしては、deterministc OAR のデプロイには時間がかかります。そのため、本章では disable-deterministic-oar を用いました。詳しくは本家 https://github.com/oraclize/ethereum-bridge を参照ください。

6.5.2 実装

Oraclize を使うためには、usingOraclize を継承したスマートコントラクトを作成します。

```
// (1) Oraclizeの提供するAPIを読み込む
import "github.com/oraclize/ethereum-api/oraclizeAPI.sol";
// (2) usingOraclizeを継承したコントラクトを定義する
contract RandomNumberOraclized is usingOraclize {
    function RandomNumberOraclized () {
        ..
    }
}
```

(1) Oraclize の提供する API を読み込む

Oraclize との連携に必要な API は oraclizeAPI.sol を import することで使えるようになります。

(2) usingOraclize を継承したコントラクトを定義する

Solidity の"is"構文を使用し、usingOracle の継承を行います。これにより、RandomNumberOraclized コントラクト内で Oraclize の API を呼び出せるようになります。

次に、外部処理を呼び出す部分と処理結果を Oraclize から受け取る部分のコードを書いていきます。

```
pragma solidity ^0.4.8;
import "github.com/oraclize/ethereum-api/oraclizeAPI.sol";

contract RandomNumberOraclized is usingOraclize{
    uint public randomNumber;
    bytes32 public request_id;

    function RandomNumberOraclized() {
        // (1) Oraclize Address Resolver の読み込み
        OAR = OraclizeAddrResolverI(0x45831C2e2e081F7373003502D1D490e62b09A0dD);
    }

    function request() {
        // (2) OraclizeへWolframAlphaによる計算を依頼
        // デバッグのため、request_idにOraclizeへの処理依頼番号を保存しておきます
        request_id = oraclize_query("WolframAlpha", "random number between 1 and 
6");
    }

    // (3) Oraclize側で外部処理が実行されると、この__callback関数を呼び出してくれる
    function __callback(bytes32 request_id, string result) {
        if (msg.sender != oraclize_cbAddress()) {
            throw;
```

```
        }

        // (4) 実行結果resultをdrawnNumberへ保存
        randomNumber = parseInt(result);
    }
}
```

(1) OAR（Oraclize Address Resolver）のアドレスを指定

先程メモしておいたOARのアドレスを指定するコードを貼り付けます（deterministic OARを使用する場合にはOraclizeライブラリが自動的にOARを見つけてくれるため、本コードの挿入は必要ありません）。

(2) Oraclezeへ WolframAlphaによる計算を依頼

WolframAlphaへ「random integer between 1 and 6」という問い合わせを行ってみます。結果として1〜6の範囲の整数値がひとつ返されることを期待します。http://www.wolframalpha.com/ にWebブラウザからアクセスし、問い合わせを試してみることもできます。

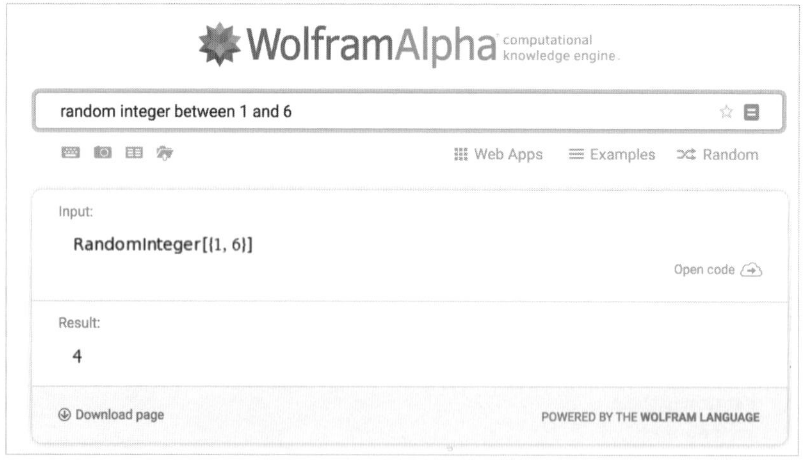

図6-39 WolframAlphaへの直接問い合わせ例

Oraclizeが提供する外部処理はWolframAlpha以外にも以下のようなものがあります。

URLを指定して結果を取得する。

```
oraclize_query("URL", "http://www.google.com/finance/getprices?q=NI225")
```

IPFSのアドレスを指定してファイルの内容を取得する。

```
oraclize_query("IPFS", "Qmuv3s1WF9ul9rsWy2Pf8giaLBKmqhoqXT9tLCJ6mcHkzb" )
```

のような外部処理を実行することができます。

oraclize_queryの返り値はOraclizeへ依頼した処理の依頼番号のようなものが返ってきます。デバッグのため、public 変数に格納しておきます。

(3) Oraclize 側で外部処理が実行されると、この __callback 関数を呼び出してくれる

Oraclize は依頼された処理の実行が完了すると、実行結果を引数として RandomNumberOraclize の __callback() 関数を呼び出します。これを受けて、RandomNumberOraclize 側では受け取った実行結果を使用した後続処理を実行することになります。

(4) 実行結果 result を drawnNumber へ保存

Oraclize から渡された実行結果 result を自信のメンバー変数 drawnNumber へ保存しておきます。今回は実験のため、request() を複数回呼んだ場合にも履歴は保持せず、単純に drawnNumber が上書きされる仕様としました。

Solidity コードを入力したら、Create ボタンをクリックしてコンパイル & デプロイを行います。ここでは、ethereum-bridge から Oraclize 関連コントラクトをデプロイするのに使用した eth.accounts[1] ではなく、Browser-Solidity がもう一方の eth.accounts[0] アカウントを使用して RandomNumberOraclized コントラクトのデプロイを行っています。

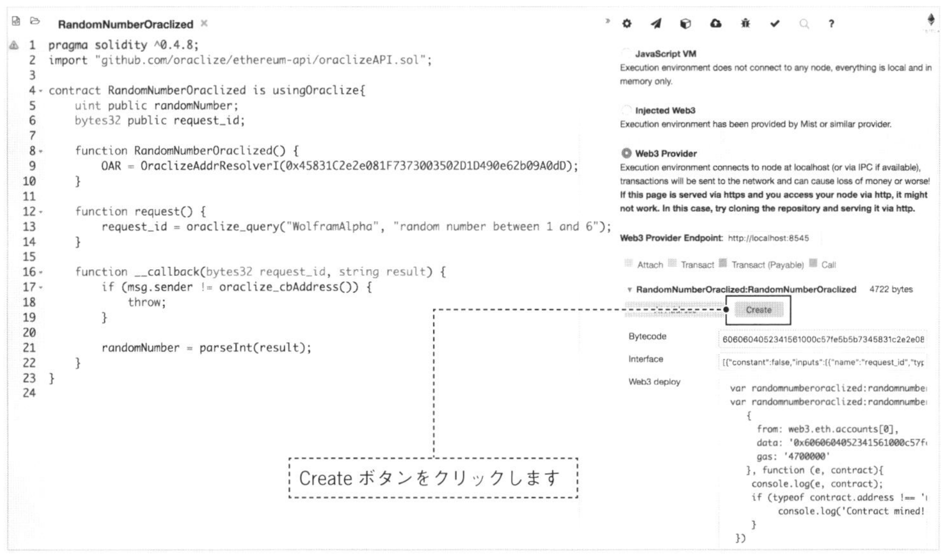

図 6-40 RandomNumberOraclized コントラクトのデプロイ

次に request() 関数を呼び出して、Oraclize（ethereum-bridge）に外部処理を依頼します。

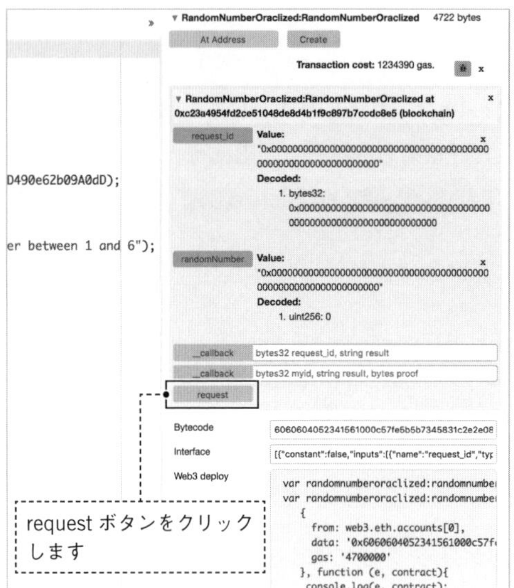

図 6-41 request() を呼び出す

トランザクションの発行自体はすぐに完了し、トランザクションハッシュが返ってきます。トランザクションが処理されるのを待ちます。

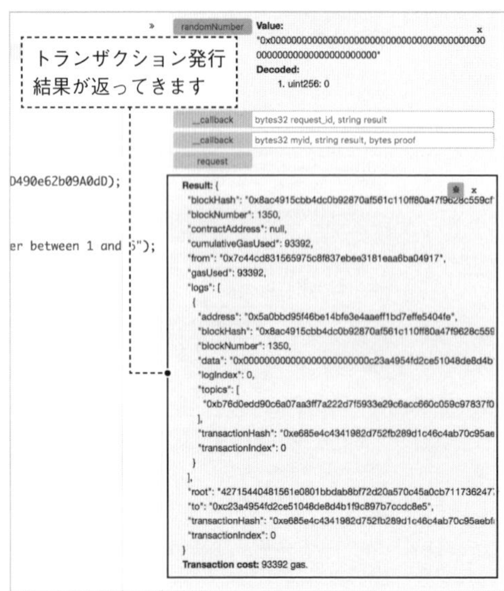

図 6-42 トランザクション発行結果

トランザクションが発行されると、Oraclize から処理依頼を受け付けた確認として、処理依頼番号が返ってきます。実際には byte32 型の値が返ってきます。request_id ボタンをクリックして、格納された値を確認してみましょう。同一コントラクトから複数の処理依頼を Oraclize に依頼した場合など、__callback により返ってきた処理結果がどの処理依頼に対応するものかを、この request_id によって対応付けすることができます。

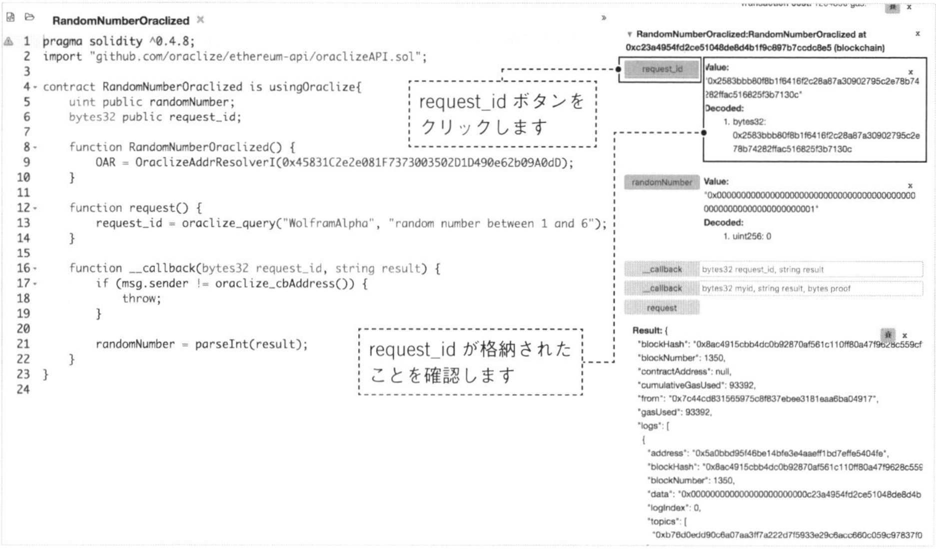

```
RandomNumberOraclized
pragma solidity ^0.4.8;
import "github.com/oraclize/ethereum-api/oraclizeAPI.sol";

contract RandomNumberOraclized is usingOraclize{
    uint public randomNumber;
    bytes32 public request_id;

    function RandomNumberOraclized() {
        OAR = OraclizeAddrResolverI(0x45831C2e2e081F7373003502D1D490e62b09A0dD);
    }

    function request() {
        request_id = oraclize_query("WolframAlpha", "random number between 1 and 6");
    }

    function __callback(bytes32 request_id, string result) {
        if (msg.sender != oraclize_cbAddress()) {
            throw;
        }

        randomNumber = parseInt(result);
    }
}
```

request_id ボタンをクリックします

request_id が格納されたことを確認します

図 6-43 処理依頼が Oraclize に受け付けられた

実際、Oraclize側でどのような処理が行われているのか、ethereum-bridgeのログから垣間見てみます。ethereum-bridge を起動しているコンソールウィンドウを見ると、以下のようなログが流れてくることが確認できます。

```
[2017-06-23T09:08:14.140Z] INFO new HTTP query created, id: d7180ce4aa7462890d40ce951a6d52ab603ebabb3456301fa90ab060f781e886
[2017-06-23T09:08:14.143Z] INFO checking HTTP query d7180ce4aa7462890d40ce951a6d52ab603ebabb3456301fa90ab060f781e886 status in 0 seconds
[2017-06-23T09:08:14.144Z] INFO checking HTTP query d7180ce4aa7462890d40ce951a6d52ab603ebabb3456301fa90ab060f781e886 status every 5 seconds...
※ ethereum-bridge から HTTP クエリが発行されたことがわかります

[2017-06-23T09:08:25.041Z] INFO d7180ce4aa7462890d40ce951a6d52ab603ebabb3456301fa90ab060f781e886 HTTP query result:
{"result":{"_timestamp":1498208900,"id":"d7180ce4aa7462890d40ce951a6d52ab603ebabb3456301fa90ab060f781e886","daterange":[1498208894,1498208954],"_lock":true,"id2":"2583bbb80f8b1f6416f2c28a87a30902795c2e78b74282ffac516825f3b7130c","actions":[],"interval":3600,"checks":[{"errors":[],"success":true,"timestamp":1498208897,"results":["1"],"proofs":[null],"match":true}],"version":3,"_timestamp_creation":1498208894,"context":{"protocol":"eth","relative_timestamp":1498208890,"type":"test","name":"eth_d81a93a12d"},"active":false,"hidden":false,"payload":{"conditions":[{"query":"random number between 1 and 6","proof_type":0,"check_op":"tautology","datasource":"WolframAlpha","value":null}]}},"success":true}

※ WolframAlphaからHTTP経由で問い合わせ結果が返ってきています

[2017-06-23T09:08:25.045Z] INFO sending __callback tx...
{"contract_myid":"0x2583bbb80f8b1f6416f2c28a87a30902795c2e78b74282ffac516825f3b7130c","contract_address":"0xc23a4954fd2ce51048de8d4b1f9c897b7ccdc8e5"}

[2017-06-23T09:08:36.288Z] INFO contract 0xc23a4954fd2ce51048de8d4b1f9c897b7ccdc
```

```
8e5 __callback tx sent, transaction hash: 0x59f7c54455199fb7672400da25c3272c40dd
5847fba36b53fb966980d4bccea8
{"myid":"0x2583bbb80f8b1f6416f2c28a87a30902795c2e78b74282ffac516825f3b7130c","r
esult":"1","proof":null,"proof_type":"0x00","contract_address":"0xc23a4954fd2ce
51048de8d4b1f9c897b7ccdc8e5","gas_limit":200000,"gas_price":null}

※ __callback 関数を呼び出し、処理結果を伝えています

[2017-06-23T09:08:45.094Z] INFO transaction hash 0x59f7c54455199fb7672400da25c32
72c40dd5847fba36b53fb966980d4bccea8 was confirmed in block 0x5af8c11627883aa1309
9c2323b1abff7b55a3bda5041d582ba9736671d8ff684

※ __callback の呼び出しが無事に完了 (confirmed) されました
```

「"results" :["1"]」が結果としてWolframAlphaから返ってきていることが確認できます。さらに、Oraclize（ethereum-bridge）が__callback()関数を呼び出していることがログから確認できたので、Browser-Solidity側で処理結果が受け取れているかを確認してみます。

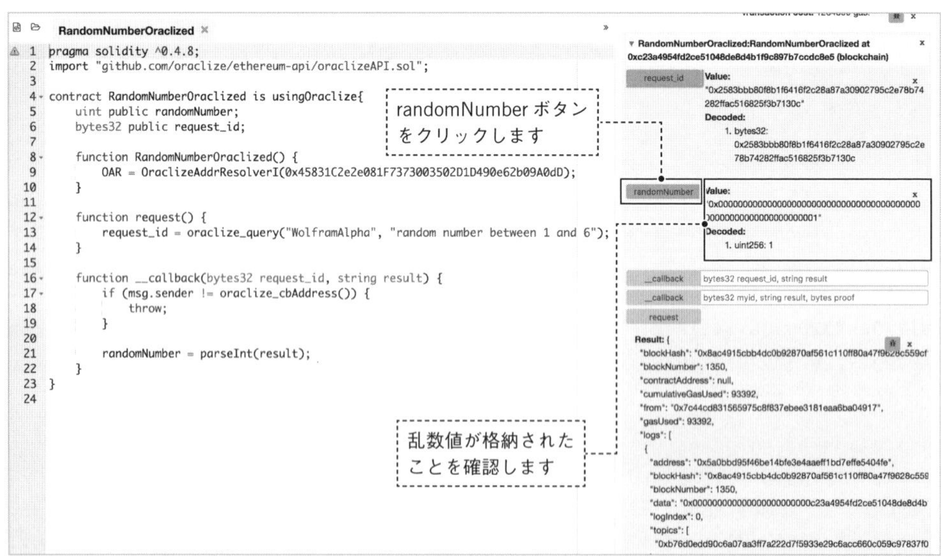

図 6-44 callback() 結果が格納されたことを確認

WolframAlphaから受け取った結果、乱数値「1」が__callback()経由で格納されたことが確認できました。

6.5.3 考察

今回の仕組みではふたつの外部リソースに頼ることで乱数生成ロジック部分をスマートコントラクト内から追い出しました。Oraclizeにインターネット経由での処理の代行を依頼し、WolframAlphaが実際の処理を行いました。スマートコントラクトからは「random integer between 1 and 6」とい指示を

投げるだけで、中身のロジックを知ることなく結果を得ることができました。スマートコントラクト内で乱数要素を使用したい場合、Oraclize および WolframAlpha（または他の API 提供者）を信頼できるならば、実装の手軽さを考えると十分検討の土台に上がるのではないでしょうか。

基礎編 1 2 3 実践編 4 5 6 A

まとめ

本章では、「乱数生成の公平性」を主題として実践編の他章とは毛色の違った観点でコントラクトの作成を試みてきました。スマートコントラクトが透明性や対改ざん性を満たす引き換えに、事前に予測不能な事象をスマートコントラクト内部で扱うことの制限を如何にして乗り越えるか、ということが課題に取り組むところから始めました。事前予測が困難な乱数の生成が実現したところで、乱数の分布に偏りが生じないような対策と、その検証を行いました。実用における乱数を取得できるまでのレスポンスタイムや gas による実行コストに関してはまだまだ検討の余地がありますが、機能としての実証実験の観点において最低限の機能実装が体感頂けたと思います。

また、最後の節にて、スマートコントラクト外部の情報を用いることでより簡易に乱数生成を実現する方法も紹介しました。ここでは WolframAlpha による乱数関数のみを扱いましたが、Oraclize を活用することにより外部 API の結果をスマートコントラクト内で参照できたり、IPFS に保存された情報を参照できたりとアイデア次第でスマートコントラクトの可能性をまだまだ広げられる余地が残されています。乱数生成にとどまらず、自由な発想でスマートコントラクトの特徴と有用性をさらに引き出すようなアイデアを是非考えてみてください。

APPENDIX

付　録

APPENDIX 1 付録

Gethの導入（Ubuntu ／ Mac ／ Windows）

2章では、GethをUbuntuにソースからインストールしましたが、PPA（Personal Package Archive）というパッケージからインストールすることもできます。その他、MacやWindows、Raspberry Pi[*1]といったプラットフォームにもインストールすることができます。ここでは、Ubuntuへのパッケージからのインストール手順と、MacとWindowsへのインストール手順を説明します。

A.1.1 UbuntuにPPAで導入

Ubuntuに最新版のGethをインストールする手順を示します。Geth 1.6.0以降は、Go言語1.7以上が必要なため、まずは、最新のGo言語をインストールします。

```
$ sudo apt-get install software-properties-common
$ sudo add-apt-repository ppa:longsleep/golang-backports
$ sudo apt-get update
$ sudo apt-get install golang-go
$ go version
go version go1.8 linux/amd64
```

続いて、Gethをインストールします。

```
$ sudo add-apt-repository -y ppa:ethereum/ethereum
$ sudo apt-get update
$ sudo apt-get install ethereum
$ sudo apt-get install solc
$ which geth
$ which solc
$ geth version
Geth
Version: 1.6.1-stable
Git Commit: 021c3c281629baf2eae967dc2f0a7532ddfdc1fb
Architecture: amd64
Protocol Versions: [63 62]
Network Id: 1
Go Version: go1.8.1
Operating System: linux
GOPATH=
GOROOT=/usr/lib/go-1.8
```

1.6.0以降では、genesisファイルに"config"が必須項目となりました。こちらを使用してください。

```
$ mkdir ~/data_testnet
$ cd ~/data_testnet
$ vi genesis.json
```

＊1　http://ethembedded.com/

```
{
  "config": {},
  "nonce": "0x0000000000000042",
  "timestamp": "0x0",
  "parentHash": "0x000000000000000000000000000000000000000000000000000000000000
0000",
  "gasLimit": "0x8000000",
  "difficulty": "0x4000",
  "mixhash": "0x000000000000000000000000000000000000000000000000000000000000000
0",
  "alloc": {}
}
```

なお、ユーザアカウントの作成や送金コマンドは、1.5 系と同じコマンドを使用できますが、コンパイルは geth のコンソールからは行えなくなっています。1.6 系におけるコントラクトのコンパイル方法については、5 章を参考にしてください。

A.1.2 Mac への導入

Homebrew でインストール

Homebrew tap を使うと、Mac に Geth を簡単にインストールすることができます。先に Homebrew をインストールしてください*2。

ターミナルで次のコマンドを実行してください。

```
$ brew tap ethereum/ethereum
$ brew install ethereum
```

開発ブランチをインストールする場合には、ふたつ目のコマンドの際に --devel を付与してください。

```
$ brew install ethereum --devel
```

インストールは以上です。

ソースからビルドする

任意のディレクトリにリポジトリをクローンします。

```
$ git clone https://github.com/ethereum/go-ethereum
```

Geth のビルドには、Go コンパイラが必要です。

```
$ brew install go
```

＊2　https://brew.sh/

次のコマンドでGethをビルドします。

```
$ cd go-ethereum
$ make geth
```

バイナリは、「build/bin/geth」になります。

A.1.3 Windowsへの導入

GethのWindows用のバイナリは、以下のサイトからダウンロードできます。

https://geth.ethereum.org/downloads/

ダウンロードページには、インストーラとzipファイルがあります。インストーラは自動的に環境変数PATHにgethを追加します。zipファイルは、任意のディレクトリに解凍し、コマンドプロンプトからgeth.exeを実行します。Stable releaseから、利用しているWindowsのアーキテクチャにあわせて、32ビット版又は64ビット版のファイルをダウンロードしてください。

zipファイルからの実行手順は次の通りです。

①zipファイルをダウンロードする
②zipファイルを解凍し、geth.exeを任意のディレクトリに保存する
③コマンドプロンプトを開く
④geth.exeを保存したディレクトリにchdirする
⑤geth.exeを実行する

コマンドオプションは、helpで確認できます。helpオプションを含め、基本的にはUbuntuやMacと同様です。

```
> geth.exe --help
NAME:
   geth.exe - the go-ethereum command line interface

   Copyright 2013-2017 The go-ethereum Authors

USAGE:
   geth.exe [options] command [command options] [arguments...]

VERSION:
   1.6.1-stable-021c3c28

COMMANDS:
   init        Bootstrap and initialize a new genesis block
   import      Import a blockchain file
（以下省略）
```

APPENDIX 付録

2 ライブネットワークに接続

ライブネットワークへの接続方法について説明します。

テストネットワークと同様にライブネットワーク用のディレクトリを作成します[*3]。

```
$ mkdir ~/data_livenet
```

geth コマンドで起動します。ライブネットワークではテストネットワークと違い、genesis ファイルは作成しません。

```
$ geth --fast --cache=512 --datadir /home/eth/data_livenet console 2>> /home/
eth/data_livenet/geth.log
```

以降は、テストネットワークと同様にコンソール操作も行えます。

```
Welcome to the Geth JavaScript console!

instance: Geth/v1.6.1-stable-021c3c28/linux-amd64/go1.8.1
 modules: admin:1.0 debug:1.0 eth:1.0 miner:1.0 net:1.0 personal:1.0 rpc:1.0
txpool:1.0 web3:1.0

>
```

接続ノードを確認します。このノードはインターネット上に存在する Ethereum のノードです。ノード数は、徐々に増加します[*4]。

```
> net.peerCount
1
> net.peerCount
3
```

ブロック数を確認します。

```
> eth.blockNumber
0
```

0 のままです。このときのログファイルを確認してみましょう。別ターミナルから、tail コマンドを実行してください。ここで、number がブロック数となります。執筆時点のブロック数は 370 万 5000 程度ですので、同期中のようです。このまましばらく待機します[*5]。

```
INFO [05-14|08:57:57] Imported new block headers               count=2048
elapsed=2.271s     number=1178682 hash=310006…f3eecf ignored=0
INFO [05-14|08:57:59] Imported new block receipts              count=2048
elapsed=5.256s     number=1133254 hash=662b81…ddd2cc ignored=0
```

＊3　なお、作成しない場合はデフォルトディレクトリ（~/.ethereum）が使用されます。
＊4　増加には、数十秒かかります。また接続ノード数は時間と共に増減します。
＊5　筆者の環境では、5 時間程で同期されました。またブロックの同期に使用したディスク容量は 15GB 程です。

```
INFO [05-14|08:58:04] Imported new block receipts              count=2048
elapsed=4.668s     number=1135302 hash=87b5c0…3108ea ignored=0
INFO [05-14|08:58:09] Imported new block receipts              count=2048
elapsed=5.533s     number=1137350 hash=623e0d…6d8918 ignored=0
INFO [05-14|08:58:11] Imported new block headers               count=2048
elapsed=5.378s     number=1180730 hash=117516…deac2c ignored=0
```

（中略）

```
INFO [05-14|12:36:49] Imported new chain segment               blocks=65
txs=1121 mgas=61.623 elapsed=5.146s    mgasps=11.973 number=3705446 hash=4f90d8
…54fb88
INFO [05-14|12:36:49] Fast sync complete, auto disabling
```

同期が完了すると、ブロック数も確認できるようになります。

```
> eth.blockNumber
3705492
```

アカウントを作成します。ひとつめのアカウントはコインベースに設定されます。そして、残金は0です。テストネットワークと同様ですね。

```
> personal.newAccount("xxxxxxxxxxxx")
"0x60ec31d4232ffc2d089b0dcb650b4f820b0ed200"
> eth.accounts
["0x60ec31d4232ffc2d089b0dcb650b4f820b0ed200"]
> eth.coinbase
"0x60ec31d4232ffc2d089b0dcb650b4f820b0ed200"
> eth.getBalance(eth.accounts[0])
0
```

手持ちのEtherを送金します[*6]。送金後、残高が増えていることを確認しましょう。

```
> eth.getBalance(eth.accounts[0])
994971411902294
> web3.fromWei(eth.getBalance(eth.accounts[0]), "ether")
0.000994971411902294
```

無事確認できました。

ライブネットワークならではのポイントは、以下の通りです。

- 起動オプションにnetworkidやnodiscoverは指定しない。
- genesisファイル不要。

これ以外は基本的にテストネットワークと同様ですが、マイニングしてもブロックの生成は非常に難しいため、Gasとして使用するEtherは別途調達してください。

＊6　Etherは読者の皆さんでご用意ください。なお、執筆時点では送金手数料は5円程でした。

APPENDIX 3 付録

API リファレンス

アカウント系コマンド

● web3.eth.personal.newAccount

機能	新しいアカウントを作成（注意：パスワードはプレーンテキストで送信されるので、安全でない Web Socket または HTTP プロバイダでこの関数を呼び出さないでください）
引数	1. string：パスワード
返り値	string：作成したアカウントのアドレス

例

```
> personal.newAccount("pass0")
"0x46d613bb59608a04451fe8cafb459d8964d7b598"
```

● web3.eth.accounts

機能	アカウントのアドレスリストを表示。配列のインデックスを指定すると、インデックスに対応するアカウントのアドレスを表示する
引数	なし
返り値	Array：アカウントのアドレスの配列。配列のインデックスを指定した場合は、対応するアカウントのアドレス

例

```
> eth.accounts
["0x46d613bb59608a04451fe8cafb459d8964d7b598", "0xf261b41e588313fa5757cf7cac4bc
6a055c6c701", "0xd4b066d813731a946fb883037f318c2d9444fcfe"]
> eth.accounts[0]
"0x46d613bb59608a04451fe8cafb459d8964d7b598"
```

● web3.eth.coinbase

機能	Etherbase のアドレスを表示
引数	なし
返り値	string：Etherbase アドレス

例

```
> eth.coinbase
"0x46d613bb59608a04451fe8cafb459d8964d7b598"
```

● web3.miner.setEtherbase

機能	Etherbase アドレスを設定
引数	string：Etherbase に設定するアカウントのアドレス
返り値	boolean：設定に成功したら true。失敗時は例外

例

```
> miner.setEtherbase(eth.accounts[1])
true
> miner.setEtherbase()
Error: invalid address
    at web3.js:3879:15
    at web3.js:4948:28
    at map (<native code>)
    at web3.js:4947:12
    at web3.js:4973:18
    at web3.js:4998:23
    at <anonymous>:1:1
```


マイニング系コマンド

● web3.eth.miner.start

機能	マイニング開始
引数	1. number：スレッド数（省略時はバージョンで異なる。1.5まではプロセッサのコア数。1.6は1）
返り値	boolean：成功したらtrue。失敗時は例外（1.6では、成功時は "null" が返ります）

例

```
> miner.start(1)
true
```

● web3.eth.miner.stop

機能	マイニング停止
引数	なし
返り値	boolean：成功したらtrue（失敗時は例外）

例

```
> miner.stop()
true
```

● web3.eth.mining

機能	マイニング中か確認
引数	なし
返り値	boolean：マイニング中ならtrue。マイニングしていないときはfalse

例

```
> eth.mining
true
```

● web3.eth.hashrate

機能	現在のハッシュレートを表示する
引数	なし
返り値	number：1秒当たりのハッシュレート

例

```
> eth.hashrate
140956
```

ブロック系コマンド

● web3.eth.blockNumber

機能	現在のブロック番号を表示
引数	なし
返り値	number：ブロック番号

例

```
> eth.blockNumber
59
```

● web3.eth.getBlock

機能	ブロック情報を表示
引数	ブロック番号
返り値	Object：ブロック情報

例

```
> eth.getBlock(62)
{
  difficulty: 134810,
  extraData: "0xd783010505846765746887676f312e362e32856c696e7578",
  gasLimit: 126328742,
  gasUsed: 21000,
  hash: "0xff966ffe5037e64dc8e2bacb70bbaf658425e09c3955d29d439d977d758b035f",
  logsBloom: "0x0000000000000000000000000000000000000000000000000000000000000000
00000000000000000000000000000000000000000000000000000000000000000000000000000000
000000000000000000000000000000000000000000000000000000000000000000000000000000000
000000000000000000000000000000000000000000000000000000000000000000000000000000000
000000000000000000000000000000000000000000000000000000000000000000000000000000000
000000000000000000000000000000000000000000000000000000000000000000000000000000000
0000000000000000000000000000000000000000000000000000000000",
  miner: "0x46d613bb59608a04451fe8cafb459d8964d7b598",
  mixHash: "0x4c771072adefbcb9c93fc59db581af9388bc7b9f1f4b30e8d383639bb2286faa",
  nonce: "0x275a04147d4afffc",
  number: 62,
  parentHash: "0x81f0cd35edd6c8afdd8eadc706221062bbd43bb7bf34520a369b98bb4f74
```

```
3c59",
  receiptsRoot: "0xa3ba3e458bc2211d0461362b8bf03b6afe9e17a83edd29f297f36a06a1c4a
2ba",
  sha3Uncles: "0x1dcc4de8dec75d7aab85b567b6ccd41ad312451b948a7413f0a142fd4
0d49347",
  size: 650,
  stateRoot: "0xdb8366ff0ad2d2c72af63c77ba9a35ddb26fabc3c47819bea077f4ab6
8c77162",
  timestamp: 1491424756,
  totalDifficulty: 8260244,
  transactions: ["0x1600d7f5c9d835333b7fac071869dada0b57ffa51e647303c09ef7d79d86
073d"],
  transactionsRoot: "0x1e4a12660d4dabdb9122c988d74e657699c072deb0c6d227ed69e6328
2062f0e",
  uncles: []
}
```


送金系コマンド

● web3.personal.unlockAccount

機能	指定したアカウントをアンロックする
引数	1. string：アンロックするアカウントのアドレス 2. string：パスワード 3. number：アンロックする時間。単位は秒。0のときはgeth終了まで
返り値	boolean：アンロック成功ならtrue。失敗時には例外

例

```
> personal.unlockAccount(eth.accounts[0], "pass0", 0)
true
```

● web3.eth.sendTransaction

機能	指定したアドレスのアカウントに送金する。なお、コマンドの結果はトランザクションIDであり、送金完了を示すものではないことに注意。送金が完了するためには、マイニングによりブロックにトランザクションが格納される必要がある
引数	Object：送信元アドレス、送信先アドレス、送金額（単位はwei）を表すオブジェクト
返り値	string：トランザクションID

例

```
> eth.sendTransaction({from: eth.accounts[0], to: eth.accounts[1], value: web3.
toWei(10, "ether")})
"0x1600d7f5c9d835333b7fac071869dada0b57ffa51e647303c09ef7d79d86073d"
```

● eth.getBalance

機能	指定されたアドレスのアカウントの残高を返す
引数	1.string：アカウントのアドレス

返り値	number：引数で指定されたアドレスのアカウントの残高。単位は wei

例

```
> eth.getBalance(eth.accounts[0])
305000000000000000000
```

● web3.fromWei

機能	引数で渡された値を、指定された単位に変換
引数	1.number：変換する値（入力値） 2.string：単位。"szabo", "finney", "ether" などを指定可能
返り値	number：2 番目の引数で指定した単位に変換した、1 番目の値

例

```
> web3.fromWei(eth.getBalance(eth.accounts[0]), "ether")
305
```

● web3.toWei

機能	引数で渡された値を wei に変換
引数	1.number：2 番目の単位による値（入力値） 2.string：単位。"szabo", "finney", "ether" などを指定可能
返り値	number：2 番目の引数で指定した単位の、1 番目の値を wei に変換した値

例

```
> web3.toWei(10, "ether")
"10000000000000000000"
```

● web3.eth.getTransaction

機能	指定したトランザクション ID の情報を表示する
引数	string：トランザクション ID
返り値	Object：トランザクション情報

例

```
> eth.getTransaction("0x1600d7f5c9d835333b7fac071869dada0b57ffa51e647303c09ef7d7
9d86073d")
{
  blockHash: "0xff966ffe5037e64dc8e2bacb70bbaf658425e09c3955d29d439d977d758b03
5f",
  blockNumber: 62,
  from: "0x46d613bb59608a04451fe8cafb459d8964d7b598",
  gas: 90000,
  gasPrice: 20000000000,
  hash: "0x1600d7f5c9d835333b7fac071869dada0b57ffa51e647303c09ef7d79d86073d",
  input: "0x",
  nonce: 0,
  r: "0xb720b61156664fb644c024fcd6d2dec43c38de22ad591d45e35a58175ba437c",
  s: "0x6ed89783a43eb492e06102c5bdbaf3745c8b3452cf210819b5abce56470fa90c",
```

```
  to: "0xf261b41e588313fa5757cf7cac4bc6a055c6c701",
  transactionIndex: 0,
  v: "0x1c",
  value: 10000000000000000000
}
```

● web3.eth.pendingTransactions

機能	ペンディング中のトランザクション情報を表示
引数	なし
返り値	Array：ペンディング中のトランザクション情報の配列

例

```
> eth.pendingTransactions
[{
    blockHash: null,
    blockNumber: null,
    from: "0x46d613bb59608a04451fe8cafb459d8964d7b598",
    gas: 90000,
    gasPrice: 20000000000,
    hash: "0x1600d7f5c9d835333b7fac071869dada0b57ffa51e647303c09ef7d79d86073d",
    input: "0x",
    nonce: 0,
    r: "0xb720b61156664fb644c024fcd6d2dec43c38de22ad591d45e35a58175ba437c",
    s: "0x6ed89783a43eb492e06102c5bdbaf3745c8b3452cf210819b5abce56470fa90c",
    to: "0xf261b41e588313fa5757cf7cac4bc6a055c6c701",
    transactionIndex: null,
    v: "0x1c",
    value: 10000000000000000000
}]
```

索引

M

N

O

P

S

T

U

V

W

あ行

か行

さ行

た行

は行

ま行

や行

ら行

本書内容に関するお問い合わせについて

本書に関するご質問、正誤表については、下記の Web サイトをご参照ください。

正誤表　　http://www.shoeisha.co.jp/book/errata/
刊行物 Q&A　　http://www.shoeisha.co.jp/book/qa/

インターネットをご利用でない場合は、FAX または郵便で、下記にお問い合わせください。

〒 160-0006　東京都新宿区舟町 5
（株）翔泳社 愛読者サービスセンター
FAX 番号：03-5362-3818

電話でのご質問は、お受けしておりません。

※本書に記載された URL 等は予告なく変更される場合があります。
※本書の出版にあたっては正確な記述につとめましたが、著者や出版社などのいずれも、本書の内容に対してなんらかの保証をするものではなく、内容やサンプルに基づくいかなる運用結果に関してもいっさいの責任を負いません。
※本書に掲載されているサンプルプログラムやスクリプト、および実行結果を記した画面イメージなどは、特定の設定に基づいた環境にて再現される一例です。
※本書に記載されている会社名、製品名はそれぞれ各社の商標および登録商標です。
※本書の内容は 2017 年 6 月執筆時点のものです。

著者プロフィール

渡辺 篤（わたなべ あつし）

ウルシステムズ株式会社所属。2015年まで所属したSIerで鉄道の地震防災システムに携わる。立ち上げから、設計、開発、テスト、運用までプレイングマネージャーとして従事。現在は、ウルシステムズのFinTech推進室にて、ブロックチェーン技術、高速分散処理やクラウド活用案件に携わる。2016年7月のBlockChain Hackathon Tokyoでは、大人気位置ゲームをインスパイアした「アセットと時空間情報のマッチングフレームワーク」を提案し優勝。趣味は料理。元気いっぱいの3人の子育てに奮闘中。

＊ Chapter2,3,4 担当

松本 雄太（まつもと ゆうた）

現在は、某SI企業のシステムエンジニア。学生時代はWeb系の会社を起業し、SI企業に入社後は金融系エンジニア経て、最近はAI、ブロックチェーンなどの比較的新しいサービス、技術に携わる。世界初、日本初のサービスを作り出し、より豊かな社会づくりに貢献できるよう日々邁進中。

＊ Chapter5 担当

西村 祥一（にしむら よしかず）

株式会社コンプス情報技術研究社 代表取締役。自然言語処理・機械学習などの学術系案件の開発・コンサルティングを行う傍ら、近年はブロックチェーン技術に傾倒。Global Blockchain Summit 2016にてブロックチェーン技術による位置情報プラットフォームを提案しBest Innovation Awardを受賞。現在は、多数の支援プロジェクトでMinimal Viable Productを作ることに徹する。

＊ Chapter6 担当

清水 俊也（しみず としや）

富士通研究所セキュリティ研究所所属。学生時代は数論を中心として数学を専攻。現在はセキュリティ研究所にて、ブロックチェーンのセキュリティ技術や暗号技術の研究に従事。

＊ Chapter1 担当

装丁　宮嶋 章文
編集　関根 康浩
DTP・検証　株式会社 トップスタジオ

はじめてのブロックチェーン・アプリケーション
Ethereum（イーサリアム）によるスマートコントラクト開発入門

2017年8月3日　初版 第1刷発行

著　　者　渡辺 篤（わたなべ あつし）／松本 雄太（まつもと ゆうた）／
　　　　　西村 祥一（にしむら よしかず）／清水 俊也（しみず としや）
発 行 人　佐々木 幹夫
発 行 所　株式会社 翔泳社（http://www.shoeisha.co.jp）
印刷・製本　株式会社 廣済堂

ISBN 978-4-7981-5134-2　　Printed in Japan